机器学习与储层四维建模

潘少伟 著

中国石化出版社
·北京·

图书在版编目（CIP）数据

机器学习与储层四维建模 / 潘少伟著 . -- 北京：中国石化出版社，2024. 7. -- ISBN 978-7-5114-7283-0

Ⅰ. TP181

中国国家版本馆 CIP 数据核字第 20249GS493 号

中国石化出版社出版发行

地址：北京市东城区安定门外大街 58 号

邮编：100011　电话：（010）57512500

发行部电话：（010）57512575

http：// www. smopec-press. com

E-mail：press@sinopec. com

天津嘉恒印务有限公司印刷

全国各地新华书店经销

*

710 毫米 ×1000 毫米 16 开本 13.75 印张 215 千字

2024 年 7 月第 1 版　2024 年 7 月第 1 次印刷

定价：82.00 元

经过长期注水开发，我国东部油田大多数进入了开发的中晚期，即变成了老油田。在长期注水开发过程中，这些油田储层的物性、非均质性和微观孔隙结构都相应地发生了变化。而储层物性及其非均质性又是控制剩余油分布的最直接地质因素，因此建立能够反映储层性质动态变化的四维地质模型对于改善开发中晚期油田的生产效果就显得尤为重要。21 世纪初期，机器学习迅速发展，涌现出大量的算法和理论。2012 年深度学习的兴起，更使机器学习的工业应用领域得到迅速扩展，目前成为解决诸多人工智能问题的主要方法。本书以位于我国江苏省 ×× 油田的 ×× 断块为例，在对前人已有研究进行充分调研之后，采用机器学习中的深度学习和三维地质建模技术，对其油藏地质特征进行深入研究分析，建立其储层参数的四维地质模型，为将来剩余油的挖潜提供一定技术参考。

本书共分为 7 章。第 1 章阐述了本书撰写的基本背景。第 2 章总结了国内外储层四维建模研究的现状。第 3 章首先介绍了人工智能、机器学习和深度学习之间的关系，其次阐述了机器学习和深度学习中包含的主要方法。第 4 章总结了本书所研究区域的油藏地质特征。第 5 章详细讨论了如何结合深度学习中的 Attention-LSTM 方法、三维地质建模技术，来构建储层参数的四维地质模型。第 6 章分析了剩余油的宏观分布特征、分布模式及其控制因素。第 7 章对本书的研究内容进行了总结，并对以后在该领域进一步的研究方向进行了展望。

本书涉及的研究工作得到了西安石油大学优秀学术著作出版基金和西安石油大学研究生创新与实践能力培养计划（YCS21262001）的资助。感谢中国石油大学（华东）地球科学与技术学院杨少春教授和任怀强高级工程师对本书撰写的大力支持，感谢西南石油大学地球科学与技术学院刘金华博士、中国石油大庆油田勘探开发研究院杨柏高级工程师和中海石油（中国）有限公司天津分公司黄建廷高级工程师对本书撰写做出的杰出工作。同时，向为本书编辑出版给予支持与帮助的同志表示衷心的感谢。另外，硕士研究生王树楷撰写了本书的第 3.3 节。

由于时间仓促、编者水平有限，书中难免存在不妥之处，敬请广大读者批评指正。

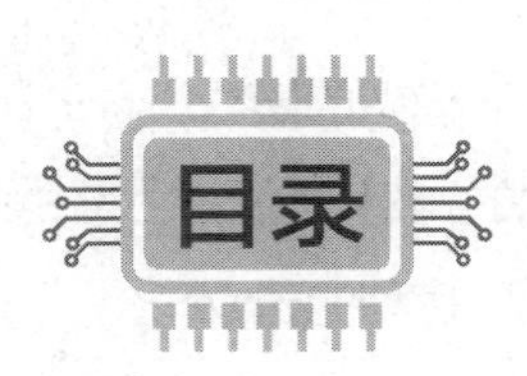

第 1 章　绪　论 ………………………………………… **001**

第 2 章　储层四维建模现状 ……………………………… **005**

2.1　国内储层四维建模现状 ……………………………… 006

2.2　国外储层四维建模现状 ……………………………… 008

2.3　当前储层四维建模的主要问题 ……………………… 010

第 3 章　机器学习理论 ………………………………… **012**

3.1　人工智能、机器学习和深度学习的关系 …………… 013

3.2　机器学习 ……………………………………………… 014

3.3　深度学习 ……………………………………………… 029

第 4 章　研究区油藏地质特征 ………………………… **050**

4.1　地层划分与对比 ……………………………………… 052

4.2　油藏构造精细描述 …………………………………… 059

4.3　沉积相及沉积微相研究 ……………………………… 072

4.4　测井解释与水淹层定量评价 ………………………… 100

4.5　储层地质研究 ………………………………………… 131

4.6　油藏特征分析 ………………………………………… 168

第 5 章 储层四维地质模型建立 ······ 176
5.1 储层三维地质模型的建立 ······ 177
5.2 四维数据体的构建 ······ 188
5.3 储层四维地质模型的建立 ······ 190
第 6 章 剩余油分布预测 ······ 194
6.1 剩余油宏观分布特征 ······ 195
6.2 剩余油宏观分布模式 ······ 195
6.3 剩余油形成与分布控制因素分析 ······ 198
第 7 章 总结与展望 ······ 201
7.1 总结 ······ 202
7.2 展望 ······ 202
参考文献 ······ 204

第1章

绪 论

油藏描述是20世纪30年代萌芽、70年代兴起、80年代和90年代蓬勃发展，至今仍在不断深化发展的对油气藏进行综合性研究、描述、表征和预测的一种有效系统思维方式和方法技术体系。油藏描述贯穿于如今油气田勘探开发的全过程，它的核心与关键就是建立储层地质模型。储层地质建模兴起于20世纪80年代中后期，它以沉积学、石油地质学、构造地质学和储层地质学等地质学理论为研究基础，以数学地质、地质统计学和油层物理学等理论为研究手段，在计算机技术支持下对油气藏及其内部结构进行精细刻画。其目标可以概括为：从油气藏形态、储层性质、储层规模大小及分布、流体性质及空间展布等方面对油气藏描述的研究成果进行概括，获得能够如实反映目标地质体特征的模型。

通常建立储层三维地质模型的方法有两种：确定性建模和随机建模。确定性建模以确定性资料为基础，推测井间确定的、唯一的储层参数。随机建模是指以已知信息为基础，以随机函数为理论，应用随机模拟方法产生可选的、等概率的储层模型的方法。各种确定性建模方法和随机建模方法的基本原理和实现过程虽然有所不同，但它们的指导思想是一致的，即在沉积学理论指导下，借助计算机手段，应用地质统计学法、地震－测井法、条件模拟法等建立各种各样的储层半定量和定量的地质模型。但无论是确定性建模还是随机建模，所实现的储层地质模型均为静态模型，因此也就无法研究和表征储层各参数随时间推移的演化规律，更不能实现储层各参数在时间维度的预测，而且也很难实现剩余油分布的有效预测。

我国东部老油田一般指大庆、胜利、辽河、华北、大港、吉林和中原等近10个大型和特大型油田。它们多位于陆相断陷湖盆内，储层非均质性较强。这些老油田经过多年的注水开发，地下储层的微观结构均已被改造和破坏，油藏参数发生变化，储层非均质性增强，生产矛盾日益加剧。为实现稳油控水，进一步提高采收率，必须深入研究这些老油田开发中后期储层参数的动态演化规律，在此基础上建立储层参数的四维地质模型，从而揭示剩余油的分布规律，为采收率的提高奠定基础，最终提升经济效益。

机器学习（Machine Learning，ML）是一门多领域交叉学科，主要涉及概率论、统计学、逼近论、凸分析和算法复杂度等理论。它专门研究如何使计算机模拟或实现人类的学习行为，以获取新的知识或技能，并重新组织已有的知识结构使之不断地改善自身的性能。

实际上，机器学习已经存在了好几个世纪。在 17 世纪，贝叶斯方法、拉普拉斯关于最小二乘法的推导和马尔可夫链构成了机器学习最初的工具和基础。1950 年到 2000 年初，机器学习有了很大的发展。从 20 世纪 50 年代机器学习问世以来，它的研究路径和研究目标在不同时期并不相同，具体可以划分为 4 个阶段。第一个阶段是从 20 世纪 50 年代初期到 20 世纪 60 年代中期，这个阶段主要研究“有无知识的学习”。第二个阶段是从 20 世纪 60 年代中期到 20 世纪 70 年代中期，这个阶段主要研究如何将不同领域的知识植入机器学习系统，其目的是通过计算机模拟人类学习的过程，这时候主要是利用各种符号来表征机器语言。第三个阶段是从 20 世纪 70 年代中期到 20 世纪 80 年代中期，称为机器学习的复兴时期。在此期间，人们从单个概念学习扩展到了多个概念学习，同时探索不同的学习策略和学习方法，而且在本阶段开始把机器学习系统和实际应用相结合，并取得了很大的成功。第四个阶段是 20 世纪 80 年代中期至今，这是机器学习的最新阶段。这个时期的机器学习发展具有如下特点：①成为一门新的学科，综合了心理学、生物学、数学、计算机和自动化技术等，奠定了机器学习的理论基础；②融合了多种学习方法，且形式多样的集成机器学习系统研究正在兴起；③各种方法的应用范围不断扩大，某些研究成果被成功地应用于商品化软件中；④相关的学术活动空前活跃；⑤与大数据各种基础问题的统一性观点逐渐形成。

深度学习（Deep Learning，DL）是机器学习领域中一个新的研究方向，它被引入机器学习使其更接近于最初的目标——人工智能（Artificial Intelligence，AI）。它的最终目标是让机器能够像人一样具有分析学习能力，能够识别文字、图像和声音等数据。深度学习在当前诸多工业领域广泛应用并取得了丰硕的成果。

本书以多年注水开发的 ×× 油田 ×× 断块为例，基于功能强大的深度学习方法，结合其他学科的理论、方法和技术，来综合研究不同开发阶段地下储层参数的变化规律，在此基础上建立不同开发阶段储层参数的三维地质模型及储层参数的四维地质模型，从而揭示油藏中剩余油的分布规律，建立剩余油的分布模式。同时本书还研究建立储层参数四维地质模型的理论、方法和技术，从而指导油田下一步的开发，为油田提高采收率服务，这不仅对 ×× 油田而且对整个中国东部陆相断陷湖盆内剩余油的进一步挖潜都具有重要的理论和现实意义，并且对深化和发展油田开发地质学理论、方法和技术具有重要的参考价值。

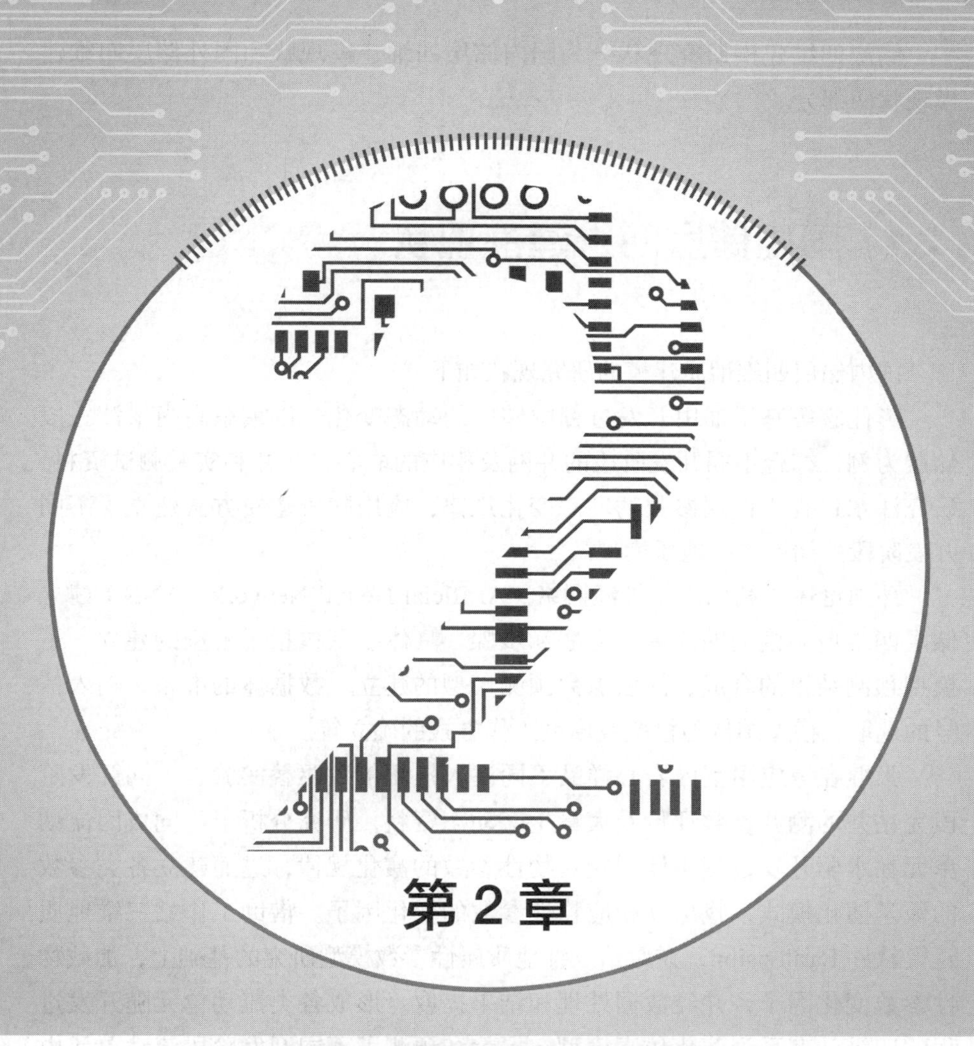

第2章

储层四维建模现状

储层四维建模研究现状分为国内储层四维建模现状和国外储层四维建模现状两部分。

2.1 国内储层四维建模现状

国内储层四维地质建模的研究现状如下。

彭仕宓等基于油田开发过程中储层的动态变化，以冀东高尚堡沙三段储层为例，综合不同开发阶段的井网及相应的取心、测井和实验测试资料，研究注水过程中储层参数的动态变化规律，应用随机建模方法建立了不同开发阶段的储层三维地质模型。

孙国论述了利用人工神经网络（Artificial Neural Network，ANN）建立储层四维地质模型的原理、方法和步骤。具体步骤包括子模型的建立、子模型预测结果的合成、储层参数预测模型的建立、数据体的准备、输入信号的选取、模型结构与检验及模型工作方式的确立等。

张继春等应用室内岩心样品不同注入体积倍数驱替实验、不同开发阶段完钻井的测井参数评价及大量生产动态资料，研究分析了不同成因流动单元在水驱开发过程中储层宏观物性参数的演化规律，进而建立各类参数的数学演化模式，找出其相应物性参数的变化因子。借助工作站三维地质建模软件 Earthvision，在原始三维地质属性参数模型研究的基础上，加载物性参数变化因子，并经数据处理和结果提取，形成各类流动单元随开发过程的四维动态系列演化仿真模型，揭示和预测了不同开发阶段流动单元内部油水运动的特点及剩余油的分布状况。

徐守余等以长期注水开发的胜坨油田二区沙河街组二段第 8 砂层组第 3 小层三角洲相储层为例，在研究储层参数动态变化规律的基础上，利用人工神经网络建立表征储层宏观参数变化的动态模型及数学表达式。该模型可有效地预测不同开发阶段储层宏观参数的变化规律及变化过程，为油田开发提供了科学依据。

黄志洁等以沉积相为控制条件，以时间为轴，采用随机建模方法，建立了不同开发阶段的含油饱和度四维模型。并依据该研究成果，提出对目标油田剩余油挖潜可采取油井细分层系、卡层堵水和补孔等措施，取得了较好的经济效果。

张枫等利用黄骅坳陷唐家河油田不同开发阶段的钻井、测井和各项生产动态资料，研究了该油田在注水开发前后流动单元属性特征的变化规律，在此基础上建立不同注水开发时期的油藏三维流动单元模型，最终实现了三维地质模型的时间轴加载，得到了该油田的四维地质模型。

杨少春等在充分借鉴已有四维地质建模成果的基础上，提出一种建立储层四维模型的新方法：首先结合实验分析、生产动态等资料，求取历史储层参数；其次利用人工神经网络方法对历史储层参数进行学习与训练，总结出井点储层参数随时间推移的演变规律，进而对未来井点储层参数做出预测；再次建立构造模型，应用随机模拟方法预测井间的储层参数；最后应用三维数据场可视化技术，对各个开发时期的储层参数进行显示，最终获得储层参数的四维地质模型。

严科等以多年注水开发的胜坨油田一区沙河街组二段第 1 砂层组第 1 小层为例，综合不同时期地质、测井和开发动态资料，通过划分动态井网单元，连续追踪油藏井网布局变迁及开发动态变化，来定量表征储层所经受的水驱程度，并利用多元线性回归分析拟合储层参数随水驱程度演化的数学模型，最后计算出不同开发阶段的定量储层参数，建立了基于油藏开发动态的储层四维地质模型。

王丹等在四维地震数据采集过程中，通过优化采集参数和观测系统，以及在激发和接收环节研究具有针对性的技术对策，成功解决了地震资料分辨率和信噪比低、一致性差等问题，为建立精确储层四维地质模型奠定了基础。

胡望水等以注水开发前后的井网及相应的取心、测井资料为基础，利用随机建模方法建立注水开发前后的储层三维地质模型，研究注水过程中储层参数的变化规律，并在油田的实际应用中取得了较好的效果。

白永良等在对油藏数值模拟进行深入研究的基础上，分析了当前主流行业软件 Petrel 和 Eclipse 的数据组织方式，在此基础上根据油气田开发过程中的基本需求，设计实现了油藏演变过程中的动态展示、数据体切块、属性筛选和沿 Z 轴夸张等展示功能。

么忠文等根据已有资料，首先完成构造模型和砂体模型的建立；之后在砂体模型约束下，通过将不同时期测井解释成果进行归类，以不同时期水淹测井资料为条件，水淹动态分析结果为指导，采用序贯指示建模方法，完成不同时期水淹地质模型的建立。通过构建不同时期的水淹地质模型，较好地反映了不同时期的油藏水淹特征，准确地揭示了剩余油时空演化和分布特征，为油藏开发调整和剩余油挖潜奠定了基础。

平海涛以七参数生产动态测井技术为例，对该测井技术进行了简要介绍，并对其在注水油田中的应用进行了全面、系统的总结。七参数生产动态测井技术现场应用体现在以下 5 个方面：①基于涡轮转速变化情况识别管柱状况；②通过小层产量劈分评价合采储层有效性；③通过动静态组合测井识别有效裂缝；④基于时移生产动态测井监测水淹动态；⑤基于注入剖面测井的非均质储层注入能力评价。

为解决开发前后地震数据差异小，四维地震一致性处理、提取可靠的油藏变化信息及二次测井数据难度大等问题，王波等提出一种基于低频模型驱动的四维多波联合反演方法，在反演模型中考虑了两期转换波的差异信息，在反演过程中加入转换波数据，利用四维三分量地震资料，充分融合“四维”和“多波”两项前沿地震勘探技术，实现了油藏精细描述及动态监测。

总体来看，国内的油田工作专家从不同的角度、采用不同的技术方法，建立起注水开发油田储层参数的四维地质模型，较好地表征了注水开发油田储层参数的动态变化规律，为下一步油田剩余油的开发指明了方向。

2.2 国外储层四维建模现状

国外储层四维地质建模的研究现状如下。

Caers 建立了一种新的地质统计历史匹配方法，该方法能够考虑先前地质数据（如河床、裂缝或页岩透镜体的存在）对生产数据的约束；同时该方法利用多点地质统计技术，通过训练图像传递地质模式的先验信息，并能够从训练图像中获取地质构造形态，然后锚定到地下数据。

Catherine 等基于四维地震数据、岩石物理数据和生成动态数据，提出一种建立和历史匹配的储层模型的通用方法。该方法包括：绘制不同储层带的构造图，建立三维相模型，建立受地震和测井数据约束的储层物性（孔隙度、净毛比和渗透率）三维地质统计模型，建立流体流动屏障，确保地震属性的匹配随时间的变化而发生变化。

为了实现四维可行性研究，Toinet 设计了一种能够表征油藏在生产 / 注入前状态的油藏模型，以及在一定生产 / 注入时间后的另一种油藏模型。然后，利用一种考虑油藏模型精细尺度细节的快速算法，对模型的三维叠前合成地震响应进行实时和深度计算。通过两种油藏模型三维合成地震响应的差异而提取的关键层位的平均振幅图，显示了油藏预期的横向注采程度，以及不同注采机制对油藏的影响。这些四维可行性研究结果使我们相信，三维地震采集将提供有关储层动态特征的重要信息。

在 Pannett 等的论文中，详细描述了如何通过四维地震数据解释获得的详细信息对复杂的动态油藏模型进行约束。首先，简要讨论了在此阶段进行时移地震采集的原因；其次，介绍了地震解释结果，强调了在层状气水系统（如毛伊 C 砂油藏）的时间推移响应中可实现的垂直和面积分辨率水准；再次，讨论了如何将这些四维地震解释结果纳入油藏动态模型历史匹配所使用的方法中；最后，提出时间推移地震结果对目前该领域结构理解的影响以及对未来油藏开发规划影响的见解。

为了优化油藏的生产和采收率，四维地震技术已被成功应用于众多待重新开发的油田中。Oliveira 等介绍了如何将四维地震解释结果纳入地质模型，并举例说明它在 Marlim 深水浊积稠油油田油藏管理决策中的一些具体应用，以及如何利用四维地震技术降低钻井风险。

Seldal 等首次系统地介绍了 Snorre 油田储层模拟模型中的四维地震数据。在油藏建模软件中将四维地震响应转换为三维数据体，便于与模拟油藏性能进行比较，这在多学科工作过程中非常有用。这些模型是根据示踪剂和四维地震数据与压力、产量和流体前缘运动进行历史匹配的。虽然地震时移响应是定性匹配的，但它们提高了对 Snorre 油田储层的整体认识。

Villegas 等提出了一种实用的、可更新油藏模拟模型的方法。该方法可以将渗透率直接从时移地震数据中推导出来。同时，该方法将之前的三维模拟模型与基于时移地震结果的二维渗透率图件相结合，建立了新的渗透率分布图。将该方法应用于 Shetland Isles 西部浊积岩油田的水驱试验中，结果表明：该方法可以更好地拟合已有的含水率数据。该方法的主要优点是易于实现，而且它在历史数据与时延地震数据匹配时，可以避免岩石弹性模型存在的很大不确定性。

Veiga 等设计了一种允许地质模型重建的简单反演方法。在该方法中，提出了三种具体的算法来检索给定相模型实现时的随机数。这三种具体算法分别是：应用于 SISim 过程的算法、应用于截断高斯生成方法的算法和应用于多高斯模拟的算法。

Tian 等为研究煤层气藏非均质孔隙结构与瓦斯运移的相互作用，提出一种动态分形渗透率模型。在该模型中，孔隙直径和孔径分布的分形维数随着有效应力的变化而动态地变化。此外，该模型基于分形方法，采用随孔隙压力动态变化的新 Klinkenberg 系数来考虑非达西效应。最后将该动态渗透率模型应用于煤层瓦斯开采过程中的多物理耦合中，通过基准油藏模拟，探讨了这些分形参数对渗透率演化的影响。

Alsaeedi 等提出一种组合平台的成功应用概念。在该平台中凝析气藏动态模拟模型、地面网络和单井模型在一个闭环内相互作用并依次运行。此项研究还强调了将动态建模、模拟数据、历史匹配（包括在循环模式下由产气者和注气者组成的凝析气藏）与连续校准的井和网络模型相结合所创造的价值，从而使用户能够充分利用集成系统进行动态产量预测。

为延长成熟油田寿命，使得投资收益最大化，Olagundoye 等以油田注水开发中未波及的油井为目标，综合利用油藏地震表征、动态油藏模型模拟和电阻率建模技术，在复杂河道浊积岩油藏未波及区域内进行大角度充填井的设计和地质导向钻探。

与国内专家研究工作相比，国外专家在构建储层参数四维地质模型时，多采用四维地震数据；国外专家所建立的理论模型非常严谨，实验验证也非常完善，所构建的储层参数四维地质模型较好地反映了地下油水动态运移的规律。

2.3 当前储层四维建模的主要问题

（1）过于依赖四维地震数据建立储层参数四维地质模型。四维地震数据的获取需要较长的时间，也需要大量的资金投入，而且某些地区由于其特殊的地质状况，也不适合地震数据采集，所以如何在缺少地震数据的前提下，构建地下储层参数的准确四维地质模型，是本书要考虑的一个问题。

（2）采用的研究方法比较单一。随着计算机技术的发展，机器学习和深度学习方法日益发展成熟，在不同工业领域均获得了一定应用。本书计划在建立储层参数四维地质模型时，引入深度学习方法，以解决以往建立储层四维地质模型时存在的研究方法单一的问题。

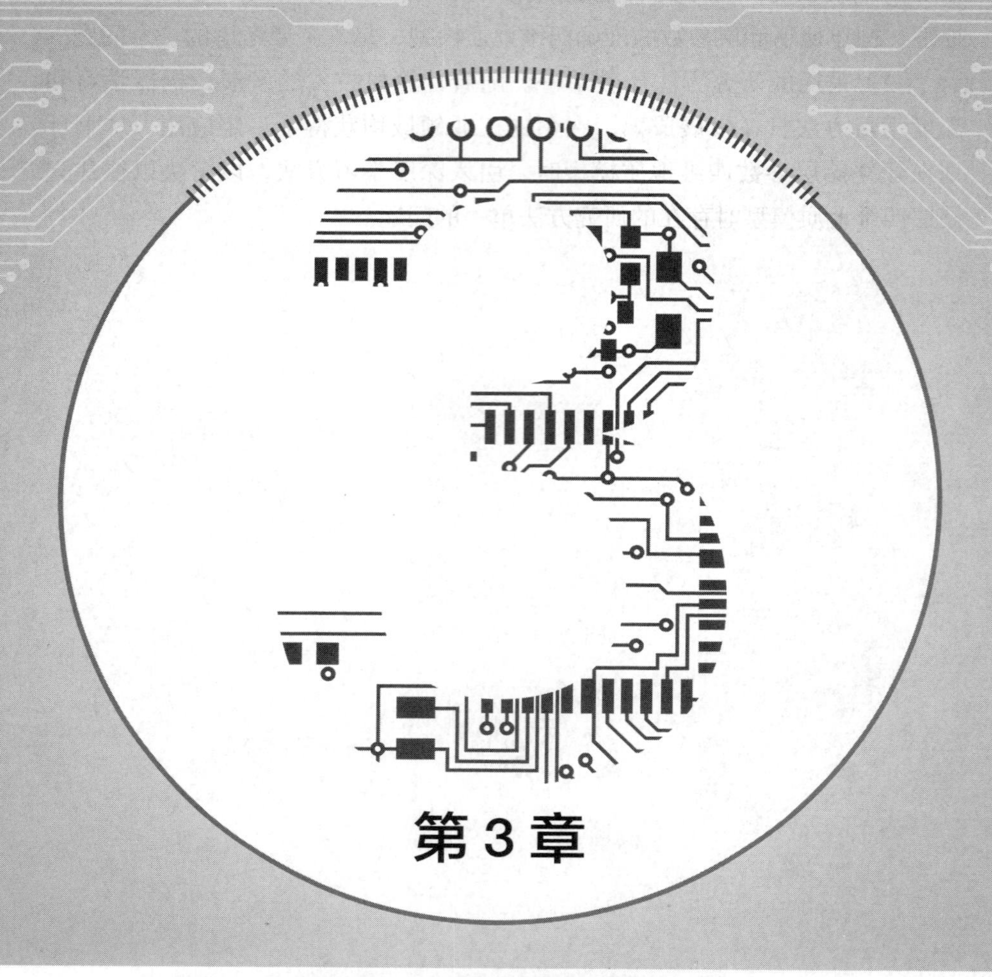

第 3 章

机器学习理论

3.1 人工智能、机器学习和深度学习的关系

人工智能，有时候也被称为机器智能。不同于人或其他动物表现出的自然智能，它实际上是机器展现的一种智能。也就是说，人工智能就是机器模仿人或其他动物的动作或思维模式，例如模仿人类在现实生活中解决问题的动作或思维方式。人工智能涉及的范围非常广泛，包括演绎、推理、知识表示、学习、运动、控制和数据挖掘等众多领域。其中，知识表示是人工智能领域的重要研究问题之一，它的基本思路是先让机器存储相应的知识，然后按照某种规则推理演绎获得新的知识。

人工智能主要有符号主义、联结主义和行为主义 3 个流派。符号主义认为人工智能起源于数理逻辑，其对人工智能的代表性贡献是专家系统的成功开发与应用；联结主义受神经生物学启发，其代表性贡献是提出人工神经网络及其训练方法；行为主义认为人工智能起源于控制论，其研究工作的重点是模拟人在控制过程中的各种智能行为。

1956 年美国达特茅斯会议的召开，标志着人工智能正式成为一门新兴的学科。1959 年，计算机游戏和人工智能领域的开创者亚瑟 · 塞缪尔发明了“机器学习”这个词条。起初机器学习是人工智能的核心，是使计算机具有智能的根本途径，其应用遍及人工智能的各个领域，它使用了归纳、综合而不是演绎。在人工智能的发展初期，研究人员把工作重心放在了如何从数据中学习获得知识。为了更加真切地表达问题，并提出行之有效的解决方法，研究人员后来提出了大量的算法模型以解决生活中的实际问题。这些算法模型大多属于感知机模型，后来研究认为它们属于广义线性模型。

1980 年，专家系统开始占据人工智能的主导地位；与此同时，大量的人工智能研究者开始放弃对神经网络的研究。但在人工智能领域之外，神经网络仍以联结主义的形式继续存在，但是发展非常缓慢，此时的研究者以约翰 · 霍普菲尔德、大卫 · 鲁姆哈特和杰弗里 · 韩丁为代表，他们的努力最终也得到了回报：在 20 世纪 80 年代中期，这些科学家提出了反向传播（Back Propagation，BP）算法。

20 世纪 90 年代机器学习再度迎来发展的高潮，并逐渐成为一门独立的学科。它的研究目标也从最初的人工智能成果应用转向处理它能解决的科学和工程问题。它的研究重点也不再是继承和沿用人工智能的符号方法，而是如何借鉴统计学和概率论的已有方法和模型。

在过去的十几年里，人工智能的大部分进步取决于深度学习的出现，深度学习的关键技术是深度神经网络（Deep Neural Network，DNN）。深度神经网络建立在人工神经网络的基础之上，它具有强烈的联结主义特征，其精髓是机器学习。也就是说，近年来人工智能学科进步的动力来自机器学习，因为深度学习是机器学习的一个分支。

总的来说，人工智能为机器赋予了人类的智能，使得机器具有像人类一样的感知与理性，可以像人类一样思考。机器学习则是一种实现人工智能的方法，它通过结合概率论、线性代数、统计学、逼近理论和算法复杂度理论等多门学科来统计分析大量数据，做出相应的决策和预测来解决现实生活中的某些具体问题。深度学习是一种实现机器学习的技术，它利用深度神经网络，将模型处理得更为复杂，使模型对数据的理解更加深入与透彻。因此可以说深度学习是机器学习研究的一个新领域，其途径在于建立和模拟人脑的神经网络进行分析和学习。人工智能、机器学习和深度学习之间的关系如图 3–1 所示。

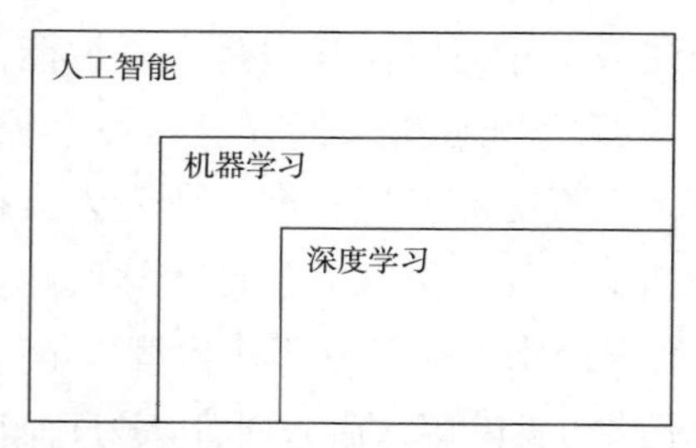

图 3–1　人工智能、机器学习和深度学习之间的关系（据刘凡平，有修改）

3.2 机器学习

3.2.1 发展历程

机器学习的历史开始于 20 世纪 50 年代，但直到 20 世纪 80 年代才作为一个独立的发展方向出现。在 20 世纪 90 年代至 21 世纪初，机器学习迅速发展，涌现出大量的算法和理论。特别是随着 2012 年深度学习的兴起，机器学习的应用领域迅速扩展，成为现阶段解决诸多人工智能问题的主要方法。

自 20 世纪 50 年代问世以来，机器学习不同时期的研究路径和研究目标并不相同，但总体上可划分为 4 个阶段。

第一个阶段是 20 世纪 50 年代初期到 20 世纪 60 年代中期，该时期内研究人员主要开展“有无知识的学习”，这种方法研究的是相关系统的执行能力，它通过对机器环境及相应性能参数的改变来检测系统的反馈信息。这段时期内最具代表性的机器学习研究成果是 Samuet 的象棋纲领，但它的用途远远不能满足人类的需要。

第二个阶段是 20 世纪 60 年代中期到 20 世纪 70 年代中期，这一时期内机器学习主要研究如何将各个领域的知识植入相关系统。这个时期的主要目的是通过机器模拟人类的学习过程；同时，利用图形结构及其逻辑结构的知识对相关系统进行描述。此时，各种符号主要用来表示机器语言。研究者意识到让机器进行学习是一个长期的过程，他们无法从这个系统环境中学习到更深入的知识，于是他们将专家学者的知识植入相关系统，实践证明这种方法取得了一定的效果。这段时期内的代表性研究成果是 Hayes Roth 和 Winson 的系统结构学习方法。

第三个阶段是 20 世纪 70 年代中期到 20 世纪 80 年代中期，被称为机器学习的复兴时期。在这一时期，人们从学习单一概念扩展到学习多种概念，并探索了不同的学习策略和学习方法。而且，他们开始将学习系统与各种应用相结合，取得了巨大成功；同时，专家系统在知识获取方面的需求也极大地刺激了机器学习的发展和进步。自第一个专家学习系统出现后，示例归纳学习系统就成为研究的主流，自动知识获取则成为机器学习应用的研究目标。1980 年，卡内基梅隆大学在美国举行了第一次国际研讨会，标志着机器学习研究在世界范围内的兴起。从那时起，机器学习开始广泛应用到各个领域。而后，Simon 等 20 多位人工智能专家撰写的 *Machine Learning* 选集第二卷出版，国际杂志 *Machine Learning* 创刊，进一步体现了机器学习的快速发展趋势。1986 年，Rumelhart、Hinton 和 Williams 联合在《自然》杂志发表了著名的反向传播算法。1989 年，美国贝尔实验室的学者

Yann 和 LeCun 提出了目前最为流行的卷积神经网络（Convolutional Neural Network，CNN）模型，推导出基于 BP 算法的高效训练方法，并将其成功地应用于英文手写体的识别中。

第四个阶段是 20 世纪 80 年代中期至今，是机器学习的最新阶段。进入 20 世纪 90 年代后，各种浅层机器学习模型相继问世，其中的优秀代表就是逻辑回归（Logistic Regression，LR）和支持向量机（Support Vector Machine，SVM）。这些浅层机器学习模型的共性是用来解决以数学模型为凸代价函数的最优化问题，理论分析相对简单，很容易从训练样本中学习到某些内在模式，来完成某些初级智能工作。

进入 21 世纪，机器学习飞速发展。2006 年，机器学习领域泰斗 Geoffrey Hinton 和 Ruslan Salakhutdinov 提出了深度学习模型。他们的主要论点包括：多个隐含层的人工神经网络具有更好的特征学习能力；通过逐层初始化来克服训练的难度，实现网络整体调优。这种模型开启了深度学习网络的新时代。2012 年，Geoffrey Hinton 研究团队利用深度学习模型在计算机视觉领域最具影响力的 ImageNet 大赛中赢得比赛，这标志着深度学习的发展进入了第二阶段。

近年来，深度学习在多个领域取得了杰出的成绩，推出了一批成功的商业应用，如谷歌翻译、手机语音助手和刷脸技术等。特别需要指出的是：在 2016 年 3 月，谷歌的 AlphaGo 在和围棋世界冠军、职业九段选手李世石的比赛中，以 4：1 的总比分赢得了围棋大赛的胜利。2017 年 10 月 18 日，DeepMind 团队宣布了最强的 AlphaGo 版本，取名为 AlphaGo Zero，它可以在没有任何输入的情况下从空白状态中学习，且自学时间仅为 3 天，最终以 100：0 的成绩击败了它的前辈。

3.2.2 经典机器学习方法

样本数据的不同特点和求解方法，导致机器学习方法中产生了多种不同的分类标准。根据样本数据是否具有标记值，机器学习方法可划分为有监督学习和无监督学习两大类。根据标签值的类型，可将有监督学习方法划分为分类问题和回归问题。根据求解方法的不同，有监督学习方法又可划分为生成模型和判别模型。

通常，对有监督学习的训练对象要进行标记，可以将其形象地理解为考生复习备考的过程：考前要解答一定数量的习题，之后通过对答题结果和正确答案的对比和分析，总结出一种具有一定泛化能力的解题方法。监督学习是一种非常重要的机器学习方法，它能有效地解决分类和回归问题。它在图像处理与模式识别、自然语言理解与机器翻译、数据挖掘和信息推荐等领域有着非常成功的应用。代表性的监督学习方法有线性模型、决策树（Decision Tree，DT）模型、贝叶斯模型和支持向量机模型。

无监督学习是一种通过分析未标记样本来完成学习任务的方法。与有监督学习相比，无监督学习不是通过对标记样本的归纳来获得一般性结论，而是通过分析样本数据本身的结构信息去直接解决具体问题。无监督学习的理论和算法比较复杂，但不需要样本标注的特殊优势使得它求解问题的成本较低。目前，无监督学习已广泛应用于视频图像处理和模式识别等领域。

经典机器学习领域的常用方法如下。

3.2.2.1 线性回归

回归是机器学习的一项重要内容。所谓回归，就是通过带标签的样本训练构建适当模型，并通过该模型计算出对新样本的预测值。基于线性模型的回归学习任务通常被称为线性回归（Linear Regression，LR），相应的模型被称为线性回归模型。

在统计学中，线性回归是一种回归分析，它通常使用一个叫作线性回归方程的最小二乘函数来拟合一个或多个自变量和因变量之间的关系。只有一个自变量的情况称为简单回归；多于一个自变量的情况称为多元回归。

假设数据集一共有 m 个数据，每个数据有 j 个属性，则 $x_j^{(i)}$ 表示数据集中第 m 个数据的第 j 个属性值。模型定义为：

$$f(x)=w_0+w_1x_1+w_2x_2+\cdots+w_nx_n \tag{3–1}$$

使用矩阵表示就是 $f(x)=XW$，其中 $X=\begin{bmatrix}1 & x_1^{(1)} & \cdots & x_m^{(1)}\\ 1 & x_1^{(2)} & \cdots & x_m^{(2)}\\ \vdots & \vdots & \vdots & \vdots\\ 1 & x_1^{(m)} & \cdots & x_n^{(m)}\end{bmatrix}$，是输入的数据

矩阵； $W=\begin{bmatrix} w_0 \\ w_1 \\ \vdots \\ w_n \end{bmatrix}$ ，是待求的一系列参数。

考虑到 w_0 是常数项，所以在 X 第一列中加上了一列 1。X 的一行可以看作一项完整的数据输入，n 表示一个数据有 n 个属性，m 行表示一共有 m 个数据，数据集标签为 $y=\begin{bmatrix} y^{(1)} \\ y^{(2)} \\ \vdots \\ y^{(m)} \end{bmatrix}$。线性回归模型的目标就是找到一系列参数 w 来使得 $f(x)=XW$ 尽可能地贴近 y。

把均方误差作为损失函数，基于均方误差最小化来进行模型求解的方法称为“最小二乘法”。线性回归模型通常使用“最小二乘法”来近似拟合，使用“最小二乘法”时的损失函数定义为：

$$J(w)=\frac{1}{m}\sum_{i=1}^{m}\left[f\left(x^{(i)}\right)-y^{(i)}\right]^2=\frac{1}{m}(XW-y)^{\mathrm{T}}(XW-y) \tag{3-2}$$

展开后得到：

$$\begin{aligned} J(w)&=\frac{1}{m}\left(W^{\mathrm{T}}X^{\mathrm{T}}XW-W^{\mathrm{T}}X^{\mathrm{T}}y-y^{\mathrm{T}}XW+y^{\mathrm{T}}y\right) \\ &=\frac{1}{m}\left(W^{\mathrm{T}}X^{\mathrm{T}}XW-2W^{\mathrm{T}}X^{\mathrm{T}}y+y^{\mathrm{T}}y\right) \end{aligned} \tag{3-3}$$

当 $X^{\mathrm{T}}X$ 为满秩矩阵或者正定矩阵时，可使用正规方程法，直接求得闭式解。令 $\frac{\partial J(w)}{\partial w}=0$，即 $\frac{\partial J(w)}{\partial w}=\frac{2X^{\mathrm{T}}(XW-y)}{m}=0$，可得：

$$W^{*}=\left(X^{\mathrm{T}}X\right)^{-1}X^{\mathrm{T}}y \tag{3-4}$$

若 $X^{\mathrm{T}}X$ 不能满足满秩矩阵或者正定矩阵的条件，可使用梯度下降法求解。

3.2.2.2 逻辑回归

逻辑回归又称逻辑回归分析，是一种广义的线性回归分析模型，通常应用于数据挖掘、经济预测等领域。例如预测投资的可能性，以投资餐厅分析为例，统计同一地区的多家餐厅，因变量为是否可以投资，取值可以是“是”或“否”，自变量就可以包括很多，如地理位置、餐厅类型和餐厅规模等。对自变量加以处理，然后通过逻辑回归分析，获得各自变量的相关系数，就可以了解哪些因素对餐厅收入的影响较大；同时还可以根据这些因素判断备选地区是否适合开餐厅。

逻辑回归的因变量分为二分类或多分类，使用得比较多的是二分类。

逻辑回归基于 sigmoid 函数构建判别模型，sigmoid 函数的具体公式为：$h(x)=\dfrac{1}{1+\mathrm{e}^{-x}}$，其图像如图 3–2 所示。

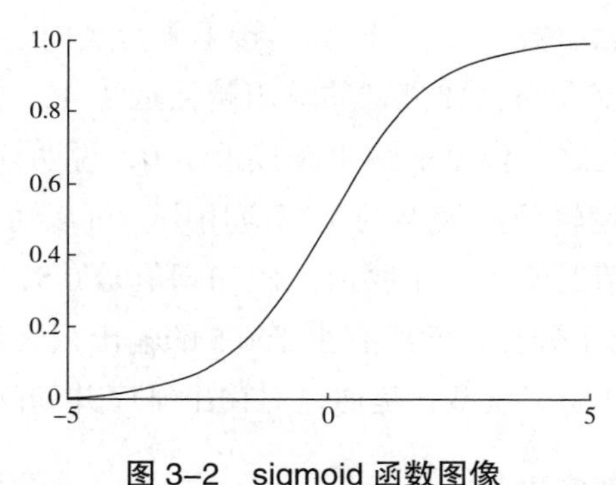

图 3–2　sigmoid 函数图像

逻辑回归模型实际上也是广义线性模型的一种，只是与取对数的形式存在不同而已，它通过 sigmoid 函数变换得到。一般的线性回归模型，自变量 x 和因变量 y 都是连续的数值，通过输入的 x 就可以很好地预测 y。生活中的许多分类问题，如男和女、好和坏等，同样可以在线性回归模型的基础上通过阶跃函数加以实现。代表性公式如下：

$$\phi(z)=\begin{cases}0, & \text{if} \quad z<0 \\ 0.5, & \text{if} \quad z=0 \\ 1, & \text{if} \quad z>0\end{cases} \tag{3–5}$$

但上述公式既不连续又不可微，因此它的适用范围很小。由于 sigmoid 函数既满足连续要求，又能达到分类效果，因此，逻辑回归模型可在已有线性回归模型的基础上，嵌套一个 sigmoid 函数来达到分类效果。这样不管 x 如何取值，y 值都会被非线性地映射在 0 和 1 之间，从而达到二分类的目的。二元逻辑回归模型的具体公式如下：

$$h_\theta(x)=\frac{1}{1+\mathrm{e}^{-x\theta}} \tag{3-6}$$

式中，$x\theta=\theta_0+x_1\theta_1+\cdots+x_m\theta_m$。除此之外，二元逻辑回归模型还可以其他形式表示，将式（3–6）进行简单变换，可得到如下公式：

$$y=\frac{1}{1+\mathrm{e}^{-\left(\theta^{\mathrm{T}}x+b\right)}}\Rightarrow \ln\frac{y}{1-y}=\theta^{\mathrm{T}}x+b \tag{3-7}$$

式中，y 为样本 x 为正例的概率；$1-y$ 为样本 x 为负例的概率；二者的比值 $y/(1-y)$ 称为概率，它反映了 x 作为正例的相对可能性，对概率取对数就得到线性回归模型。可见，二元逻辑回归模型的 y 是 0 和 1 之间的连续数值，即这个范围内的任意小数（或百分比）。接下来分类时，可以将模型的输出当作某一分类的概率大小：如模型的输出越接近于 1，说明是样本 x 属于 1 分类的概率越大；反之，模型的输出越接近于 0，说明样本 x 属于 0 分类的概率越大。在二元逻辑回归模型的实际应用中，可以对所有输出结果进行排序，再根据实际情况给出一个阈值。假如阈值是 0.5，那么就可以将所有大于 0.5 的输出视为 1 分类，而所有小于 0.5 的输出视为 0 分类。综上所述，二元逻辑回归是一种概率模型，是通过对输出排序并和阈值比较分类的。

3.2.2.3 贝叶斯定理

贝叶斯定理，也叫贝叶斯规则，它是英国数学家托马斯·贝叶斯（Thomas Bayes）于 18 世纪提出的一种重要概率理论。如果你看到一个人总是做好事，那这个人多半是一个好人。也就是说，当你不能准确熟知一个事物的本质时，你可以依靠与事物本质相关事件出现的多少去判断其本质属性的概率。所以，贝叶斯定理用数学语言表达就是：支持某项属性的事件发生得越多，则该属性成立的可能性就越大。

通常，事件 A 在事件 B（发生）条件下的概率，与事件 B 在事件 A 的条件下的概率是不一样的。然而，这两者之间存在确定的关系，贝叶斯定理就是关于这种关系的阐述。贝叶斯定理中关于随机事件 A 和 B 的条件概率的具体公式为：

$$P(\mathrm{A}\mid \mathrm{B})=\frac{P(\mathrm{B}\mid \mathrm{A})P(\mathrm{A})}{P(\mathrm{B})} \tag{3-8}$$

式中，$P(\mathrm{A})$ 为 A 的先验概率，之所以称为“先验”是因为它不考虑任何 B 方面的因素；$P(\mathrm{A}|\mathrm{B})$ 为已知 B 发生后 A 发生的条件概率，由于取决于 B 的取值所以称作 A 的后验概率；$P(\mathrm{B}|\mathrm{A})$ 为已知 A 发生后 B 发生的条件概率，也由于取决于A的取值而被称作B的后验概率；$P(\mathrm{B})$ 为B的先验概率，也称作标准化常量。

依据上述假设论，贝叶斯定理可表述为：后验概率 =（相似度 × 先验概率）/ 标准化常量，这里的相似度为 $P(\mathrm{B}|\mathrm{A})$。也就是说，后验概率与相似度和先验概率的乘积成正比。此外，$P(\mathrm{B}|\mathrm{A})/P(\mathrm{B})$ 也有时被称作标准相似度，因此贝叶斯定理又可表述为：后验概率 = 标准相似度 × 先验概率。

条件概率的定义是：事件 A 在事件 B 已经发生了的条件下发生的概率。条件概率用 $P(\mathrm{A}|\mathrm{B})$ 表示，读作“在 B 发生的条件下 A 发生的概率”。联合概率表示两个事件共同发生的概率，A 与 B 的联合概率用 $P(\mathrm{A}\cap\mathrm{B})$ 表示。

贝叶斯定理也可以由概率的定义推导得出。根据条件概率的定义，在事件 B 发生的条件下事件 A 发生的概率 $P(\mathrm{A}|\mathrm{B})=\dfrac{P(\mathrm{A}\cap\mathrm{B})}{P(\mathrm{B})}$；同理，在事件 A 发生的条件下事件 B 发生的概率 $P(\mathrm{B}|\mathrm{A})=\dfrac{P(\mathrm{A}\cap\mathrm{B})}{P(\mathrm{A})}$。综合上述两式，得到：

$$P(\mathrm{A}|\mathrm{B})P(\mathrm{B})=P(\mathrm{A}\cap\mathrm{B})=P(\mathrm{B}|\mathrm{A})P(\mathrm{A}) \tag{3-9}$$

上述公式有时也被称作概率乘法规则。若 $P(\mathrm{A})$ 非零，式（3–9）两边同时除以 $P(\mathrm{A})$，就可得到贝叶斯定理：

$$P(\mathrm{B}|\mathrm{A})=\frac{P(\mathrm{A}|\mathrm{B})P(\mathrm{B})}{P(\mathrm{A})} \tag{3-10}$$

3.2.2.4 *K* 最近邻算法

K 最近邻（*K*-Nearest Neighbor，KNN）算法是一种用于分类和回归的非参数统计方法。在 *K* 最近邻分类中，输入包含特征空间中的 *K* 个最接近的训练样本，输出一个分类族群。这时候，一个对象的分类是由其邻居的“多数表决”确定的，*K* 个最近邻居中最常见的分类决定了赋予该对象的类别。若 $K=1$，则该对象的类别直接由最近的一个节点赋予。在 *K* 最近邻回

归中，输出是该对象的属性值，该值是其K个最近邻居属性值的平均值。

训练样本是一种多维特征空间向量，其中每个训练样本都带有一个类别标签。K最近邻算法的训练阶段只包含存储的特征向量和训练样本的标签。在分类阶段，K是一个用户定义的常数。一个没有类别标签的向量被归类为最接近于该点的K个样本点中最频繁使用的一类。一般情况下，将欧氏距离作为距离度量，但这只适用于连续变量。在样本分类这种离散情况下，另一个度量——重叠度量（或海明距离）可用来作为度量工具。通常情况下，出现频率较多的样本将会主导测试点的预测结果，因为它们有比较大的可能出现在测试点的K邻域，而测试点的属性又是通过K邻域内的样本计算得到的。解决这个不足的方法之一就是在进行分类时将样本到K个近邻点的距离考虑进去。具体做法就是K近邻点中每一个分类（对于回归问题）都乘以与测试点之间距离的成反比的权重。

KNN 算法的基本流程如下：

（1）计算已知数据集中点与当前点之间的距离；

（2）按照距离递增次序排序；

（3）选取与当前点距离最小的K个点；

（4）确定前K个点所在类别的出现频率；

（5）返回前K个点出现频率最高的类别，将其作为当前点的预测分类。

常用的距离计算方式如下所示。欧氏距离在二维平面上点$a\left(x_1,y_1\right)$与$b\left(x_2,y_2\right)$的计算方式为：

$$d=\sqrt{\left(x_1-x_2\right)^2+\left(y_1-y_2\right)^2} \tag{3-11}$$

三维空间中点$a\left(x_1,y_1,z_1\right)$与$b\left(x_2,y_2,z_2\right)$的计算方式为：

$$d=\sqrt{\left(x_1-x_2\right)^2+\left(y_1-y_2\right)^2+\left(z_1-z_2\right)^2} \tag{3-12}$$

n维空间中点$a\left(x_{11},x_{12},\cdots,x_{1n}\right)$与$b\left(x_{21},x_{22},\cdots,x_{2n}\right)$的计算方式为：

$$d=\sqrt{\sum_{k=1}^{n}\left(x_{1k}-x_{2k}\right)^2} \tag{3-13}$$

曼哈顿距离在二维平面上点$a\left(x_1,y_1\right)$与$b\left(x_2,y_2\right)$的计算方式为：

$$d=\left|x_1-x_2\right|+\left|y_1-y_2\right| \tag{3-14}$$

n维空间中点$a\left(x_{11},x_{12},\cdots,x_{1n}\right)$与$b\left(x_{21},x_{22},\cdots,x_{2n}\right)$的计算方式为：

$$d=\sum_{k=1}^{n}\left|x_{1k}-x_{2k}\right| \tag{3-15}$$

切比雪夫距离在二维平面上点 $a\left(x_1,y_1\right)$ 与 $b\left(x_2,y_2\right)$ 的计算方式为：

$$d=\max\left(\left|x_1-x_2\right|,\left|y_1-y_2\right|\right) \tag{3-16}$$

n 维空间中点 $a\left(x_{11},x_{12},\cdots,x_{1n}\right)$ 与 $b\left(x_{21},x_{22},\cdots,x_{2n}\right)$ 的计算方式为：

$$d=\max\left(\left|x_{1i}-x_{2i}\right|\right) \tag{3-17}$$

如何选择一个最佳的 K 值取决于已有数据。一般情况下，在分类时较大的 K 值能够减小噪声的影响，但会使不同类别之间的界限变得模糊。一个较好的 K 值可以通过各种启发式技术来获取。噪声和非相关性特征的存在，或特征尺度与它们的重要性不一致都会导致 KNN 算法的准确性严重降低。

3.2.2.5 *K* 均值聚类算法

聚类是对在某些方面相似的数据样本进行分类和组织的过程，通常称为无监督学习。*K* 均值聚类算法（*K*-Means Clustering Algorithm）是一种著名的聚类划分算法，由于简捷性和高效率而得以在所有聚类算法中脱颖而出，进而被广泛使用。*K* 均值聚类算法的基本思路是把 n 个点划分到 K 个聚类中，使得每个点都属于离它最近的均值（即聚类中心）对应的聚类，以此作为聚类的标准。*K* 均值聚类算法的思想可追溯到 1957 年的 Hugo Steinhaus，术语“*K* 均值”于 1967 年被 James MacQueen 首次使用。其标准算法由美国贝尔实验室的 Stuart Lloyd 于 1957 年提出，应用于脉冲编码调制技术，但直到 1982 年才被公开发表。

K 均值聚类算法的基本流程如下：

（1）（随机）选择 K 个聚类的初始中心；

（2）对任意一个样本点，求其到 K 个聚类中心的距离，将样本点归类到距离最小的中心的聚类中，如此迭代 n 次；

（3）在每次迭代过程中，利用均值等方法更新各个聚类的中心点；

（4）对 K 个聚类中心，利用（2）、（3）迭代更新后，如果位置点变化很小，则认为是达到稳定状态，迭代结束，此时对不同的聚类块和聚类中心可选择不同的颜色标注。

K 均值聚类算法中 *K* 值的选择对算法影响很大，针对 *K* 值的选择可采用手肘法或 Gap Statistic 方法。在 *K* 均值聚类算法中计算距离时常采用欧式距离，具体计算方式同 *K* 近邻算法相似。当使用欧氏距离计算 *K* 均值聚类算法时，假设每个数据簇中的数据都具有相同的先验概率分布和球形分布，但这在生活中很少见。所以在面对非凸数据分布形状时，需引入核函数进行优化。此时，该算法又称为核 *K* 均值算法，是一种核聚类方法。核聚类方法的主要思想是通过一个非线性映射，将输入空间中的数据点映射到高位的特征空间中，并在新的特征空间中进行聚类。非线性映射增加了数据点线性可分的概率，可保证在经典的聚类算法失效的情况下，通过引入核函数以达到更为准确的聚类结果。

3.2.2.6 决策树

在机器学习领域，决策树是一种预测模型。它表示对象属性和对象值之间的映射关系。决策树中每个节点表示一个对象，每个分支路径表示一个可能的属性值，而每个叶子节点对应于从根节点到叶子节点的路径对应的对象值。决策树只有一种输出，如果需要复杂的输出，则需要建立一棵独立的决策树来处理不同的输出。决策树是数据挖掘中的一种常用方法，一般应用于数据分析和预测。

从数据中产生决策树的机器学习技术叫作决策树学习，通俗地讲就是决策树。一个决策树包含 3 种类型的节点：决策节点、机会节点和终结点。决策节点是对几种可能方案的选择，即最后选择的最佳方案；机会节点，代表备选方案的期望值，通过各个机会节点的期望值对比，按照一定的决策标准就可以选出最佳方案；终结点，是将每个方案在各种自然状态下取得的损益值标注于结果节点的右端。

一棵决策树的生成过程主要分为 3 个部分：特征选择、决策树生成和剪枝。特征选择是指从训练数据众多的特征中选择一种特征作为当前节点的分裂标准。决策树生成是根据选择的特征评估标准，从上至下递归地生成子节点，直到数据集不可再分时停止决策树的生长。决策树容易过拟合，所以一般需要剪枝。剪枝是指缩小决策树的结构规模、缓解过拟合。

剪枝技术有预剪枝和后剪枝两种。预剪枝是根据一些原则尽早停止树的增长，如树的深度达到用户所要的深度、节点中样本个数少于用户指定的个数等。在建立树的过程中，预剪枝决定是否需要继续划分或分裂训练样本来实现提前停止树的构造，一旦决定停止分支，就将当前节点标记为叶子节点。后剪枝则是在完全生长的树上剪去分支加以实现，通过删除节点的分支来剪去树节点。后剪枝操作是一个修剪和测试的过程，其规则标准是：在决策树的连续剪枝操作过程中，使用原始样本集或新的数据集作为测试数据，对测试数据进行决策树的预测精度测试，并计算相应的错误率；如果切断子树后决策树测试数据的预测精度或其他度量不降低，那么子树将被切断。

划分数据集的最大原则是使无序的数据有序化。如果训练数据中有多个特征，那么选择哪个特征进行分割必须用定量的方法进行判断。现如今有多种定量划分方法，其中之一就是“信息论度量信息分类”。它有三种常见的方式：信息增益、信息增益率、基尼系数（Gini Coefficient）；相应的决策树分类算法分别是 ID3、C4.5 和 CART。

根据信息论的信息增益评估和选择特征，ID3 算法每次选择信息增益最大的特征进行判断。为了去除过渡数据的匹配问题，可通过裁剪合并相邻的无法产生大量信息增益的叶子节点。使用信息增益有一个缺点，那就是它偏向具有大量值的属性；也就是说在训练集中，某个属性所取的不同值的个数越多，那它就越有可能被拿来作为分裂属性，而这样做在某些情况下是没有意义的。另外，ID3 算法也不能处理连续分布的数据特征，于是就有了 C4.5 算法。

C4.5 算法为 ID3 算法的改进版本，它完美继承了 ID3 算法的优点。C4.5 算法通过信息增益率来选择属性，克服了以往通过信息增益选择属性时，偏向选择取值多的属性的不足，并且能够在树构造过程中进行剪枝；能够完成对连续属性的离散化处理；还能够对不完整数据进行处理。C4.5 算法产生的分类规则易于理解、准确率较高；但效率较低，因为在树构造过程中，需要对数据集进行多次的顺序扫描和排序。因此，C4.5 算法一般适用于驻留在内存的数据集。

ID3 算法和 C4.5 算法虽然可以在学习训练样本集时尽可能多地挖掘数据信息，但它们生成的决策树分支较多、规模较大。为了简化决策树的规模，提高它的生成效率，就出现了根据基尼系数来选择测试属性的 CART 算法。

3.2.2.7 BP 神经网络

BP 神经网络是采用 BP 算法进行学习的多层神经网络。BP 神经网络有一个输入层、一个输出层、一个或多个中间隐含层结构，常用的连接方式是每个神经元只与它相邻的神经元相连，同层的神经元之间不连接，信息只沿输入向输出方向传递。有 1 个隐含层的 BP 神经网络如图 3–3 所示。其中 0 为输入层，1 为隐含层，2 为输出层，W_{ij} 和 W_{jk} 为权系数。隐含层的节点数不一定与输入层的节点数相等，可根据具体求解问题而调节选取。

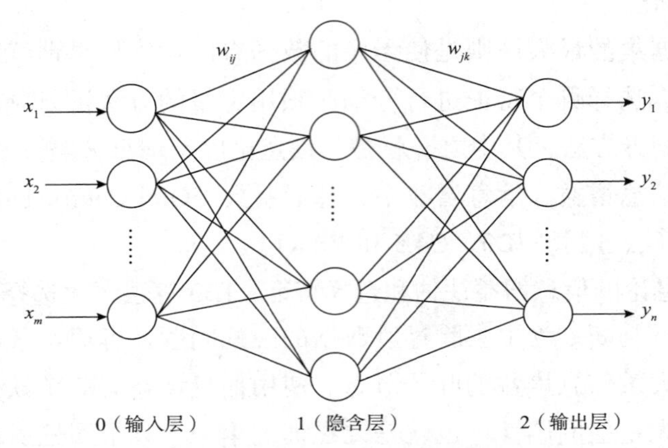

图 3–3 3 层 BP 神经网络结构（据徐守余等，有修改）

设用于学习的已知样品有 m 个，输入即为 m 个向量 X，已知输出为 m 个 y，可表示为：

$$\begin{matrix} X=(x_{ik}) \\ Y=(y_k) \end{matrix} \quad (k=1,2,\cdots,m) \tag{3–18}$$

BP 神经网络各层间的连接权记为：$W=(w_{ij}{}^{(t)})$。其中，$t=0,1,2$ 表示神经网络的层；$i=1,2,\cdots$，n_t 表示 t 层的节点号，$j=1,2,\cdots$，n_{t+1} 为 $t+1$ 层的节点号。

BP 神经网络各层的输出记为：$O_i^{(t)}$，$i=1,2,\cdots,n_t$。显然 $O_i^{(0)}=x_i$ 即输入 x_i 为 0 层的输出，$O_i^{(2)}=y$，即 2 层的输出就是整个神经网络的输出 y。

BP 神经网络各层的阈值记为 θ_t，$t=1,2$。

则 BP 神经网络的学习算法可以这样描述：

（1）给定各层的连接权 $W_{ij}^{(t)}$ 和阈值 θ_t 的初值。

（2）计算 $t=1,2$ 各层的输出：

$$O_i^{(t)}=f\left(\sum_{j=1}^{n_t}W_{ij}^{(t)}\cdot O_i^{(t-1)}+\theta_t\right) \tag{3-19}$$

式中，t=2 时 $O_i^{(2)}$ 就是 BP 神经网络的响应输出 z，对于 $k=1,2,3,\cdots,m$，可以计算出 k 个响应输出的 z_k，$k=1,2,3,\cdots,m$。

（3）由式（3–19）计算出的 z_k 和已知输出 y_k 可求得其拟合误差：

$$e=\sum_{k=1}^{m}(y_k-z_k)^2 \tag{3-20}$$

（4）若 e 满足误差要求，则计算结束；否则，进行下一步。

（5）由误差大小对 $W_{ij}^{(t)}$ 做适当修改，称误差反传。

第一步，将误差分配到各层上：

$$\delta^{(2)}=O^{(2)}\cdot(1-O^{(2)})\cdot(y_k-O^{(2)}) \tag{3-21}$$

$$\delta_j^{(t)}=O_j^{(t)}\cdot(1-O_j^{(t)})\cdot\sum_{i=1}^{n}\delta_j^{(t-1)}\cdot W_{ij}^{(t-1)} \tag{3-22}$$

式中，$\delta^{(2)}$ 为输出层误差信号；$\delta_j^{(t)}(t=1)$ 为隐含层的误差。

第二步，由误差信号再修正连接权值和阈值：

$$W_{ij}^{(t)*}=W_{ij}^{(t-1)}+\eta\cdot\delta_j^{(t)}\cdot O_i^{(t)} \tag{3-23}$$

$$\theta_j^{(t)*}=\theta_j^{(t-1)}-\eta\cdot\delta_j^{(t-1)} \tag{3-24}$$

式中，η 为学习效率，一般取（0，1）中的一个恰当常数；* 表示修改以后的值。

（6）返回式（3–19）继续迭代计算。

从本质上讲，基于梯度下降的 BP 神经网络收敛速度慢，极易陷入局部极小值，且对神经网络的初始权值、自身的学习速率和动量等参数极为敏感，这些参数需要不断的训练才能逐步固定，而过度的训练会导致过拟合现象，从而影响神经网络的泛化能力。

3.2.2.8 支持向量机

支持向量机建立在 VCD（Vapnik-Chervonenkis Dimension）理论和结构风险最小原理的基础之上。其基本原理是有限的样本特征值在分类模型的复杂性和自学习能力之间寻找最佳的平衡点，使目标函数达到最佳的泛化能力，最终以结构化风险最小化为原则，得到一个分类器使得超平面和最近的数据点之间的距离最远。通常来说，该距离越远，平面越优。

图 3–4 非常直观地展示了如何找到最优超平面。在图 3–4 中，H 是分类面，即超平面，H_1 和 H_2 是平行于 H，且离 H 最近的两类样本的直线，H_1 与 H、H_2 与 H 之间的距离就是几何间隔，红色圆圈和蓝色方块均为支持向量，两个支持向量之间的距离为 $margin = 2/\|w\|$。支持向量机的目标就是使该距离最大化，从而建立一个最优超平面，然后通过这个最优超平面将数据正确地分离。

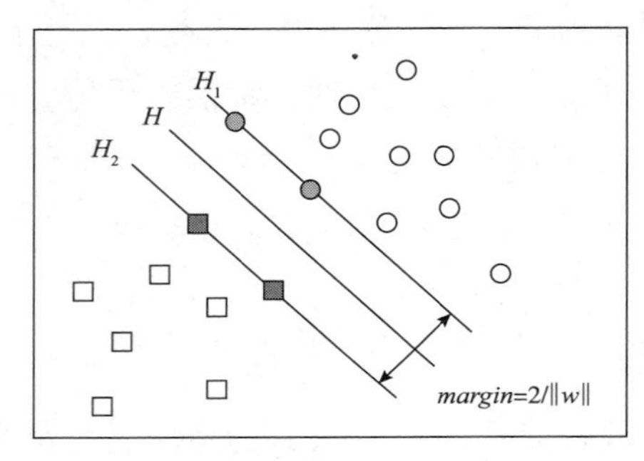

图 3–4　支持向量机示意图

现考虑 n 维两类线性可分的情况。给定训练样本集 $\{(x_i, y_i), i = 1, 2, \cdots, l\}$，其中 $x_i \in R_n$，$y_i \in (-1, 1)$。

设超平面 H 的方程为：

$$w^{\mathrm{T}} x + b = 0 \tag{3–25}$$

式中，如果 $y_i = 1$，那么 $w^{\mathrm{T}} x + b > 0$，否则 $w^{\mathrm{T}} x + b < 0$。按照超平面的性质，任意样本点 x_i 到 H 的有符号距离为：

$$\frac{w^{\mathrm{T}} x + b}{\|w\|},\ i = 1, 2, \cdots, l \tag{3–26}$$

假定，所有样本点与超平面之间的几何距离至少为 D，则寻找最大的超平面也就是寻找最大的几何距离 D、相关的全系数向量 w 以及偏置 b。将这个问题转化为以下的优化问题：

$$\begin{cases} \max\limits_{w,b} D \\ \text{s.t.} \dfrac{1}{\|w\|} y_i (w^{\mathrm{T}} x + b) \geqslant D, i = 1, 2, \cdots, l \end{cases} \tag{3–27}$$

寻找最优超平面即在最大化它的宽度准则情况下，去选择一个合适的 w 和 b。

3.2.3 历史成就

20 世纪 80 年代，机器学习的典型成果是应用于多层神经网络训练的反向传播算法，以及各种决策树（如分类树和回归树）。前者是一种能够解决实际问题的神经网络结构，目前仍广泛应用于深度神经网络的训练中。1989 年，第一个卷积神经网络被设计出来，它是现代深度卷积神经网络的前身，并被成功地应用于手写数字识别。20 世纪 90 年代是机器学习走向成熟和大规模发展的时代。在此期间，出现了大量的经典算法，如支持向量机、AdaBoost 算法、随机森林、递归神经网络（Recursive Neural Network，RNN）和 LSTM（Long Short-Term Memory，长短时记忆）神经网络等。与此同时，机器学习也在向真正的应用领域迈进，如垃圾邮件分类、车牌识别、人脸识别、文本分类和语音识别等。

3.3 深度学习

深度学习是机器学习的一个分支，它可以理解为一种多层网络结构，和人脑的认知结构类似，可以进行计算和学习。比如，给定的一张图像中包含一只猫和一只狗，我们可以很容易分辨出哪只是猫、哪只是狗？那我们是如何快速地分辨出猫和狗的呢？可以通过它们的外形，如猫的形态特征有：非常圆的头部、面颊宽大、耳根宽广、耳郭深和眼睛圆等。再仔细想一下，毛发的长短、面颊的宽大、耳朵尖还是圆，这些词汇在狗身上同样适用，而毛发短和耳朵圆的程度也没办法用一个具体的数字来衡量。如果使用另一些词汇，如使用深色杏眼等来描述狗的特征时，那新的问题又出现了：不是所有品种的狗都具备这样的特点，但我们还是能够一眼把它们认出来。总之，我们很难用几个词或几句话精准地把猫和狗区分开来，但是凭借直觉，就可以快速而准确地解决这个问题。

为了使计算机能够解决这些看上去比较直观，但又很难用具体语言或数学规则来表达的问题，科学家们研究了一种解决方案：深度学习。深度学习就是让计算机模拟人的认知过程，从经验中进行学习；让计算机像人一样，根据层次化的概念体系来理解世界。深度学习有着悠久且丰富的历史，随着可用的训练数据量不断增加、计算机软硬件不断改善，深度学习模型的规模也不断增长，用来解决日益复杂的应用问题，并且计算精度也在不断提高。

常见的深度学习模型包括卷积神经网络、循环神经网络（Recurrent Neural Network，RNN）和递归神经网络、自编码器（Autoencoder）和生成对抗网络（Generative Adversarial Network，GAN）及它们的衍生网络等。

从某种意义上说，卷积神经网络为深度学习的发展奠定了基础。不仅如此，卷积神经网络也被证明是一个很好的计算机科学借鉴神经科学的实例。应用实践证明，卷积神经网络的巨大优势就是可以在多个空间位置上共享参数。卷积运算是一种数学计算。和矩阵相乘不同，卷积运算既可以实现稀疏相乘和参数共享，又可以压缩输入端的维度。和普通神经网络不同，卷积神经网络并不需要为每一个神经元对应的每一个输入数据提供单独的权重。与池化相结合，卷积神经网络可以理解为一种公共特征的提取过程，而不是大部分神经元被用于特征提取。卷积和池化的过程是将一张图像的维度进行压缩。卷积神经网络的精髓就是适合处理结构化数据，而该类型数据在跨区域上依然有关联。经过多年发展，卷积神经网络延伸出Lenet、Alexnet、GoogleNet 和 VGG 等神经网络结构。

循环神经网络和递归神经网络都被称作 RNN，但实际上这两种网络结构是截然不同的。循环神经网络和递归神经网络被放在一起的原因是：它们都可以处理序列问题，如时间序列等。

一个最简单的例子就是股票预测。一般情况下，预测股票走势采用循环神经网络比普通的深度神经网络效果要好，因为股票走势和时间相关，今天的价格和昨天、上周、上个月的价格都有关系。循环神经网络具有“记忆”能力，它可以“模拟”数据之间的依赖关系。为了加强这种“记忆能力”，科学家开发出多种循环神经网络的变体，比较出名的就是 LSTM 神经网络，用于解决“长期及远距离的依赖关系”。

另一种循环神经网络的变体——双向循环神经网络是现阶段自然语言处理和语音分析中的重要模型。科学家开发双向循环神经网络的原因是语言或语音的构成取决于上下文，即“现在”依托于“过去”和“未来”。单向循环神经网络仅能够从“过去”推出“现在”，而无法对“未来”的依赖性进行有效的建模。

递归神经网络和循环神经网络不同，它采用树状结构而不是网状结构来进行计算。递归循环网络的目标和循环神经网络相似，也是希望解决数据之间的长期依赖问题。其优点在于采用树状结构可以降低序列的长度，降低复杂度。但是和其他树状数据结构一样，构造最佳的树状结构，如平衡树和平衡二叉树并不容易。

自编码器是一种无监督神经网络，从名字上完全看不出它和神经网络有什么关系，对它的作用也很难做出判断。自编码器主要有两个部分：第一部分是编码器；第二部分是解码器。数据输入后，经过了编码器和解码器，就获得一个输出，即数据在低维度的压缩表示。评估自编码器的方法是重构误差，即计算输出和原始输入之间的差别，这种误差越小越好。和主成分分析（Principal Component Analysis，PCA）类似，自编码器也可以用来进行数据压缩，即从原始数据中提取最重要的特征。

生成对抗网络采用无监督学习同时训练两个模型：生成网络和判别网络。简单来说，生成对抗网络两个模型的作用是：生成网络用于生成图像使其与训练数据相似；判别网络用于判断生成网络中得到的图像是真的训练数据还是伪装的数据。生成网络一般有逆卷积层，而判别网络一般采用卷积神经网络。在博弈论中有一个比较出名的“零和游戏”，它很难得到优化方程或很难优化，生成对抗网络也不可避免地会出现这个问题。但有趣的是，生成对抗网络的实际表现比我们想象的要更好一些，它所需的参数也远大于按照正常方法训练神经网络所需的参数，所以可以更加有效地学习到数据的分布。

3.3.1 循环神经网络

3.3.1.1 循环神经网络概况

循环神经网络由 Jeffrey 在 1990 年提出，它主要是为了处理和预测序列数据问题而建立的。循环神经网络和传统前馈神经网络的本质区别在于它们的神经元节点之间的拓扑方式不同。在传统前馈神经网络中，只能够简单模仿现实中生物横向神经元的连接方式，只能接收固定时刻的输入，而且在对输入进行输出和传播过程中，无法将新的特征信息添加到输入中。前馈神经网络的具体连接方式如图 3–5 所示。从图 3–5 中可以看出，不同网络之间神经元的连接可以通过 Dropout 进行随机舍弃，但是本网络层之间神经元相连的概率为 0。这是对客观世界中生物的神经网络最基本的模拟，尽管这种连接方式下神经元之间的权重计算更加简捷方便，但是网络最终输出结果的稳定性较差。而且随着网络层数增多，前馈神经网络的学习能力呈明显的下降趋势。

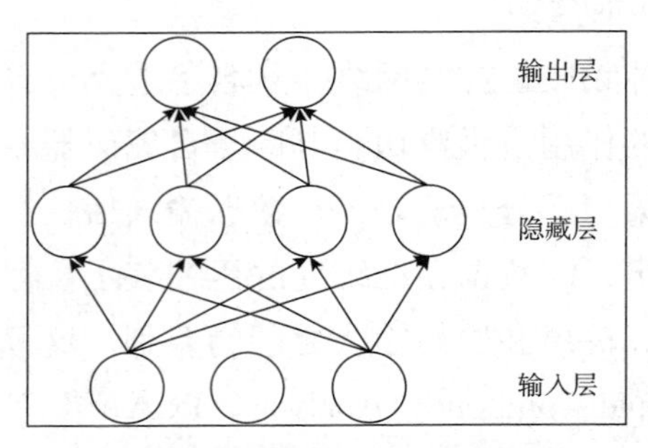

图 3–5　前馈神经网络的连接方式

对于客观世界中生物的神经网络来说，是不断地接收外界的输入，在数据处理过程中也可以对新加入的数据进行整合。对应到深度学习网络中，神经元节点在层与层前后连接的同时，本层之间的神经元也会相互连接，神经元本身也会自连接。在不间断的数据输入过程中，深度学习网络的输出也在不断变化。这种不间断的数据一般称为具有时间序列关系的时序数据，例如声频、视频、文字或者随时间变化的各种数据。这类数据的时间长度和相关维度大小是不固定的，传统前馈神经网络难以处理这类数据。这就需要一种新的神经网络模型来处理这类数据。

循环神经网络中，在 t 时刻隐含层神经元接收信息输入时，不仅包含了上一层各个神经元的输入，还包含了本层神经元在 t 时刻的数据以及该神经元经过处理后的输入。各个神经元之间通过权重进行连接，这样形成的网络是一个具有循环特性的复杂拓扑结构。因此循环神经网络最后一层的神经元可以包含数据的所有可靠信息，能够更好地提取数据特征，循环神经网络的具体连接过程如图 3–6 所示。

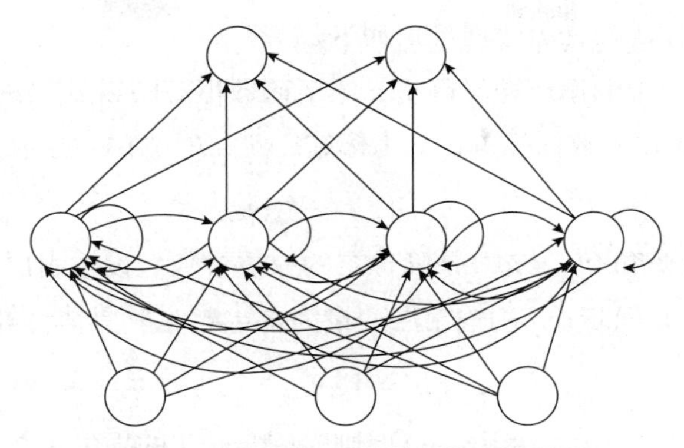
图 3–6　循环神经网络的具体连接过程

图 3–7 为循环神经网络的结构示意图以及该网络在时间轴上的展开。其中，x_t为t时刻的输入信息，h_t为t时刻的隐含层状态，y_t为t时刻的输出。U、V、W分别为相应时刻的权重参数。它们之间具体的表达公式如下。

$$h_t = f(Ux_t + Ws_{t-1} + b_h) \quad (3\text{–}28)$$

$$y_t = V \cdot s_t + b_y \quad (3\text{–}29)$$

式中，f是非线性激活函数，b_h和b_y分别是隐含层和输出层的偏置向量。循环神经网络的记忆功能就是通过这些参数的循环更新实现的。

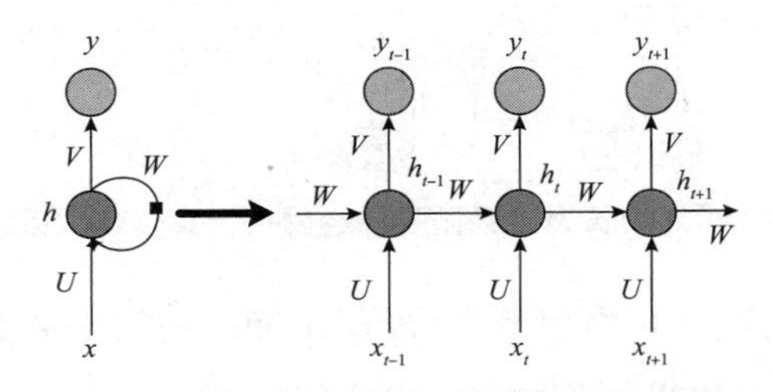

图 3–7　循环神经网络单元结构示意图

循环神经网络的层与层之间具有相同的参数（U、V、W），因此它可以通过参数共享的方式减少网络参数，从而减少模型的训练时间。但是当时间间隔不断扩大后，循环神经网络从过去信息中提取信息的能力会逐渐减弱直至消失，这种现象被称为梯度消失现象。循环神经网络中神经元参数和权重参数的计算、提取、传播、存储通过反向传播算法实现，反向传播算法按照时间的逆序逐级传递误差信息。

反向传播算法的具体实现过程如下：

对于一个适中的循环神经网络，激活函数恒等映射 $\theta(x)=x$，$x_t \in \boldsymbol{R}^d$ 为时间步长为 t 的输入数据样本，y_t 为标签，$h_t \in \boldsymbol{R}^h$ 为隐含层状态。

$$h_t = W_{hx}x_t + W_{hh}h_{t-1} \tag{3-30}$$

其中，$W_{hx} \in \boldsymbol{R}^{h \cdot d}$ 和 $W_{hh} \in \boldsymbol{R}^{h \cdot d}$ 是隐含层的权重参数。设输出层的权重参数为 $W_{qh} \in \boldsymbol{R}^{q \cdot h}$，则时间步长 t 的输出层变量为 $o_t \in \boldsymbol{R}^q$，其具体计算公式为：

$$o_t = W_{qh}h_t \tag{3-31}$$

设时间步长 t 的损失为 $l(o_t, y_t)$，则时间步长 T 的损失函数 L 可定义为：

$$L = \frac{1}{T}\sum_{t=1}^{T} l(o_t, y_t) \tag{3-32}$$

L 是有关给定时间步长的数据样本的因变量。根据图 3-8 确定模型参数的梯度为 $\partial L / \partial W_{hx}$、$\partial L / \partial W_{hh}$、$\partial L / \partial W_{qh}$。按照箭头方向依次计算并存储梯度。此时，$h_3$ 为时间步长为 3 的隐含层状态，h_2 为模型参数 W_{hx}、W_{hh}、W_{qh} 上一步的隐含层状态，x_3 为当前的时间步长。

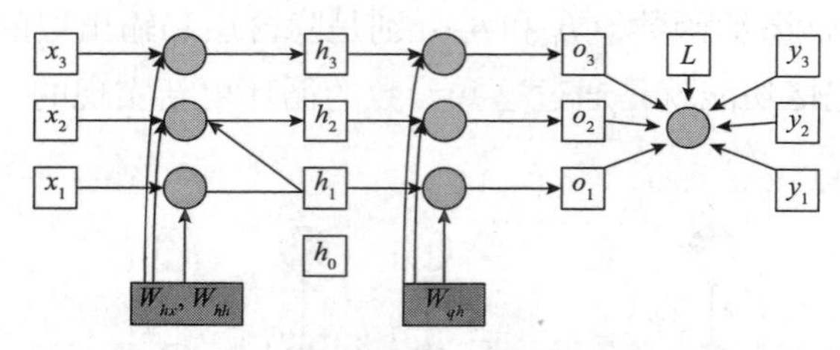

图 3-8　时间步长为 3 的循环神经网络计算依赖关系示意图

目标函数在梯度下降过程中各层时间步长的梯度为 $\partial L / \partial o_t \in \boldsymbol{R}^q$。$\partial L / \partial W_{qh} \in \boldsymbol{R}^{q \cdot h}$ 作为和模型参数 W_{qh} 相关的梯度，其中 L 对 W_{qh} 的依赖是通过 $o_1, \cdots, o_T$ 计算的。循环神经网络中隐含层的神经元状态也存在相互依赖关系。时间步长为 T，隐含层状态为 h_t，则依赖实现是通过 L 对 o_T 求导实现的。作为展开的链式法则，目标函数的最终隐藏梯度实现为 $\partial L / \partial h_T \in \boldsymbol{R}^h$，各计算过程如式（3-33）到式（3-37）所示：

$$\frac{\partial L}{\partial o_t} = \frac{\partial l(o_t, y_t)}{T \cdot \partial o_t} \tag{3-33}$$

$$\frac{\partial L}{\partial W_{qh}}=\sum_{t=1}^{T}\text{prod}\left(\frac{\partial L}{\partial o_t},\frac{\partial o_t}{\partial W_{qh}}\right)=\sum_{t=1}^{T}\frac{\partial L}{\partial o_t}h_t^T \tag{3-34}$$

$$\frac{\partial L}{\partial h_T}=\text{prod}\left(\frac{\partial L}{\partial o_T},\frac{\partial o_T}{\partial h_T}\right)=W_{qh}^T\frac{\partial L}{\partial o_T} \tag{3-35}$$

$$\frac{\partial L}{\partial h_T}=\text{prod}\left(\frac{\partial L}{\partial h_{t+1}},\frac{\partial h_{t+1}}{\partial h_t}\right)+\text{prod}\left(\frac{\partial L}{\partial o_t},\frac{\partial o_t}{\partial h_t}\right)=W_{hh}^T\frac{\partial L}{\partial h_{t+1}}+W_{qh}^T\frac{\partial L}{\partial o_t} \tag{3-36}$$

$$\frac{\partial L}{\partial h_t}=\sum_{i=t}^{T}(W_{hh}^T)^{T-i}W_{qh}^T\frac{\partial L}{\partial o_{T+t=i}} \tag{3-37}$$

由式（3–37）可知，在T较大或者时间步长t较小时，目标函数的有关隐含层状态的梯度容易出现衰减和爆炸，这也会影响$\partial L/\partial h_t$项的梯度，比如隐含层模型参数的梯度$\partial L/\partial W_{hx}\in \boldsymbol{R}^{h\cdot d}$和$\partial L/\partial W_{hh}\in \boldsymbol{R}^{h\cdot h}$。在图 3–8 中，$L$通过$h_1,\cdots,h_T$计算得到。因此，依据链式法则，其求解过程如式（3–38）和式（3–39）所示。

$$\frac{\partial L}{\partial W_{hx}}=\sum_{t=1}^{T}\text{prod}\left(\frac{\partial L}{\partial h_t},\frac{\partial h_t}{\partial W_{hx}}\right)=\sum_{t=1}^{T}\frac{\partial L}{\partial h_t}x_t^T \tag{3-38}$$

$$\frac{\partial L}{\partial W_{hh}}=\sum_{t=1}^{T}\text{prod}\left(\frac{\partial L}{\partial h_t},\frac{\partial h_t}{\partial W_{hh}}\right)=\sum_{t=1}^{T}\frac{\partial L}{\partial h_t}h_{t-1}^T \tag{3-39}$$

依次计算上述各个梯度后，会把这些梯度存储起来，避免重复计算。

3.3.1.2 LSTM 神经网络

循环神经网络在计算较长的时间序列中，随着网络层加深、输入时间序列延伸，网络的权重参数会多次相乘，如果某些权重参数过小，获得的新的权重参数会逐渐消失，产生梯度消失现象。如果某些权重参数过小，获得的新的权重参数会呈指数级上升，产生梯度爆炸现象。对于出现的梯度爆炸现象，通常会迅速表现在结果上，所以可以通过梯度修剪来解决，但对于长期依赖问题却很难解决。为克服该不足，一些学者对循环神经网络进行了改进，包括增加有漏单元、设计门控循环神经网络等。

LSTM 神经网络就是门控循环神经网络中应用最广泛的一种。LSTM 神经网络包括门（Gate）和记忆单元（Cell）两种结构。门结构通过抛弃无用信息、增添有用信息来保证信息有选择性地通过，这样可保证记忆单元状态不断地更新，从而达到控制和保护记忆单元状态的目的。一个 LSTM 神经网络记忆单元内有 3 种门结构，分别是遗忘门（Forget Gate）、输入门（Input Gate）和输出门（Output Gate）。遗忘门通过对记忆单元状态中一些数据进行选择性遗忘，保留有用信息来实现；输入门通过对输入的信息选择性记录到记忆单元中来实现；输出门通过同步当前时间信息和记忆单元的输出信息来实现。这三种门结构在记忆单元中进行矩阵雅可比相乘和非线性求和等运算，保证它不会在网络层迭代过程中逐渐遗忘需要学习的特征信息。

图 3–9 为 LSTM 神经网络记忆单元中各种符号的名称。LSTM 神经网络记忆单元的典型内部结构如图 3–10 所示。

图 3–9 中，圆角矩形表示神经网络层，圆圈表示节点运算，有向线表示向量的传输，合并线表示向量的级联，分叉线表示向量的复制。

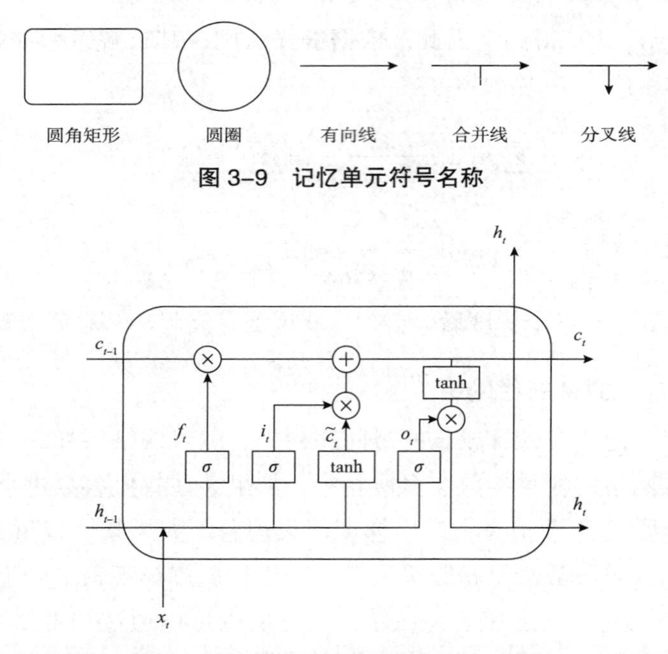

图 3–9　记忆单元符号名称

图 3–10　LSTM 神经网络记忆单元的典型内部结构（据 Christopher Olah，有修改）

图 3–10 中，在 t 时刻，LSTM 神经网络中记忆单元的输入包括 $t-1$ 时刻记忆单元的隐含层状态变量 h_{t-1}、记忆单元的状态变量 c_{t-1} 和当前 t 时刻的输入数据信息 x_t。之后依次通过遗忘门 f_t、输入门 i_t 和输出门 o_t，记忆单元获得 t 时刻的隐含层状态变量 h_t 和状态变量 c_t。最终 h_t 会传入输出层生成

LSTM 神经网络在 t 时刻的计算结果 y，同时 h_t 和 c_t 一起进入 $t+1$ 时刻的记忆单元进行新一轮的计算。为了计算输出值，在 t 时刻 LSTM 神经网络隐含层的计算过程如下：

$$f_t = \sigma(U_f x_t + W_f h_{t-1} + b_f) \tag{3-40}$$

$$i_t = \sigma(U_i x_t + W_i h_{t-1} + b_i) \tag{3-41}$$

$$\tilde{c}_i = \tanh(U_c x_t + W_c h_{t-1} + b_c) \tag{3-42}$$

$$c_t = f_t c_{t-1} + i_t \tilde{c}_t \tag{3-43}$$

$$o_t = \sigma(U_o x_t + W_o h_{t-1} + b_o) \tag{3-44}$$

$$h_t = o_t \tanh(c_t) \tag{3-45}$$

式（3–40）~ 式（3–45）中，$c_t \in \boldsymbol{R}^m$，为记忆单元状态变量；$x_t \in \boldsymbol{R}^p$，为输入变量；$h_t \in \boldsymbol{R}^m$，为 t 时刻隐含层状态变量和该记忆单元的输出变量。$U_{(\bullet)} \in \boldsymbol{R}^{m \times p}$ 和 $W_{(\bullet)} \in \boldsymbol{R}^{m \times p}$ 是权重矩阵，$b_{(\bullet)} \in \boldsymbol{R}^m$ 是偏置向量，在训练过程中它们被不断地优化。f_t、i_t 和 o_t 分别代表遗忘门、输入门和输出门的值。σ 为 sigmoid 激活函数，其计算公式如下：

$$\sigma = \frac{1}{1+\mathrm{e}^{-x}} \tag{3-46}$$

式中，e 为自然对数，σ 的取值范围为（0，1）。tanh 为双曲正切激活函数，其计算公式如下。这里 e 为自然对数，tanh（x）的值域是（0，1）。

$$\tanh(x) = \frac{\mathrm{e}^x - \mathrm{e}^{-x}}{\mathrm{e}^x + \mathrm{e}^{-x}} \tag{3-47}$$

LSTM 神经网络通过 3 个门控单元以及记忆细胞的自循环，实现了在长距离序列数据输入下仍然保有稳定且准确的下降梯度；改变了循环神经网络中信息和梯度的传输方式，解决了长期以来存在的问题。Greff 等在 2015 年对 8 种 LSTM 神经网络变体进行了研究，包括删除某一门控单元，删除门控单元的激活函数，输入门和遗忘门使用同一门控等。结果证明，LSTM 神经网络中遗忘门和输出门的激活函数都不可或缺，删除任何一个激活函数都会对 LSTM 神经网络的网络性能造成较大的影响。

3.3.1.3 基于注意力机制的 LSTM 神经网络

将基于注意力机制的 LSTM 神经网络称为 Attention-LSTM。注意力机制改变了传统的 encoder-decoder 结构，能够很好地捕捉时间序列中的已有变化特征。传统的解码器对每一个输入都赋予相同的权重，但现实中不同输入的重要性往往不同。注意力就是通过解码过程，利用评分函数计算不同输入对预测值的影响程度，为其赋予不同的权重来解决这一问题。其本质是计算当前的输入序列和输出向量的差异，差异越小越说明注意力应该在此处赋予更大的权重。注意力机制的基本结构如图 3-11 所示。

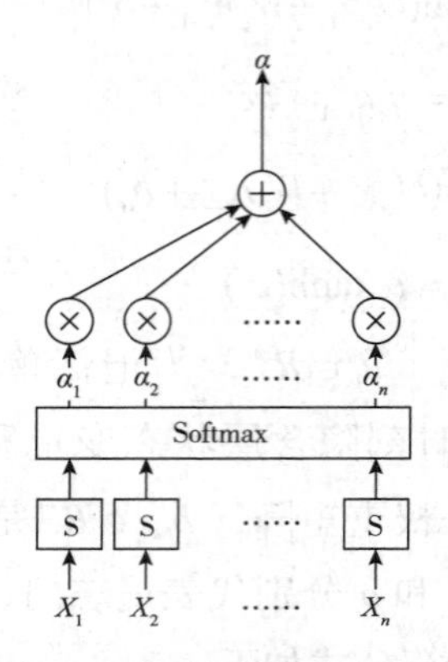

图 3-11 Attention-LSTM 基本结构（据林昕等，无修改）

3.3.2 卷积神经网络

卷积神经网络是一种深度学习模型，现今经常被应用于图像分析中。卷积神经网络的出现离不开 Rumelhart 提出的 BP 神经网络。1998 年，著名的计算机科学家 LeCun 在 BP 神经网络的基础上提出 LeNet 模型。LeNet 模型最开始被应用于手写数字的识别中，与其他的神经网络模型一样，它也使用了 BackPropagation 算法。这个模型定义了卷积神经网络的基本架构：卷积层、池化层和全连接层。

卷积神经网络是一种前馈神经网络，它的架构与常规人工神经网络的架构非常相似。BP 神经网络在分类时，需要提前分步对原始数据进行预处理和特征提取；卷积神经网络有其自己的特点：不断地训练学习并提取原始数据的特征，无须步骤外的预处理和特征提取。例如通过脑电信号对抑郁症进行分类，卷积神经网络不仅不需要烦琐的步骤，而且它的表现也优于传统的分类方法。卷积神经网络可以处理图像和一切可以转化成类似图像结构的数据。相比传统方法和其他神经网络，卷积神经网络能够高效地处理图像的二维局部信息，如提取图像特征、进行图像分类等。它通过输入海量的带标签数据，采用梯度下降方法和误差反向传播方法完成模型的训练。

图 3–12 为卷积神经网络的基本结构。在图 3–12 中，卷积神经网络主要由输入层、卷积层、池化层、全连接层和输出层构成。输入层的主要作用是对输入的原始图像进行预处理；卷积层的主要作用是提取输入图像中的信息；池化层的主要作用是对卷积层中提取的图像特征进行挑选；全连接层一般放在卷积神经网络结构的最后，起到“分类器”的作用；输出层把卷积神经网络最终的处理结果输出。有的卷积神经网络没有池化层，例如 AlphaGo。

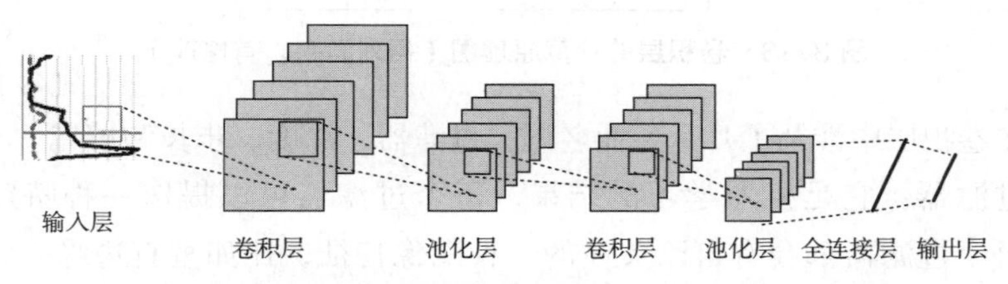

图 3–12 卷积神经网络基本结构（据 Y. LeCun 等，有修改）

输入层对原始图像预处理的方法包括：去均值、归一化和 PCA/ 白化。去均值是把输入数据的各个维度都中心化为 0，其主要目的是将样本的中心拉回坐标原点；归一化是将数据的幅度归一到同样的范围，其主要目的是尽可能地减小各维度取值范围的差异所带来的影响；PCA/ 白化是利用 PCA 降维，以加快算法训练速度，减小内存消耗，其目的是去掉数据之间的关联度，比如当训练图像数据时，由于图像中只有相邻像素之间才具有关联性，所以其中很多信息是冗余的。

卷积层是卷积神经网络中最重要的结构，其主要作用是对输入的原始图像进行特征提取。特征提取就是对输入原始图像中的小区域进行卷积计算。卷积计算的基本原理如图 3–13 所示。在图 3–13 中，输入是一个 3 × 4 的矩阵，过滤器（filter）的尺寸是 2 × 2，步长为 1。将输入层划分为多个区域，用过滤器这个尺寸固定的小方块，在输入层中做运算，按照步长移动，最终得到一个 2 × 3 的、深度为 1 的特征图像。

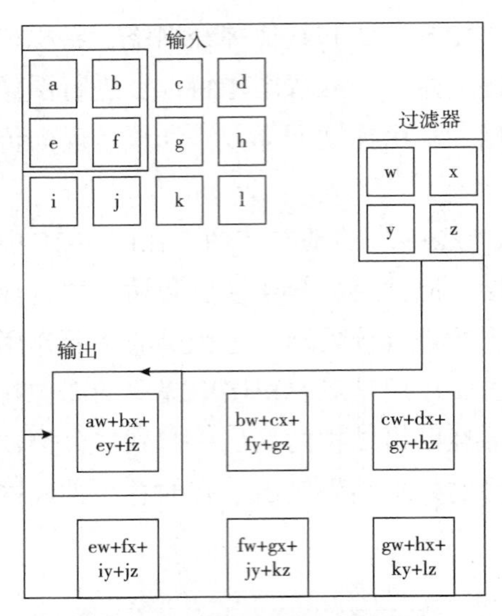

图 3–13　卷积层的计算原理图（据刘润森，有修改）

在卷积层中涉及了几个专业名词：过滤器、深度、步长和填充。

过滤器：它是机器学习的结果，每个过滤器可以提取一种特定的特征；每个过滤器都会有自己关注的一种图像特征，比如垂直边缘、水平边缘、颜色、纹理等，所有这些过滤器累加起来就是整幅图像的特征提取器的集合。

深度：若输入的彩色图像的大小为 $32 \times 32 \times 3$，则第一个 32 为图像的宽度，第二个 32 为图像的高度，3 为图像的深度，即每个像素点有 3 个 RGB 颜色通道，每种颜色的取值范围是 0~255。

步长：过滤器移动一次的长度。

填充：在输入图像的边界填充元素（通常用“0”进行填充）。

卷积层具有一种非常重要的特性：权值共享。这种特性可以极大地减少整个神经网络的参数数量，提高整体的计算效率。

卷积神经网络是全连接神经网络的优化，它相当于全连接层通过两种方式减少了参数的数量。第一种方式：通过卷积层在全连接层中去掉了一些参数 w。第二种方式：权值共享原理，它相当于全连接层的神经元中共用一组参数 w，这样就会涉及更少的参数。这也是卷积神经网络的精髓所在。

激励层的作用是对卷积层的输出结果进行非线性映射。卷积神经网络采用的激励函数一般为 ReLU。它是一种分段线性函数，能把所有的负值变为 0，而正值不变。ReLU 函数图像如图 3–14 所示。由图 3–14 可发现，ReLU 函数这种单侧抑制操作使神经元具有了稀疏激活性，通过 ReLU 实现稀疏后的模型能够更好地挖掘相关特征，拟合训练数据。

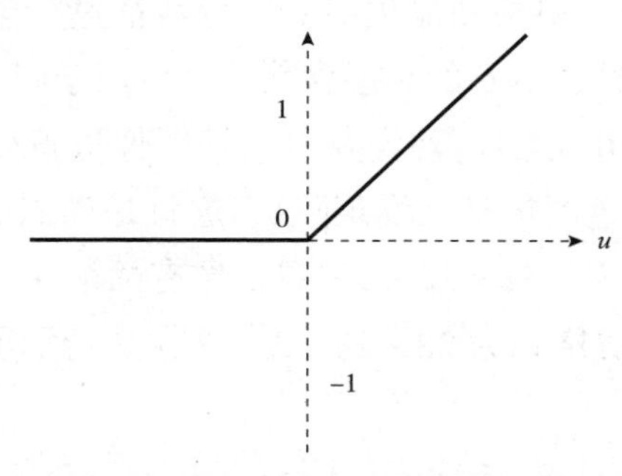

图 3–14　ReLU 函数图像（据 Jason Brownlee，有修改）

与线性函数相比，ReLU 函数的表达能力更强；与非线性函数相比，ReLU 函数由于其非负区间的梯度为常数，因此不存在梯度消失问题，这就使得模型的收敛速度始终维持在一个稳定状态，所以卷积神经网络不使用 sigmoid 作为激活函数。

池化层也被称为下采样层，它存在于连续的卷积层之间，用于压缩图像数据量和参数量。池化层的运算规则有 3 种：最大池化、平均池化和随机池化。最大池化是对局部的值取最大；平均池化是对局部的值取平均；随机池化是根据概率对局部的值进行采样，采样结果便是池化结果。在实际工作中，应用得较多的是最大池化，其运算基本流程如图 3–15 所示。在图 3–15 中，对于每个 2×2 的窗口选出其中最大的数，作为输出矩阵的相应元素值。如输入矩阵第一个 2×2 窗口中最大的数是 6，则输出矩阵的第一个元素就是 6，以此类推，得到输入矩阵的 2×2 的输出矩阵。

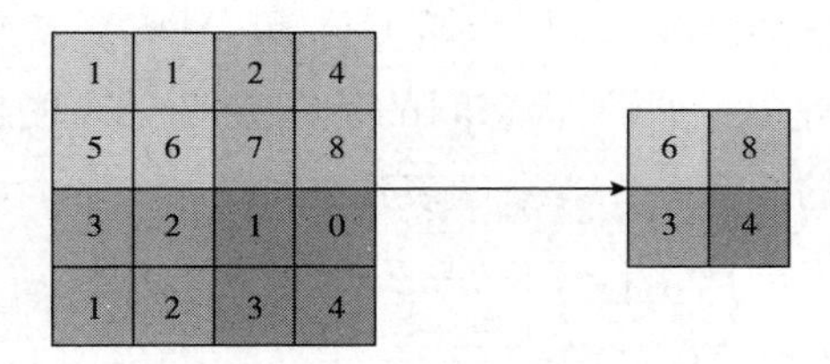

图 3–15　最大池化运算基本流程（据 CS231n，有修改）

池化层的主要作用有：保持特征不变性，对数据特征进行降维，防止过拟合。

卷积神经网络中，两层之间的所有神经元均通过权重连接。全连接层通常放置在卷积神经网络尾部，和传统的神经元连接方式一样。全连接层的作用是将经过多个卷积层和池化层的图像特征进行整合，转化为一个一维的向量，获取图像特征具有的高层含义，之后用于归一化或者分类。

卷积层的输入输出方面，首先要对一幅图像进行处理，可以将图像看作一个像素矩阵（彩色图像是三维矩阵），这就是卷积层的输入。例如一个彩色图像的矩阵格式为：$32\times32\times3$，卷积层有两个 $5\times5\times3$ 的 filter，步长为 1，则卷积处理后的格式为 $28\times28\times2$，这就是卷积层的输出。卷积层的计算公式如下：

$$N=\left(W-F+2P\right)/S+1 \tag{3-48}$$

式中，W 为输入图像的大小；F 为卷积核的大小；P 为填充值的大小；S 为步长的大小；N 为输出图像的大小。

3.3.3 玻尔兹曼机和受限玻尔兹曼机

3.3.3.1 玻尔兹曼机

玻尔兹曼机（Boltzmann Machine）属于反馈神经网络，该类型神经网络的神经元只有两种状态：未激活与激活，通常使用二进制的 0 或 1 表示。玻尔兹曼机状态的取值依据来自概率统计法则，其概率表达形式与物理中的玻尔兹曼分布相类似，于是称它为玻尔兹曼机。

玻尔兹曼分布在统计力学中的表达式如下：

$$F(\text{state})\propto \mathrm{e}^{\frac{E}{KT}} \tag{3-49}$$

式中，E 为从一种状态到另一种状态的能量；KT 被称为分布常数，为玻尔兹曼常数与力学温度的乘积。

玻尔兹曼因子是系统两种状态间的玻尔兹曼分布的比率，并且此特征仅依赖于状态之间的能量差，其数学表达式如下：

$$\frac{F(\text{state2})}{F(\text{state1})}=\mathrm{e}^{-\frac{E_1-E_2}{KT}} \tag{3-50}$$

模拟退火算法是最优化处理算法中的一种，它改进了蒙特卡罗方法，主要过程有 Metropolis 抽样过程和退火过程。模拟退火算法的基本思路：首先，在高温下进行搜索，由于此时各个状态的出现概率相差不大，所以系统很快进入“热平衡状态”，此状态可以快速找到系统概率的低能区；其次，随着温度渐渐降低，各状态出现概率的差距会被逐渐放大，搜索精度也会不断提高；最后，以一较高置信度达到网络能量函数的全局最小点。

玻尔兹曼机的运行步骤为：

（1）初始化各参数：玻尔兹曼机的神经元个数为 N，第 i 个神经元与第 j 个神经元的连接权重为 w_{ij}，初始温度为 T_0，终止温度为 T_{final}。

（2）在温度 T_n 下，选取第 i 个神经元，输入计算公式如下：

$$x_i = \sum_{j=1}^{N} w_{ij} \cdot y_j + b_i \tag{3-51}$$

如果 $x_i > 0$，则能量有减小的趋势，选取 1 作为神经元 i 的下一个状态值，如果 $x_i < 0$ 则按照概率选择神经元下一个状态。

（3）检查内循环的终止条件，在内循环中，使用同一个温度值 T_n，当状态达到热平衡，则转到第（4）步进行降温，否则转到第（2）步，继续随机选择一个神经元进行迭代。

（4）按照指定规律降温，并检查外循环的终止条件：判断是否达到了终止温度，此时若达到终止温度则算法结束，否则转到第（2）步继续计算。初始温度 T_0 的选择：可以随机选择网络中的 n 个神经元，取它们能量的方差；或者随机选择若干个神经元，取它们能量的最大差值。

3.3.3.2 受限玻尔兹曼机

受限玻尔兹曼机（Restricted Boltzmann Machine，RBM）是一种典型的二值化对称随机神经网络，其基本结构如图 3–16 所示。由图 3–16 可发现，受限玻尔兹曼机中的可见层与隐含层之间通过权值相连接。权值的学习是通过无监督算法实现的，其具体过程为：首先对可见层进行编码，经过编码的可见层向量会映射到隐含层中；随后隐含层也进行编码，对映射得到的可见层向量重新构造，这样可以获得新的可见层，将新的可见层再次映射到隐含层中，又可以获得全新的隐含层。这个不断反复操作的过程称为吉布斯采样。

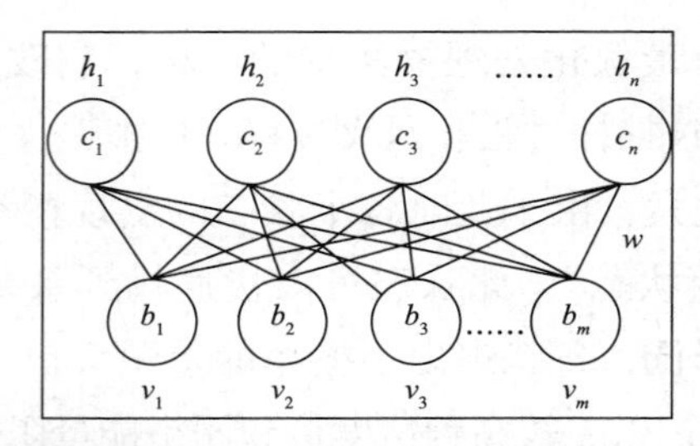

图 3–16　受限玻尔兹曼机基本结构（据禹晴，有修改）

受限玻尔兹曼机是一种基于能量的概率分布模型。其概率分布模型分为两部分：能量函数和概率分布函数。假设有已知参数的集合 $\theta=\{w,b,c\}$，则此时受限玻尔兹曼机的能量函数为：

$$E_n(x,h)=-b^{\mathrm{T}}x-c^{\mathrm{T}}h-h^{\mathrm{T}}wx \tag{3–52}$$

式中，x 为可见层的输入向量；h 为隐含层向量；b 为可见层偏置向量；c 为隐含层偏置向量；w 为可见层与隐含层之间的连接权值矩阵。

概率分布函数为：

$$p(x,h\mid\theta)=\frac{1}{Z(\theta)}\exp\left\{-E_n(x,h\mid\theta)\right\} \tag{3–53}$$

式中，$Z(\theta)$ 为所有参数情况下的能量和，即

$$Z(\theta)=\sum_x\sum_h\exp\left\{-E_n(x,h\mid\theta)\right\} \tag{3–54}$$

受限玻尔兹曼机的可见层的边界函数为：

$$p(v,\theta)=\sum_h\exp(-E(v,h;\theta))/z(\theta) \tag{3–55}$$

由于受限玻尔兹曼机同一层节点间相互独立，因此：

$$p(h\mid x)=\prod_i p\left(h_i\mid x\right) \tag{3–56}$$

$$p(x\mid h)=\prod_j p\left(x_j\mid h\right) \tag{3–57}$$

因为受限玻尔兹曼机的可见层与隐含层均是二值状态，所以隐含层和可见层的输出条件概率公式可以表示为：

$$p\left(h_i=1\mid x\right)=\mathrm{sigmoid}\left(c_i+w_i x\right) \tag{3–58}$$

$$p\left(x_i=1\mid h\right)=\mathrm{sigmoid}\left(b_j+w_j^{\mathrm{T}}h\right) \tag{3–59}$$

式中，i为隐含层中第i个神经元，j为可见层中第j个神经单元，sigmoid为激活函数。

由隐含层和可见层的输出条件概率公式可得到受限玻尔兹曼机权值和偏置参数的更新公式：

$$\Delta w = w + \alpha\left[p\left(h_i = 1\right) | x_j x_j^{\mathrm{T}} - p\left(h_{i+1} = 1 | x_{j+1}^{\mathrm{T}}\right)\right] \tag{3-60}$$

$$\Delta b = b + \alpha\left(x_j - x_{j+1}\right) \tag{3-61}$$

$$\Delta c = c + \alpha\left[p\left(h_i = 1 | x_j\right) - p\left(h_{i+1} = 1 | x_{j+1}\right)\right] \tag{3-62}$$

式中，α为学习率；Δw为更新后的权值矩阵；Δb为可见层更新后的偏置向量；Δc为隐含层更新后的偏置向量；w、b、c分别为初始化阶段较小的随机值。

3.3.4 深度信念网络

深度信念网络（Deep Belief Network，DBN）通过无监督逐层贪心学习方式对原始样本数据进行特征学习和预测分类。它具有强大的特征学习能力和特征抽象能力，是深度学习的经典模型之一。它在逻辑信念网络的基础上发展而来，逻辑信念网络的基本结构如图 3–17 所示。

假设逻辑信念网络由n个节点组成，记为$X = \{X_1, X_2, \cdots, X_n\}$，其中$X_i$是二值随机变量，即$X_i \in \{0,1\}$。假设节点$i$有向连接到节点$j$，则称节点$i$是节点$j$的双亲节点，$X_i$的双亲定义为：

$$pa\left(X_i\right) \subseteq \left\{X_1, X_2, \cdots, X_{i-1}\right\} \tag{3-63}$$

还可理解为，向量X的最小子集由$\left\{X_1, X_2, \cdots, X_{i-1}\right\}$组成，则概率条件是：

$$p\left(X_i = x_i | X_1 = x_1, \cdots, X_{i-1} = x_{i-1}\right) = p\left(X_i = x_i | pa\left(X_i\right)\right) \tag{3-64}$$

逻辑信念网络中第j个节点被激发的条件概率定义为：

$$p\left(X_j = x | \left\{X_i = x_i\right\}_{i=1, i\neq j}^{n}\right) = \sigma\left(\frac{x}{T}\sum_{i, i\neq j}^{n} w_{ij} x_i\right) \tag{3-65}$$

式中，w_{ij}为节点i到节点j的权重，可见第j个节点的条件概率依赖于$pa(X_j)$的加权和。

逻辑信念网络使用最大化对数似然函数 $L(W)$，采用梯度下降算法更新连接权值 w_{ij}：

$$\Delta w_{ij} = \eta \frac{\partial}{\partial w_{ij}} L(W) \tag{3-66}$$

式中，η 为学习率。由此可以看出，当网络复杂时，隐含层节点的后验概率就难以计算。为此，Hinton 教授提出一种基于深度信念网络的快速训练方法，解决了逻辑信念网络的推导复杂问题。

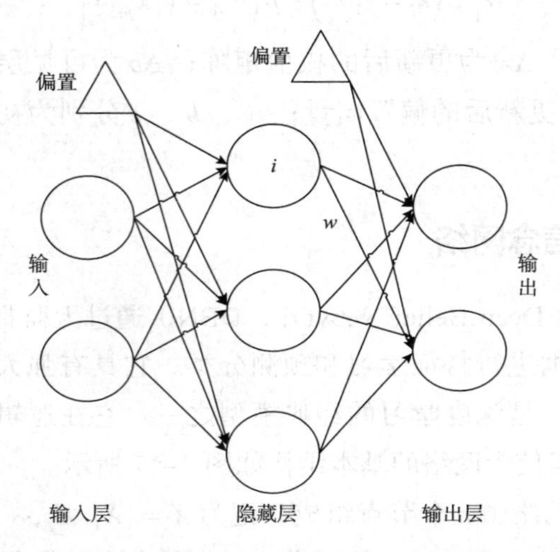

图 3–17 逻辑信念网络基本结构（据张悦，有修改）

深度信念网络是一种由多层非线性神经单元组成的生成模型，由一个可见层和若干个隐含层组成，具体由多层受限玻尔兹曼机和一层反向传播网络堆叠组成。深度信念网络学习过程分为两个阶段：无监督学习阶段和有监督学习阶段。反向传播网络将深度信念网络中最后一个隐含层的输出作为其输入进行有监督分类预测。深度信念网络的基本结构如图 3–18 所示。

（1）无监督学习阶段：首先，深度信念网络通过非监督贪心逐层训练方式，自下而上地训练每一层受限玻尔兹曼机，即第一个受限玻尔兹曼机的输出作为第二个受限玻尔兹曼机的输入，类似地，第 k 个受限玻尔兹曼机的输出作为第 $k+1$ 个受限玻尔兹曼机的输入。通过逐层训练深度信念网络，每一层受限玻尔兹曼机参数都是对上一个受限玻尔兹曼机参数的加权学习，即最终获得所有层受限玻尔兹曼机的参数集合。在这个过程中，当原始样本数据输入可见层后，生成可见层单元向量 $\boldsymbol{v}$，通过参数权值 w 传递给隐含层，确保特征向量映射到不同的特征空间，并且最大限度地保留特征信息。

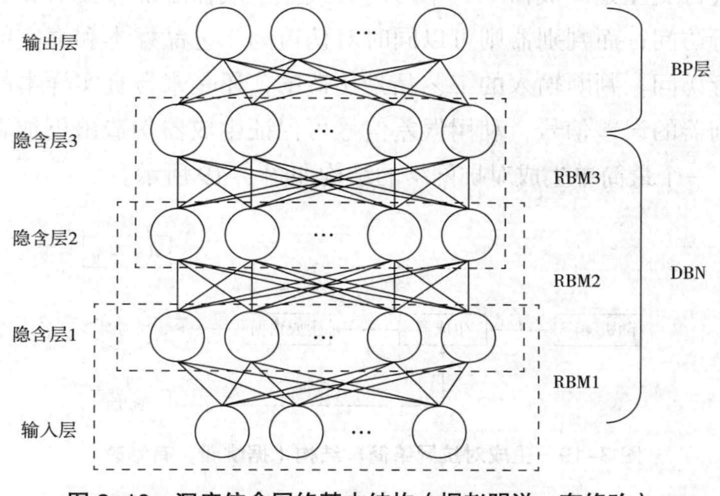

图 3–18 深度信念网络基本结构（据赵明洋，有修改）

（2）有监督学习阶段：有监督学习阶段是利用反向传播网络算法自上而下地调整权重的过程。反向传播网络将输出数据与目标数据做期望值对比，把误差自上而下地反馈到全局网络中进行微调。无监督训练学习受限玻尔兹曼机可以看作对反向传播网络进行参数初始化，这样有效解决了反向传播网络随机初始化网络权重参数的问题，进一步提高了反向传播网络的性能。预训练后学习到的权重参数可以保证达到局部最优。

3.3.5 生成对抗网络

如今，生成对抗网络（Generative Adversarial Network，GAN）被越来越多的学者关注。它通过对高维分布的原始数据进行隐式建模来进行学习，被广泛用于无监督学习或半监督学习中。

2014 年，Goodfellow 等提出生成对抗网络，其主要思想是训练出一对网络模型使其相互竞争。在图像处理领域，一个很常见的比喻是将其中的一个网络模型看作能够准确鉴别工艺品的专家，另一个网络模型看作专门制作赝品的伪造者。在生成对抗网络中，伪造者通常被称为生成器，专门用来制作特别逼真的工艺品伪造成真实的工艺品；而被称为判别器的网络模型就是要准确地鉴别出伪造的工艺品和真实的工艺品。这两个网络模型通常同时进行训练，并且在训练过程中相互竞争。由此可以想到，通过与判别器进行交互是生成器唯一学习的方式。生成器不能直接对真实工艺品样本进行访问；而判别器则可以同时对伪造的工艺品样本和真实的工艺品样本进行访问。判断输入的工艺品是伪造的，还是来自真实样本的工艺品就是判别器的误差信号，利用误差信号可保证生成器伪造出更加真实的假工艺品。一个最简单生成对抗网络的结构如图 3–19 所示。

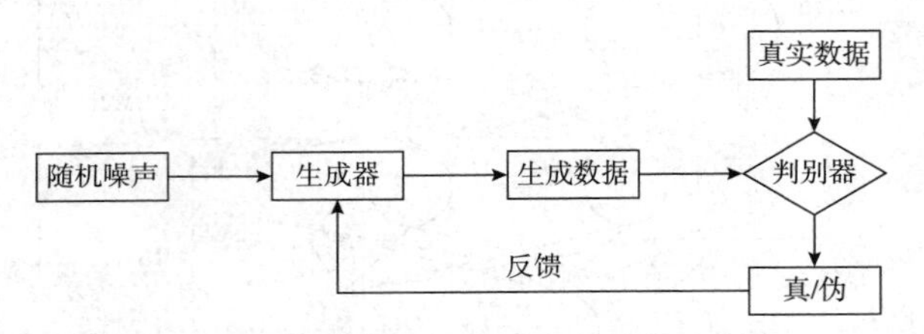

图 3–19　生成对抗网络简单结构（据姚潇，有修改）

在原始的生成对抗网络理论中，对生成器网络模型和判别器网络模型并没有太多要求。生成器和判别器之间可以是普通的非线性函数或者映射关系。由于深度神经网络在应用中表现优异，因此在当前研究中生成器和判别器通常由深度神经网络特别是卷积神经网络来实现。生成器网络模型和判别器网络模型不一定直接可逆，但必须可微。如果将生成器网络模型看作某个空间的映射，则生成器就可以用下式表示：

$$G:G(z)\to R^{|X|} \tag{3–67}$$

式中，$z\in R^{|Z|}$，为潜在空间的一个样本；$X\in R^{|X|}$，为真实数据空间；$|X|$ 为取 X 的数据维度。在生成对抗网络理论中，可以将判别器网络模型通过一个映射函数来表示，它分布在 0 和 1 之间，如下式所示：

$$D:D(X)\to(0,1) \tag{3–68}$$

式中，对于确定的生成器和判别器而言，如果给判别器输入的数据 X 来自真实的样本分布，那么 $D(X)$ 值就接近于 1，表示输入数据是真实的概率很大；相反，如果给判别器输入的数据 X 是生成器自己伪造的样本，判别器应该给出一个尽可能低的概率，那么 $D(X)$ 值就接近于 0。假设判别器已经被训练到最优状态，之后继续对生成器进行训练，则生成器的最优状态就是判别器无法区分它生成的伪造样本。也就是说，当生成器和判别器都达到最优状态时，D 应当对所有的输入都预测为 1/2，即 $D(X)=0.5$，这就是生成对抗网络的训练目标。

3.3.6 已有成就

深度学习技术自 2006 年以来发展迅速，如今已解决了一些机器视觉、语音识别等领域的核心问题。Hinton 等在 2006 年提出了一种被称为预训练的方法来解决深层神经网络难以训练的问题。2012 年，深层卷积神经网络 AlexNet 在图像分类任务中的表现成功，使得神经网络再次受到学术界和工业界的关注。递归神经网络在序列数据建模方面也取得了成功，尤其是在语音识别和自然语言处理领域。在数据生成问题上，以生成对抗网络为代表的深度生成模型也取得了惊人的成果，可以生成复杂的数据（如图像和声音）。随着深度学习的崛起，人工智能在诞生 60 多年后成功复兴。深度学习在计算机视觉方面也获得了广泛应用，具体包括图像分割、视频跟踪、目标追踪、目标物识别、图像分类和目标检测等。在其他方面如广告推荐、天气预测也应用广泛。随着计算机技术的发展和大量新算法的提出，机器学习在生产、生活和工业界将会得到更加广泛的应用。

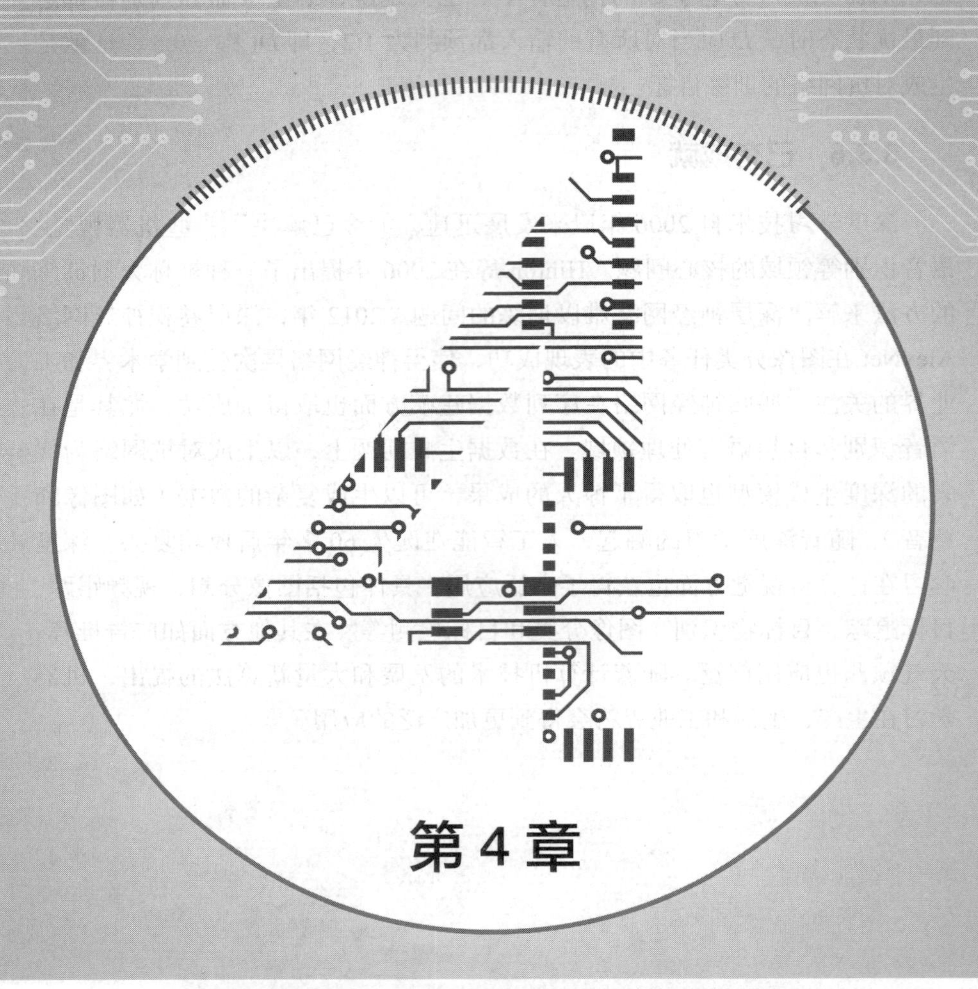

第4章

研究区油藏地质特征

××油田××断块位于江苏省高邮市，面积约为 $2.5km^2$，呈北东东向展布。该地区地形平坦，地面标高一般在 2~3.3m（青岛标高）。年均降水量在 1000mm 左右，年平均气温为 14.6℃，属北亚热带季风气候。本次研究的地层自下而上为古近系阜宁组一段和阜宁组二段。

阜一段以暗棕色砂、泥岩不等厚互层为特征，岩性变化大，三角洲相砂体是该段主要储集层之一。阜二段为一套湖相沉积地层，发育粉砂岩、生物灰岩、鲕粒灰岩和灰黑色泥岩。阜一段共分为两个砂层组，自下而上依次为 $E_1f_1^2$ 砂层组和 $E_1f_1^1$ 砂层组。$E_1f_1^2$ 砂层组的厚度为 30~40m，$E_1f_1^1$ 砂层组的厚度为 32~42m；$E_1f_1^2$ 砂层组自下而上呈先反旋回、后正旋回的完整旋回特征，$E_1f_1^1$ 砂层组呈正旋回特征。阜二段共分为 3 个砂层组，本次研究两个砂层组，自下而上依次为 $E_1f_2^3$ 砂层组和 $E_1f_2^2$ 砂层组。$E_1f_2^3$ 砂层组的厚度为 10~14m，$E_1f_2^2$ 砂层组的厚度为 18~24m；$E_1f_2^3$ 砂层组呈反旋回特征，$E_1f_2^2$ 砂层组为碳酸盐岩、泥灰岩沉积。

××断块发育的油藏类型主要为断鼻油藏，是由断层与鼻状构造组成的圈闭，油气在其中聚集。此外，也有少量岩性上倾尖灭油藏。油气成藏模式分为两种，即断鼻构造圈闭油气聚集模式和岩性圈闭油气聚集模式。××断块阜一段、阜二段油藏为稀油油藏。原油性质呈中等密度、高黏度、高凝固点、低含硫量、高含蜡量和高含盐量特征。随着开采的不断进行，原油密度的平均值有所降低，黏度的平均值有所升高。地层水类型以 $CaCl_2$ 型为主，同时还有 Na_2SO_4、$NaHCO_3$ 水型。地层水矿化度和 Cl^- 含量随着开发的进行均有所降低。

××断块于 1994 年 10 月开始进行产能建设，1995 年 10 月实施注水开发。截至 2006 年 10 月，油井总井数为 40 口，油井开发井数为 39 口，日产油量为 161.2t，日产液量为 461t，累计产油量为 91.97×10^4t，采出程度为 16.7%，有 39 口井见水，综合含水率为 65.1%。从整体上看，主力油层的主体部位注采井网基本稳定，动用程度高。××断块的开发历程，以产能建设、开发方式和重大调整为划分依据，大致可划分为 3 个阶段：试采、产能建设阶段，注水开发稳产阶段，开发调整稳产阶段。

4.1 地层划分与对比

根据地层接触关系、沉积层序或旋回和岩性组合等特征，将 ×× 油田 ×× 断块阜宁组一段、阜宁组二段地层剖面细分成不同级次的层组，如含油层系、砂层组和小层等，并建立全区各井间各级层组的等时对比关系，在研究区范围内实现统一分层。只有合理地划分储层单元，才能正确地揭示多油层储油层系的层间非均质性，也才能正确地实施分层开采的各种措施；只有建立正确的等时对比关系，才能在油田范围进行统一层组的划分，也才能搞清各级层组储层的空间变化规律。对储层认识的精细程度，首先取决于层组划分的精细程度。本次研究主要依据标志层、相控对比与沉积旋回对比来划分层组。

4.1.1 砂层组划分与对比

×× 断块阜宁组一段、阜宁组二段，自下而上发育三角洲前缘—滨浅湖滩坝沉积，根据其地质特点，进行砂层组划分与对比的原则可以归纳为：以标志层为界划分砂层组，以沉积旋回法和岩相厚度法相结合划分沉积单元，以等高程对比法与厚度切片法相结合划分单砂体。

4.1.1.1 以标志层划分砂层组

研究表明，×× 断块 $E_1f_2^2$ 砂层组顶界发育一套深灰色泥岩、灰质泥岩薄互层，电性上由于含灰质呈明显的高电阻尖峰，自然电位幅度小；在全区广泛分布，厚度稳定，岩性单一，电性特征明显，是良好的标志层（图 4–1）。

此外，$E_1f_2^3$ 砂层组顶界电阻率亦呈现为明显尖峰、$E_1f_1^1$ 砂层组顶界微电极曲线变化剧烈，形状似一“山”字、$E_1f_1^2$ 砂层组顶界电阻率为一低阻背景下的尖峰（图 4–2），这些都可以作为划分砂层组界限的辅助标志层。

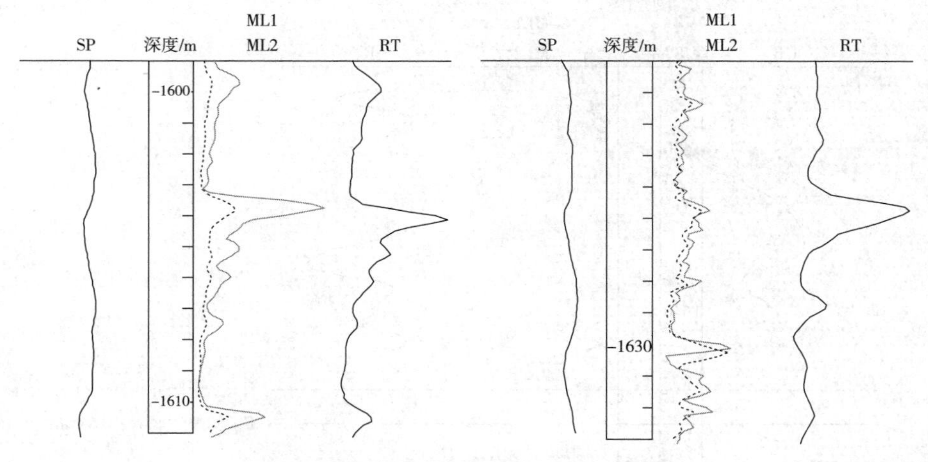

图 4–1　$E_1f_2^2$ 砂层组顶界标志层电性特征

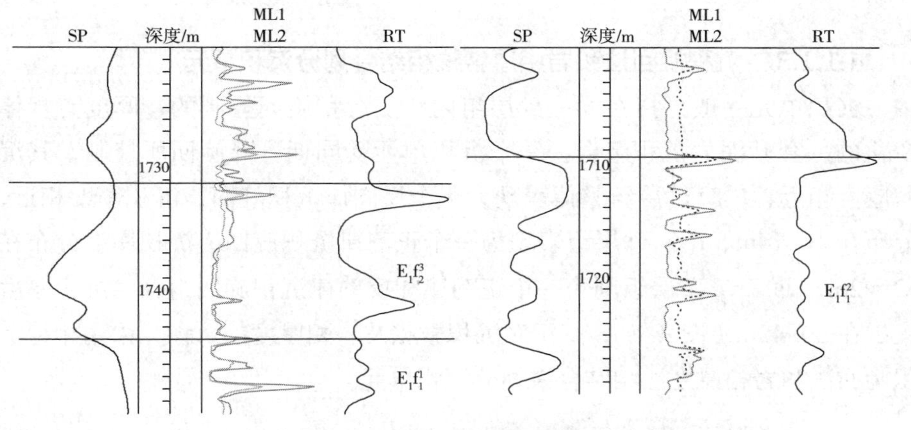

图 4–2　辅助标志层电性特征

4.1.1.2　沉积相带控制砂层组划分

对沉积相研究认为，$E_1f_2^2$ 砂层组为滨浅湖生物滩、鲕粒滩、灰质滩相沉积；$E_1f_2^3$ 砂层组为滨浅湖砂坝沉积；$E_1f_1^1$ 砂层组为三角洲水下分流河道沉积；$E_1f_1^2$ 砂层组主要发育水下分流河道沉积、河口坝和席状砂沉积。基于对沉积相及沉积微相的认识，采用沉积相带控制砂层组划分的方法，对砂层组界限作出相应调整，例如 ×× 井 $E_1f_2^3$ 砂层组底界原定在 1643m，而岩心录井显示 1643~1645m 为生物灰岩，属明显的滨浅湖相沉积，因此，利用相控划分将 $E_1f_2^3$ 砂层组底界调整到生物灰岩之下（图 4–3）。

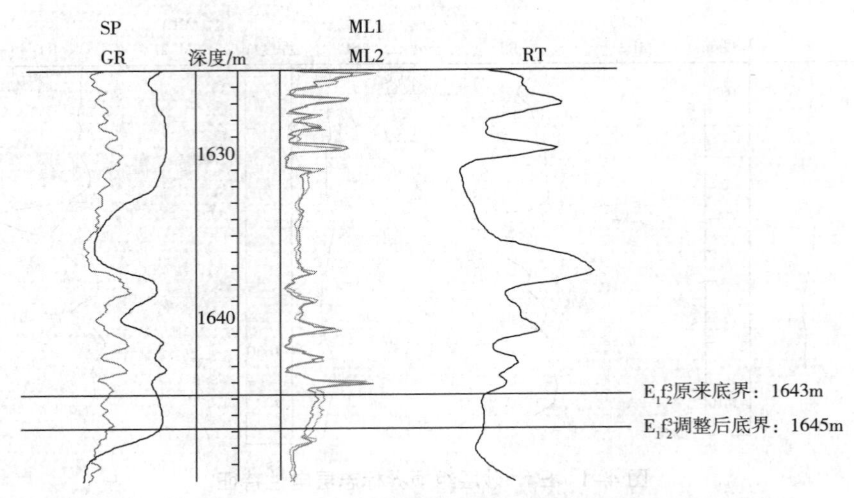

图 4–3　$E_1f_2^3$ 砂层组底界深度调整示意图

4.1.1.3　沉积旋回法和岩相厚度法相结合划分沉积单元

沉积单元一般是指在同一砂层组内，受沉积旋回控制的、厚度有规律变化的一套砂泥岩沉积组合。一个沉积单元受同期升降旋回所控制，其沉积厚度相近，$E_1f_2^3$ 砂层组整体表现为一个反韵律沉积旋回，沉积厚度相近，分布在 10~14m、$E_1f_1^1$ 砂层组表现为一个正韵律沉积旋回，沉积厚度分布在 32~42m，而 $E_1f_1^2$ 砂层组则为一个正韵律和反韵律沉积旋回组合，沉积厚度集中在 30~40m（图 4–4），基于对沉积微相及岩相厚度的认识，采用相控沉积旋回法和岩相厚度法相结合来划分沉积单元。

4.1.1.4　等高程对比法与厚度切片法结合划分单砂体

单砂体是沉积单元内次一级的沉积单位，每个沉积单元可细分为 2~3 个单砂体。时间单元则是指一个沉积单元或单砂层中，沉积时间相近、层位相当的沉积砂层，时间单元是小层对比的最基本单元。同一时间单元的沉积砂体其沉积时间是相近的，通常以其沉积体近似的顶面高程（距标志层或沉积单元顶面的距离）来确定。

综合上述分析，将阜一段、阜二段各砂层组的岩性特征、电性特征、砂层组对比标志层以及各砂层组沉积环境总结列于表 4–1 中。

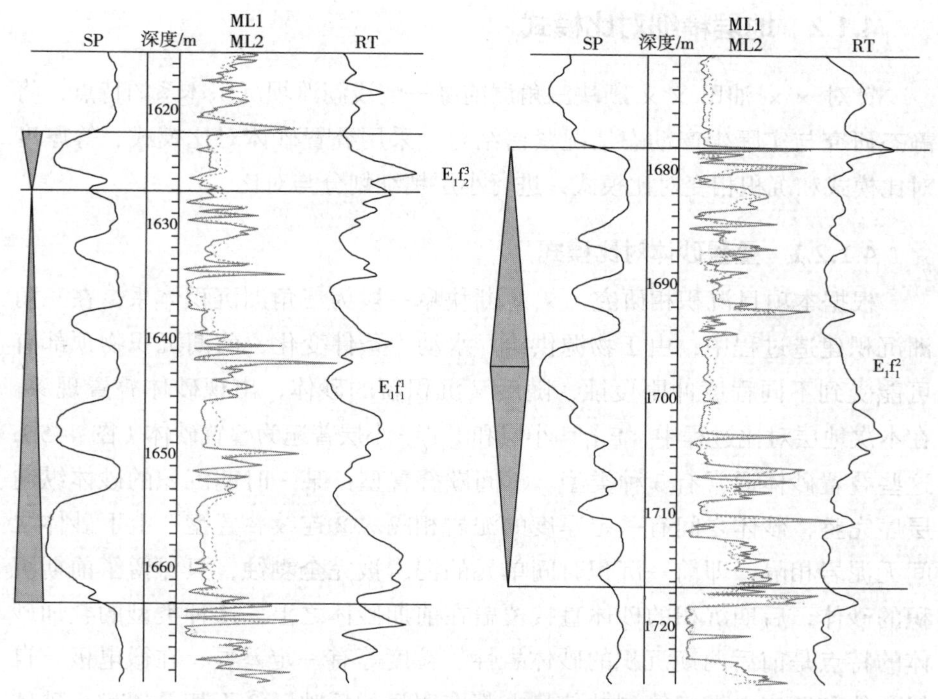

图 4-4　××油田××断块地层沉积旋回示意图

表 4-1　阜宁组一段、二段地层划分对比标准层一览表

段	砂层组	岩性特征	电性特征	砂层组对比标志层	沉积环境	厚度/m
阜二段	$E_1f_2^2$	由灰色深灰色泥岩、灰质泥岩、泥灰岩与生物灰岩、鲕粒灰岩组成	电阻率曲线起伏明显；SP 曲线为四个不明显负异常	$E_1f_2^1$ 与 $E_1f_2^2$ 对比标志为 $E_1f_2^1$ 底尖刺状电阻率突起	滨浅湖	18~24
	$E_1f_2^3$	深灰色灰质泥岩、灰色泥岩与灰质粉砂岩、褐色粉砂岩不等厚互层	电阻率曲线变化幅度中等，SP 曲线为漏斗形－箱形组合	$E_1f_2^2$ 与 $E_1f_2^3$ 对比标志为高电阻率尖峰	滨浅湖	10~14
阜一段	$E_1f_1^1$	褐色粉砂岩、泥质粉砂岩、灰质粉砂岩与深灰色、棕色泥岩、砂质泥岩不等厚互层	电阻率比 $E_1f_2^3$ 的小，变化平缓；SP 曲线为钟形－箱形组合	$E_1f_2^3$ 与 $E_1f_1^1$ 对比标志为微电极“山”字形段	三角洲前缘	32~42
	$E_1f_1^2$	由灰色灰质粉砂岩、棕色粉砂岩、泥质粉砂岩、灰色泥岩、砂质泥岩组成	电阻率曲线特点与 $E_1f_1^1$ 的相似；SP 上部为复合钟形，下部为复合漏斗形	$E_1f_1^1$ 与 $E_1f_1^2$ 对比标志为 $E_1f_1^1$ 第四个砂层下部稳定泥岩段	三角洲前缘	30~40

4.1.2 地层精细对比模式

针对 ×× 油田 ×× 断块三角洲前缘—滨浅湖滩坝沉积体系的特点，将静态研究与实际生产动态情况紧密结合，采用叠置砂体对比模式、等厚度对比模式和沉积相变对比模式，进行小层精细划分与对比。

4.1.2.1 叠置砂体对比模式

根据本项目沉积相研究，×× 断块阜一段为三角洲沉积体系，在三角洲沉积建造过程中，由于物源供给、水动力条件变化，前期沉积物顶部有可能受到不同程度冲刷侵蚀，随后又沉积新的砂体，出现砂体叠置现象。在本次地层对比过程中，$E_1f_1^{1-1}$ 小层和 $E_1f_1^{1-2}$ 小层普遍为叠置砂体（图 4–5），这些叠置砂体通常有 3 种类型。①间歇叠置型：某一时期沉积的砂体纵向层序完整，砂体之间有一定厚度的泥岩相隔。②连续叠置型：上下砂体之间无泥岩相隔，即前一沉积时间单元的泥岩被完全剥蚀，只保留了前期沉积的砂体，后期沉积的砂体直接覆盖在前期砂体之上。这种类型的叠加砂体的特点是前后两期沉积的砂体岩性、粒度等有一定差异，在微电极、自然电位和感应电导率等测井信息上都有明显的反映。③下切叠置型：砂体成因主要是后期河道强烈向下侵蚀前一期河道及河漫沉积物，造成后期河道沉积物直接覆盖在前期河道沉积物之上。

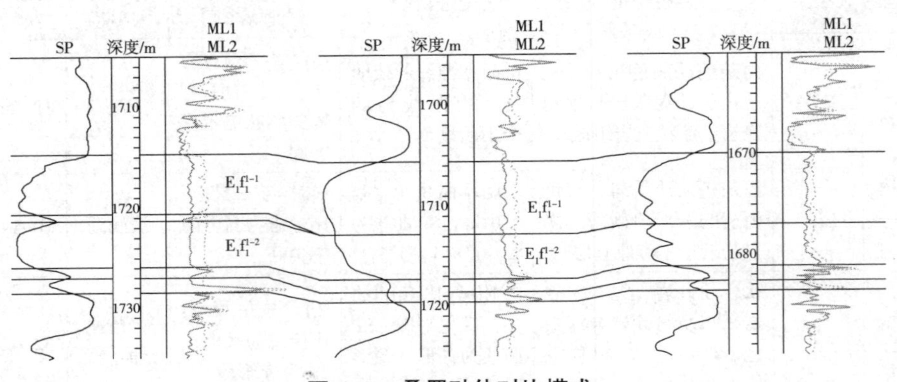

图 4–5 叠置砂体对比模式

在实际工作中，通过岩性和电性特征的变化，识别和划分间歇叠置型砂体以及连续叠置型砂体比较容易。对于下切叠置型砂体，一般按照两种方法进行劈层划分：第一，在自然电位、微电极幅度有变化的位置分层，即自然电位或微电极有回返处劈层；第二，根据沉积时间单元厚度在横向上的变化趋势进行厚度切片。

4.1.2.2 等厚度对比模式

主要考虑地层及砂体在近距离内的稳定性和连续性，但它并不是一个绝对的概念，它受地形和不同沉积部位的影响，这种变化在一定范围内应是逐渐连续和有规律变化的，需要和沉积相的空间变化相结合。图 4–6 为等厚度对比模式，在 × × 断块三角洲相的对比过程中，应用等厚度对比模式来划分对比地层单元的实例很多。

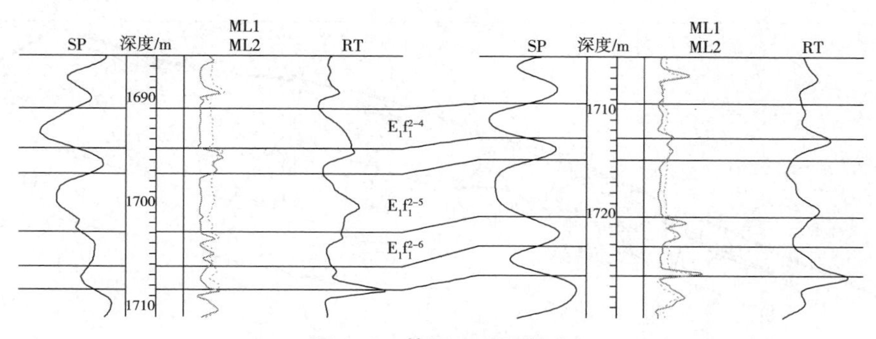

图 4–6 等厚度对比模式

4.1.2.3 沉积相变对比模式

三角洲相沉积的地层横向变化快，在同一沉积时间单元内，即使相邻的区域也可能属不同沉积微相，因此沉积物的差异比较大，测井曲线特征也相应表现出较大的变化。这种模式一般需要参考等厚度对比模式和沉积相的空间变化规律（图 4–7）。

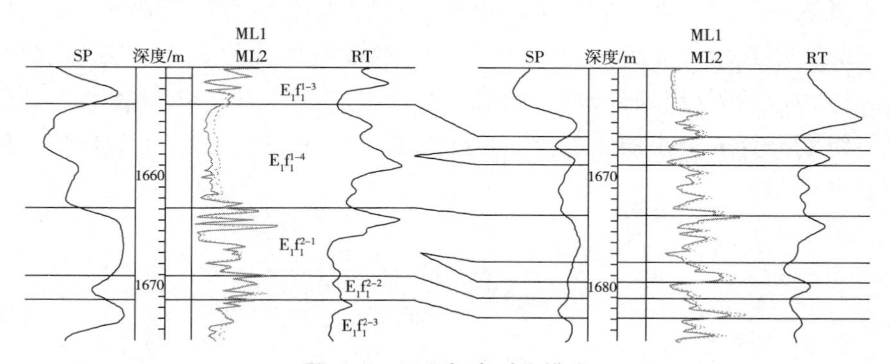

图 4–7 沉积相变对比模式

4.1.3 连井剖面地层划分与对比

×× 断块阜二段为滨浅湖亚相沉积，共分为 $E_1f_2^1$、$E_1f_2^2$ 和 $E_1f_2^3$ 3 个砂层组，其中 $E_1f_2^1$ 砂层组为泥岩、泥灰岩沉积，不作为目的层段；阜一段研究目的层段为 $E_1f_1^1$、$E_1f_1^2$ 砂层组，主要发育三角洲前缘亚相沉积，为了更好地对地层进行对比和划分，根据收集到的录井、测井资料，结合 ×× 断块油藏地质特点，考虑关键井区域分布位置，在前人地层划分的基础上，建立了 4 条平行于断层连井剖面、6 条垂直断层连井骨架剖面，如图 4–8 所示。

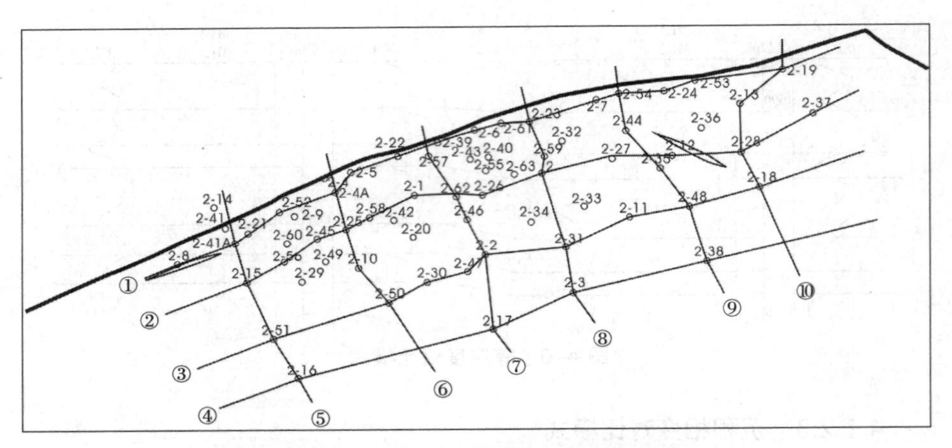

图 4–8　×× 油田 ×× 断块小层精细对比骨架网

4.1.4 地层划分与对比结果

考虑到油田开发现状，参考前人的研究成果，采用多种方法进行了 ×× 断块阜一段、阜二段的地层划分与对比。将 $E_1f_2^2$ 砂层组划分为 4 个小层（$E_1f_2^{2-1}$、$E_1f_2^{2-2}$、$E_1f_2^{2-3}$、$E_1f_2^{2-4}$）、$E_1f_2^3$ 砂层组划分为 2 个小层（$E_1f_2^{3-1}$、$E_1f_2^{3-2}$）、$E_1f_1^1$ 砂层组划分为 4 个小层（$E_1f_1^{1-1}$、$E_1f_1^{1-2}$、$E_1f_1^{1-3}$、$E_1f_1^{1-4}$）、$E_1f_1^2$ 砂层组划分为 6 个小层（$E_1f_1^{2-1}$、$E_1f_1^{2-2}$、$E_1f_1^{2-3}$、$E_1f_1^{2-4}$、$E_1f_1^{2-5}$、$E_1f_1^{2-6}$），总计 16 个小层。

4.2 油藏构造精细描述

4.2.1 油藏构造特征分析

4.2.1.1 苏北盆地构造特征

苏北盆地位于中、新生代西太平洋构造域的弧后区，是苏北—南黄海盆地的陆上部分。苏北盆地可划分为4个呈近东西向展布的二级构造单元，由南向北分别为东台坳陷、建湖隆起、盐阜坳陷和滨海隆起。可将坳陷进一步分成24个三级构造单元。从盆内区域上看，三级与四级构造单元主要呈北东向展布、北西向雁行排列；凹陷的结构多呈半地堑箕状式，多为南断北超、南陡北缓、南深北浅的不对称箕状凹陷。三级、四级构造单元内，更次一级构造或局部构造繁多，断块复杂，主要为与同生断裂有成因联系的牵引或逆牵引背斜，与下伏断块掀起有关的不对称背斜以及与断裂有关的断鼻或断块构造。

苏北盆地的形成是板块构造新体制控制下断陷与坳陷交替发展的结果。前人将苏北盆地形成与演化大致划分为如下4个阶段：坳陷阶段（K_2p—K_2c）、断坳阶段（K_2t—E_1f_4）、断陷阶段（E_2d_1—E_2s_2）和坳陷阶段（Ny_1—Ny_2）。

E_1f_1—E_1f_2、E_1f_3—E_1f_4沉积时期，受板块体制制约，构造活动的不稳定性导致张性剪切与拉张交替作用，断陷—坳陷两次重复性出现，与其对应的地层相序由湖退河流三角洲相转为深—半深湖相，代表构造活动具有明显的旋回性，但由早期至晚期的构造旋回性不是机械地重复，而是拉张（坳陷）作用逐步增强扩大，其三次湖侵受海侵影响也越来越强。坳陷期裂陷较深，海侵影响较早。本区拉张强度大，并与东海大陆架盆地具有同步性。

4.2.1.2 高邮凹陷构造特征

高邮凹陷的构造格局在南北向呈断、凹、坡的特征，即南部断裂带、中部深凹带、北部斜坡带；东西向自西向东发育有三个南北向展布的构造带：码头庄—韦庄—马家嘴构造带、卸甲—永安—真武构造带、沙埝—富民—竹墩构造带；中部深凹带发育有三个次凹：邵伯次凹、樊川次凹、刘五舍次凹。高邮凹陷的断裂系统以北东、北东东或东西向为基本展布方向。边界断层按其活动方式分为3类：滑动型断层、滑陷—滑脱型断层、补偿型与裂陷型断层。内部三级、四级断层发育，北部斜坡带以弯曲的弧形三级断层为主要断层类型，构成宽缓断鼻构造。

4.2.1.3 ×× 断块构造特征

×× 背斜位于高邮凹陷北斜坡西部，是一个发育比较完善的近南北向的背斜构造，主体构造面积为70km²，其中背斜轴部面积约为20km²。受左旋张扭应力场作用，形成一系列北东东向由相向式断层而构成的地堑式断块。与轴部相比，两翼发育的断层较少，各发育3~4个断鼻或断块，×× 断块就是其中一个。

×× 断块位于码头庄背斜构造的南翼，地层平缓南倾，倾角为4°~6°，高点埋深为-1610m，是一个北东东向展布的断鼻构造。×× 断块的北界为 ×× 断层，是 ×× 断块的主控断层。×× 断层走向为北东东向，断距为42~161m，断面倾角为44°~63°。×× 断层活动时间长（吴堡期—盐城期），活动强弱极不均一。

×× 断块内部构造相对简单，仅发育两个小断层。在断块西部2-8井处发育①号小断层，其走向为北东东向，断点在-1710.6m，断距为11.6m，断缺$E_1f_1^{2-1}$、$E_1f_1^{2-2}$、$E_1f_1^{2-3}$ 3个小层。根据前人的研究成果，在2-12井处发育②号小断层，其走向为北西向。由于 ×× 断块的构造活动，在断块内部发育裂缝。

4.2.2 微型构造研究

4.2.2.1 微型构造研究方法

微型构造是指在总的油田构造背景上，油层本身的微细起伏变化所显示的构造特征，其幅度和范围都很小。微型构造图间距一般为1~5m，可以反映油层的微细起伏特征。

（1）原始数据的准备。

划分小层，建立等时地层格架，根据断块内8口取心井岩相类型、相序或相组合的变化和测井曲线特征，将$E_1f_2^3$、$E_1f_1^1$、$E_1f_1^2$砂层组划分出12个小层；选择绘图层位，选取了 ×× 断块$E_1f_1^1$砂层组的$E_1f_1^{1-1}$、$E_1f_1^{1-2}$、$E_1f_1^{1-3}$、

$E_1f_1^{1-4}$ 小层；$E_1f_1^2$ 砂层组的 $E_1f_1^{2-1}$、$E_1f_1^{2-2}$、$E_1f_1^{2-3}$、$E_1f_1^{2-4}$、$E_1f_1^{2-5}$、$E_1f_1^{2-6}$ 小层；$E_1f_2^3$ 砂层组的 $E_1f_2^{3-1}$、$E_1f_2^{3-2}$ 小层作为研究对象，以每个小层砂体的顶面、底面作为制图层位；求取准确的制图数据，读取准确的油层顶面、底面的测井井深，注意按统一标准确定油砂体顶、底界面，井斜校正，一是地面位置的校正，二是垂直井深的校正。这里主要是指垂直井深的校正，结合井身轨迹及倾斜方位来校正，把测井井深校正为垂直井深，补心高度校正，用垂直井深校正的数据减去补心高度，海拔高度的校正，利用地形图读取工区内每口井的海拔高度，然后从经过上述校正的数据中扣除其海拔高度，这样就将测井井深的基准面转换到海平面上。

（2）微型构造图的绘制。

①井位校正。

对于斜井，根据各井目的层段的井斜水平位移方位和水平位移量，按图件比例尺，将地面井位换算为目的层段的井底位置在地面上的投影。

②标注数据。

将经过垂直井深校正、补心校正和海拔校正后的油砂体顶底面数据标注到相应井位处。

③ 绘制特殊地质界线。

将岩性尖灭线、断层线等有关的地质界线绘制到相应层位的平面图上。

④勾绘微型构造等值线。

按制图层位校正后的深度，采用等值内插的方法，以 2m 为等值线间距勾绘。

4.2.2.2 微型构造类型及特征分析

本次研究以 $E_1f_2^3$、$E_1f_1^1$、$E_1f_1^2$ 砂层组为研究对象，分析了各砂层组小层砂体顶面和底面微型构造类型及特征。

（1）$E_1f_1^2$ 砂层组微型构造类型及特征。

在 $E_1f_1^2$ 砂层组的 6 个小层中，$E_1f_1^{2-1}$ 小层砂岩不发育，有 27 口井钻遇泥岩。在 $E_1f_1^{2-1}$—$E_1f_1^{2-3}$ 小层中，2–8 井钻遇一小断层，走向与 ×× 断层相同。$E_1f_1^2$ 砂层组除了 $E_1f_1^{2-1}$ 小层有砂岩不发育外，其余 5 个小层有着相似的砂体展布范围。

①小断鼻。

小断鼻是指在上倾方向被断层切割的鼻状构造。由于 ×× 断块本身是个受断鼻控制的构造，该种微型构造最为明显。将 2–61 和 2–39 两口井位置作为高点，与断层联合形成断鼻构造（图 4–9 和图 4–10）。

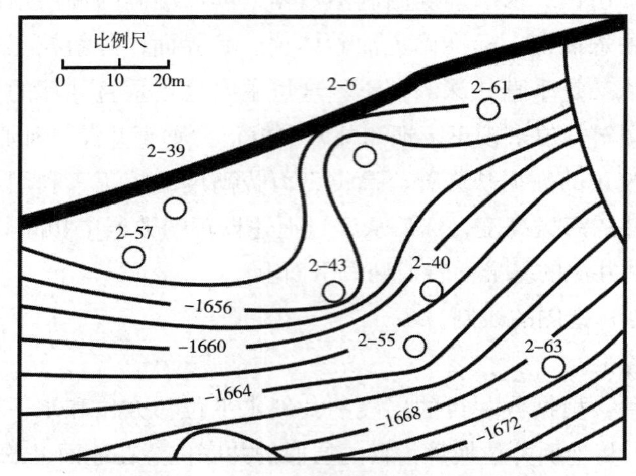

图 4–9　$E_1f_1^{2-1}$ 小层砂体顶面小断鼻构造

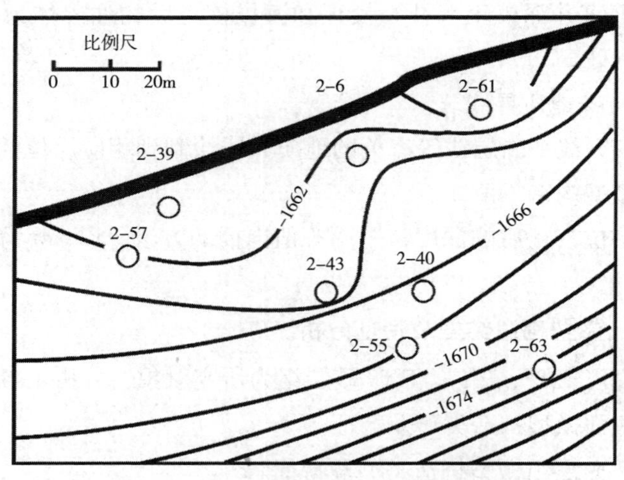

图 4–10　$E_1f_1^{2-2}$ 小层砂体顶面小断鼻构造

②小挠曲。

在 2–8 井及其附近的 $E_1f_1^{2-4}$、$E_1f_1^{2-5}$ 和 $E_1f_1^{2-6}$ 小层发育小挠曲，在沉积方向上突然变陡，形态清晰，易于识别（图 4–11 和图 4–12）。

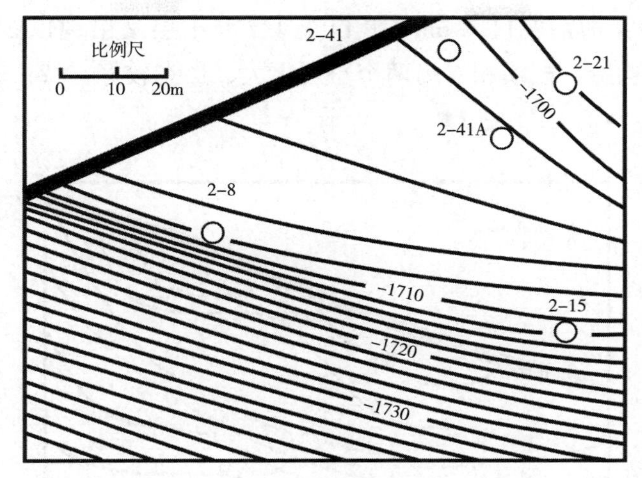

图 4–11　$E_1f_1^{2-4}$ 小层砂体顶面小挠曲构造

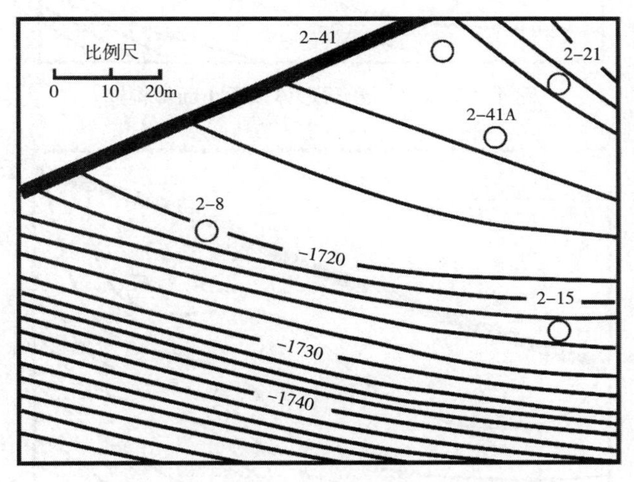

图 4–12　$E_1f_1^{2-6}$ 小层砂体顶面小挠曲构造

（2）$E_1f_1^1$ 砂层组微型构造类型及其特征。

在 $E_1f_1^1$ 砂层组中，4 个小层具有相似的砂体展布范围，相近的部位发育着相同的微型构造类型，主要有小断鼻构造、小阶地构造，其中小断鼻属于正向微型构造，小阶地构造是斜面微型构造。该砂层组整体上继承了 $E_1f_1^1$ 砂层组的微型构造分布特征。

① 小断鼻。

小断鼻在 4 个小层均有发育，基本围绕着 2–61 井形成，其规模较小，向西侧偏斜，构造幅度 4~6m；$E_1f_1^{1-2}$、$E_1f_1^{1-3}$ 小层又出现以 2-39 井为鼻的双断鼻微构造，规模相对另两个小层更大，形态较好，特征较明显（图 4-13 和图 4-14）。

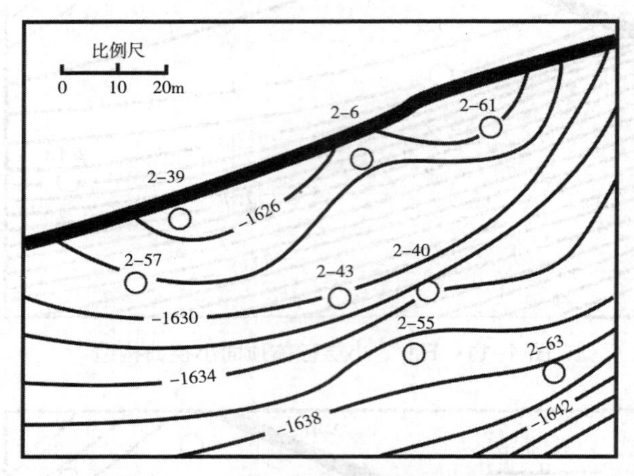

图 4-13　$E_1f_1^{1-2}$ 小层砂体顶面小断鼻构造

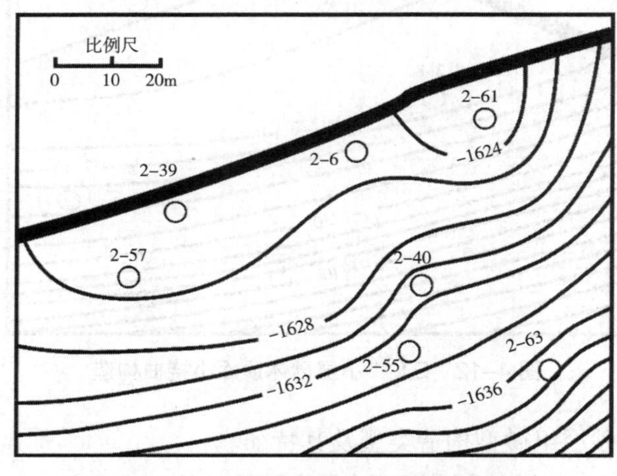

图 4-14　$E_1f_1^{1-3}$ 小层砂体底面小断鼻构造

②小阶地与小挠曲。

这种构造发育于沉积比较平稳的时期，此时没有发生大的构造变动，属于沉积成因的微型构造。在全区两个区域发育，一处为北东方向的 2-7 井附近，另一处为南西方向的 2-22 井附近。另外在 $E_1f_1^{1-3}$ 小层发育小挠曲（图 4-15 和图 4-16）。

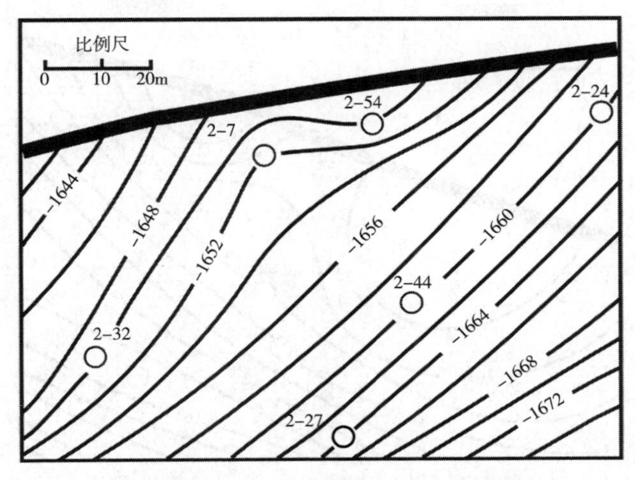

图 4-15　$E_1f_1^{1-3}$ 小层砂体顶面小阶地构造

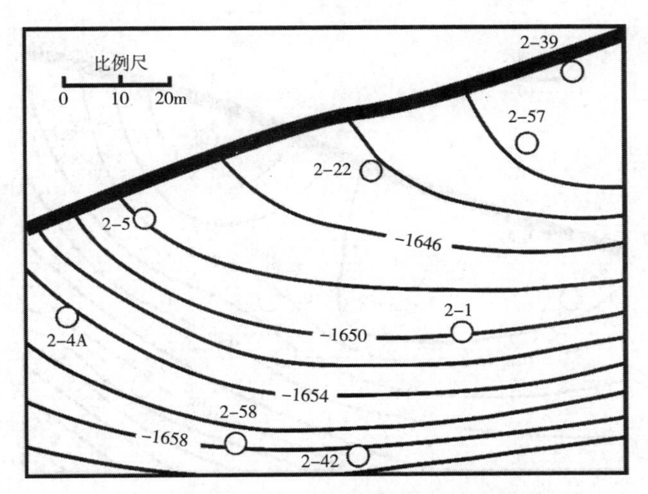

图 4-16　$E_1f_1^{1-3}$ 小层砂体底面小挠曲构造

（3）$E_1f_2^3$ 砂层组微型构造类型及其特征。

$E_1f_2^3$ 砂层组的砂体展布范围略比其下覆的阜一段两个砂层组的大，层内无断失及砂岩尖灭区的斜面微型构造。

2-61 井区 $E_1f_2^{3-2}$ 小层发育的小断鼻构造形态比较完整，易于识别，与 $E_1f_1^1$ 砂层组中各小层的小断鼻构造形态相似（图 4-17 和图 4-18）。

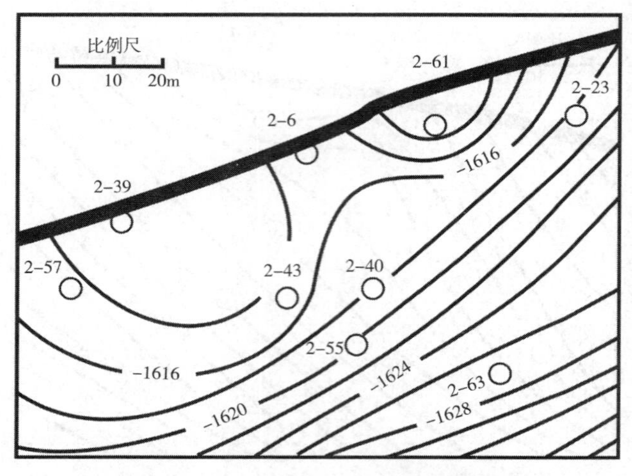

图 4-17　$E_1f_2^{3-2}$ 小层砂体顶面小断鼻构造

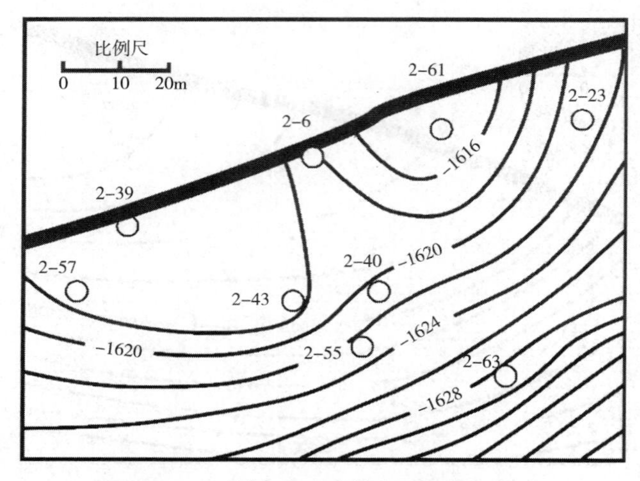

图 4-18　$E_1f_2^{3-2}$ 小层砂体底面小断鼻构造

（4）微型构造顶底组合类型。

通过分析各小层砂体顶面、底面微型构造，得出各小层顶底微型构造组合类型主要有以下几种。

①顶底双凸型。

此类组合模式为储层的顶底面均发育正向微型构造。各砂层组均发育此类型的组合模式，如 $E_1f_2^{3-2}$ 小层的 2-61 井，其砂体顶底面均发育小断鼻构造（图 4-17 至图 4-19）。另外，$E_1f_2^{3-2}$ 小层的 2-43 井，$E_1f_1^{1}$、

$E_1f_1^2$ 砂层组的 2–39 井，$E_1f_1^{2-6}$ 小层的 2–61 井，其顶底组合模式均为顶底双凸型。

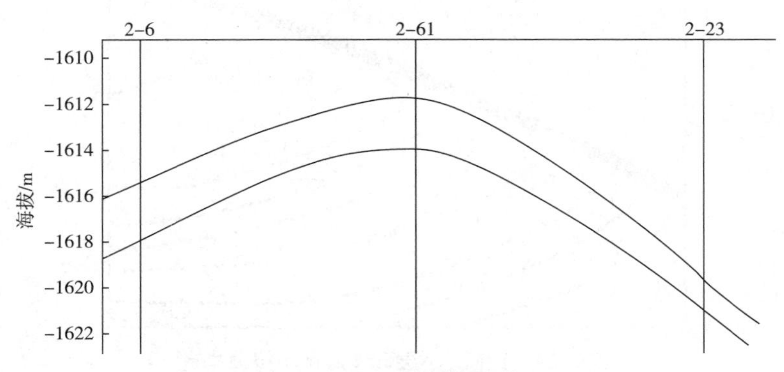

图 4–19　顶底双凸型组合模式图

②顶凸底平型。

储层顶面为相对高点，底面呈平缓或微倾斜。如 $E_1f_2^{3-1}$ 小层的 2–5 井，$E_1f_1^{1-2}$ 小层的 2–6 井，其顶面发育小断鼻，底面发育斜面微型构造（图 4–20 至图 4–22）。

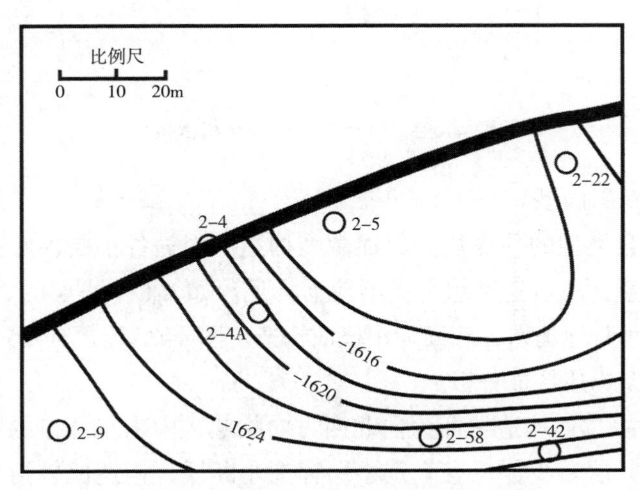

图 4–20　$E_1f_2^{3-1}$ 小层砂体顶面小断鼻构造

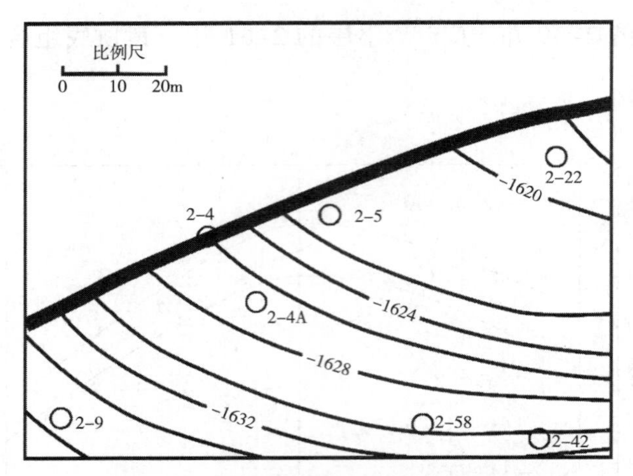

图 4-21 $E_1f_2^{3-1}$ 小层砂体底面小挠曲构造

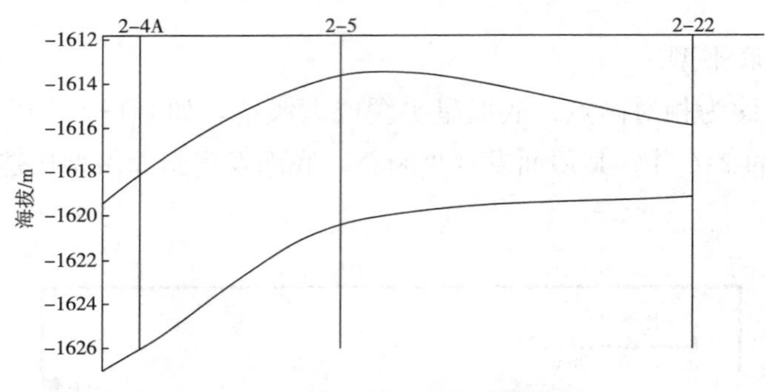

图 4-22 顶凸底平型组合模式图

③顶底双斜面型。

这种组合类型的顶底均为斜面微型构造。因为各小层顶底面主要发育斜面微型构造，所以这种组合类型较为常见。如 $E_1f_1^{1-3}$ 小层的 2-22 井，其砂体顶面为小阶地构造，底面为小挠曲构造（图 4-23 至图 4-25）。

（5）微型构造特征分析。

×× 断块总体构造特征为向北西方向抬起，向南东开口的正向缓坡状构造，内部断层较少，只有个别小层存在小断层，构造比较简单，表现在构造等值线图上的曲线形态较平缓，个别部位平直。阜一段的 $E_1f_1^{2-1}$ 小层有砂岩尖灭区出现，其余各层砂体延伸连续较好。各小层顶面、底面主要的微型构造类型有小断鼻、小阶地等。经观察分析，发现多数微型构造是具有继承性的，而且在个别小层中有对称分布的现象。

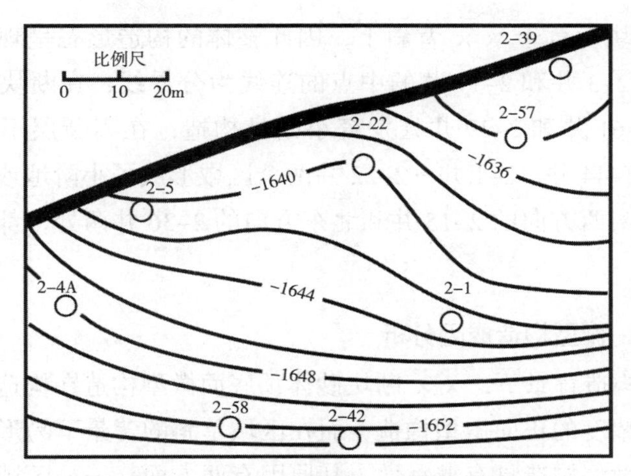

图 4-23　$E_1f_1^{1-3}$ 小层砂体顶面小阶地构造

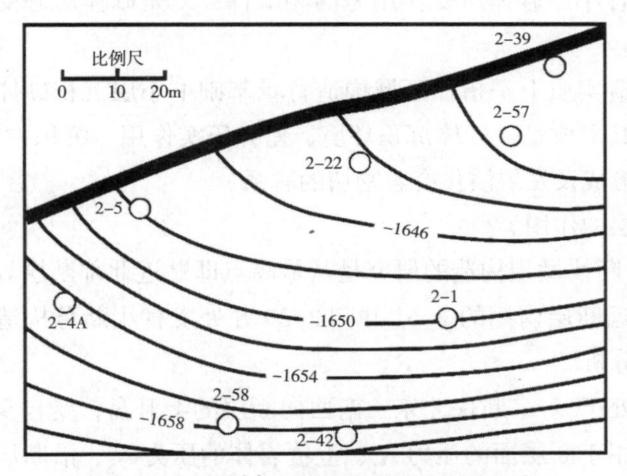

图 4-24　$E_1f_1^{1-3}$ 小层砂体底面小挠曲构造

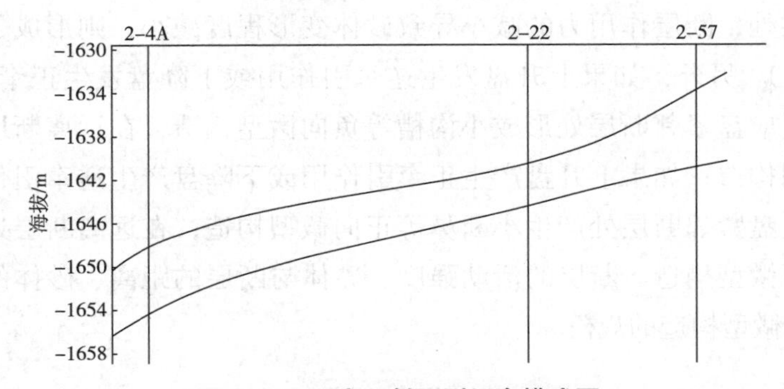

图 4-25　顶底双斜面型组合模式图

××断块发育于××背斜上，因此整体的构造形态呈现对称性。如以2–6井与2–3井和2–17井的中点的连线为分界线，在断块北部靠近断层附近的2–61井和2–39井处发育小断鼻构造；在离断层不远处，分别在2–7井—2–44井、2–1井—2–22井两个区域形成了小阶地或小挠曲；继续向外到了南西方向的2–15井和北东方向的2–36井两处，都发育小挠曲构造。

4.2.2.3 微型构造成因分析

在区域构造背景下，××断块砂体顶底面微型构造在构造平缓的高部位常形成低幅度的正向微型构造，而在区域单斜的背景下易形成斜面微型构造。多数微型构造具有继承性，其原因有两方面：一是区域构造作用的持续性导致各小层砂体所受作用力的相似性；二是砂体形态受古地形起伏变化的影响。

微型构造实质上是指在区域构造背景基础上小层沉积砂体的外部几何形态变化，其形成是受砂体沉积环境、差异压实作用、沉积古地形的影响，并与断层的形成及发展演化有着密切的联系。

（1）断层的作用。

对××断块微型构造的研究是从最高点即贴近北部断层处开始的，如上所述，靠近断层内侧的2–61井和2–39井处发育小断鼻构造，现对其成因机理进行分析。

小断鼻处于××断块北东—南西向断层的上升盘，受自身重力G、下降盘垂直作用于断层面的压力N_1、上覆岩体的压力N_2、沿断层面的摩擦阻力f的作用，产生了正牵引作用，则在上升盘紧邻断层处形成了小断鼻；在远离断层处，断层作用力的减小导致砂体变形程度减小，则形成了小阶地（图4–26）。另外，如果上升盘发生逆牵引作用或下降盘发生正牵引作用，可能在对应盘紧邻断层处形成小沟槽等负向微型构造，在远离断层处形成正向微型构造；如果上升盘产生正牵引作用或下降盘产生逆牵引作用，可能在对应盘紧邻断层处产生小断鼻等正向微型构造，在远离断层处产生负向、斜面微型构造。断层的活动强度、砂体与断层的距离、砂体的韧性等因素控制微型构造的规模。

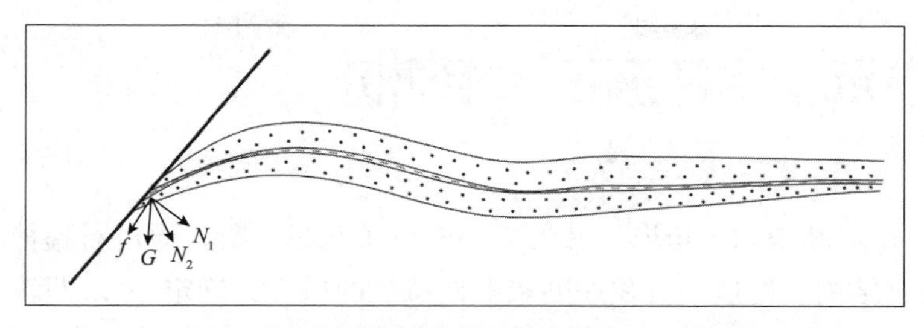

图 4-26　正断层下盘正牵引作用下的微型构造形成模式图

（2）沉积下切作用、差异压实及沉积古地形的影响。

微型构造的成因主要与砂体沉积前的下切作用、差异压实作用和沉积古地形等因素有关。一般而言，下切作用通常使早期沉积的砂体呈负向或斜面微型构造形态，其沉积地貌主要由河流形成。差异压实作用既可以形成正向微型构造，也可以形成负向微型构造。一般情况下，差异压实过程中受压力较小的部位会呈现凸起形态的微型构造，而在受压力较大的部位会形成凹陷形态的微型构造；沉积古地形的结构形态多种多样，因此它可以形成多种微型构造形态。在实际地质构造中，微型构造形态是由此 3 种因素共同控制作用的结果，因此形成的沉积微型构造在形态上具有多样性。

××断块微型构造受以上各因素相互影响、相互制约，各因素间的相互作用较为复杂。

4.2.2.4　微型构造与油井生产的关系

在 $E_1f_2^3$ 砂层组中，与顶底双斜面型组合模式相比，顶凸底平型和顶底双凸型组合模式的累计油水比较高，含水率较低。在 $E_1f_1^1$ 砂层组中，与顶底双斜面型组合模式相比，顶凸底平型组合模式的累计油水比较高，含水率较低，采油强度较大，生产情况较好。在 $E_1f_1^2$ 砂层组中，与顶底双斜面型组合模式相比，顶底双凸型组合模式的含水率较低。可能是由于 2–61 井的渗透率较小，且 2–61 井、2–62 井开发的时间较短，顶底双凸型组合模式油井的采油强度、累计油水比与顶底双斜面组合模式油井相比，无明显差异。总的来看，××断块顶底双凸型、顶凸底平型组合模式与顶底双斜面型组合模式相比，其油井的累计油水比大，含水率低，采油强度无明显差异，生产情况好些。

4.3 沉积相及沉积微相研究

对 ×× 断块内 8 口取心井的岩心进行了观察分析，通过对各种沉积体的岩性、结构、构造、沉积序列和电性特征的研究，确定 ×× 断块发育两种沉积相：三角洲相和湖泊相，可细分为三角洲前缘亚相和滨浅湖亚相。建立了三角洲前缘亚相、砂坝、碳酸盐岩滩的沉积模式，分析了 ×× 断块沉积体系的演化过程。

4.3.1 沉积相标志

相标志是反映沉积相的一些标志，它是沉积相分析的基础。划分沉积相的主要标志有岩石的岩性特征、结构特征、沉积构造、组合韵律、测井曲线特征和古生物特征等。综合各种资料判断 ×× 断块阜一段、阜二段发育两种沉积亚相：阜一段发育三角洲前缘亚相，阜二段发育滨浅湖亚相。

4.3.1.1 阜一段相标志

（1）岩性特征。

阜一段的岩石类型有灰色不等粒砂岩、粉砂岩、钙质粉砂岩、泥质粉砂岩、泥岩，含油层段呈棕褐色，砂体中局部出现泥砾（图 4–27）。

图 4–27　2–22 井粉砂岩中的泥砾

（2）沉积构造特征。

从取心井中观察到阜一段沉积构造比较发育，常见平行层理（图

4-28）、水平层理、交错层理、波状层理，发育生物扰动、冲刷面、泄水构造、层内变形构造等。

图 4-28　2-18 井平行层理

层理构造是沉积物沉积时在层内形成的成层构造，具有重要的指相意义。例如，平行层理一般出现在急流及能量高的环境中，如河道、湖岸、海滩等环境中。

层面构造：当岩层沿着层面分开时，在层面上可出现各种构造和铸模，有的保存在岩层顶面、有的保存在岩层底面。冲刷面是由于流速的突然增大，流体对下伏沉积物的冲刷、侵蚀而形成的起伏不平的面。

生物遗迹构造：生物在沉积物内部或在表面活动时，破坏原来的沉积构造，使其变形，留下活动的痕迹。阜一段生物扰动和虫孔比较发育，如图 4-29 和图 4-30 所示。

图 4-29　2-18 井生物扰动构造

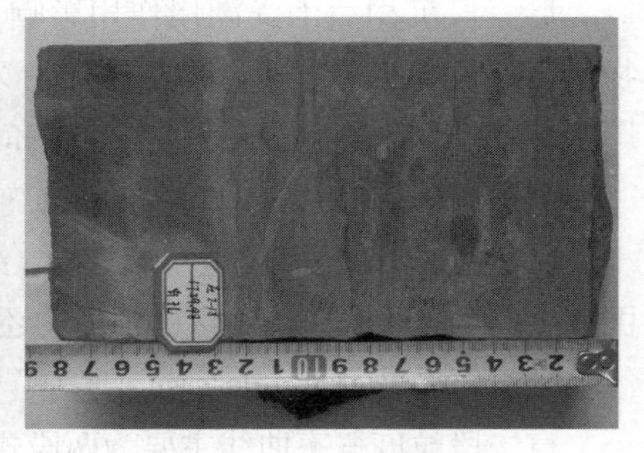

图 4-30　2-18 井虫孔构造

（3）粒度特征。

阜一段取心井段的粒度概率曲线多呈两段式，粒级分布宽，跳跃总体发育（图 4–31），偶见三段式。

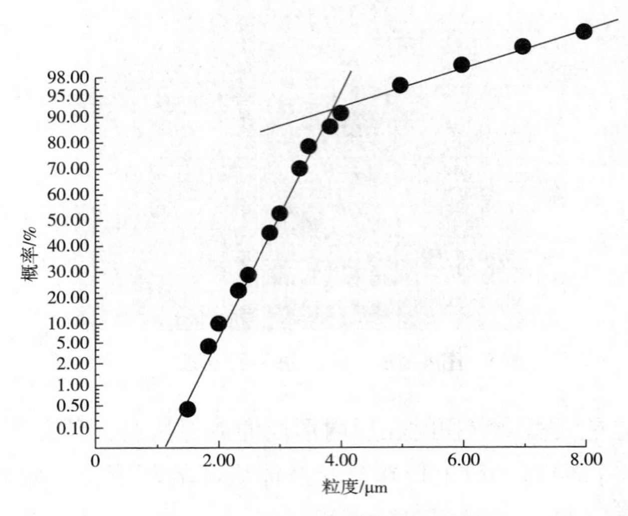

图 4–31 2–22 井粒度概率曲线

（4）电性特征。

阜一段自然电位曲线形态表现为钟形、漏斗形、箱形、直线形及它们的组合形态。

4.3.1.2 阜二段相标志

（1）岩性特征。

阜一段沉积后因受湖侵作用影响，阜二段发育一套以灰色、灰黑色生物灰岩、鲕粒灰岩、泥岩、钙质泥岩为主的湖相沉积。该套地层分布稳定，厚 130~300m，是一套良好的生油层和区域性盖层。

（2）沉积构造特征。

取心井段上沉积构造丰富多样，如水平层理、平行层理（图 4–32 和图 4–33），变形构造较发育，常见的还有泄水构造、印模等。

（3）粒度特征。

阜二段粒度概率曲线主要为两段式，跳跃总体在 80%~90%。

（4）电性特征。

底部电阻率曲线呈尖刀状、“山”字形段，自然电位曲线多呈直线形、钟形、箱形及它们的组合形态。

图 4–32　2–16 井水平层理

图 4–33　2–18 井平行层理

4.3.2　沉积相类型及特征

4.3.2.1　阜一段沉积相类型及特征

阜一段 $E_1f_1^1$、$E_1f_1^2$ 砂层组发育三角洲前缘亚相沉积，分为水下分流河道、水下分流间湾、河口坝和前缘席状砂 4 种沉积微相。

三角洲前缘亚相是三角洲相的水下部分，位于湖平面与浪基面之间，三角洲前缘是三角洲最活跃的沉积中心。

（1）水下分流河道。

由于流程长，分流河道流至河口部位能量变弱，主要沉积细碎屑组分。水下分流河道即为陆上分流河道的水下延伸部分，也称水下分流河床。以灰色粉砂岩为主，含灰色、灰黑色泥砾（图 4–34）。可见槽状交错层理、板状交错层理、平行层理、小型交错层理和波状交错层理。有时在砂体底部见凹凸不平的冲刷面（图 4–35），生物扰动构造、虫孔发育。水下分流河道砂体粒度概率曲线呈两段式，以悬浮次总体为主，含量在 70% 左右，分选中等。垂向呈向上变细的正粒序结构，反映河道能量渐弱的沉积过程，有时呈复合韵律。此外，也出现复合河道为多成因单元叠覆，常见两种成因单元叠覆，表现为上部河道成因单元下切下伏河道成因单元，多期河道成因单元在同一个河道叠覆，说明河道有一定的稳定性和河水流动的间歇性。砂层较厚，一般大于 3m，最厚可达 10m。自然电位曲线呈钟形、箱形及钟形—箱形，以箱形和钟形—箱形为主（图 4–36）。

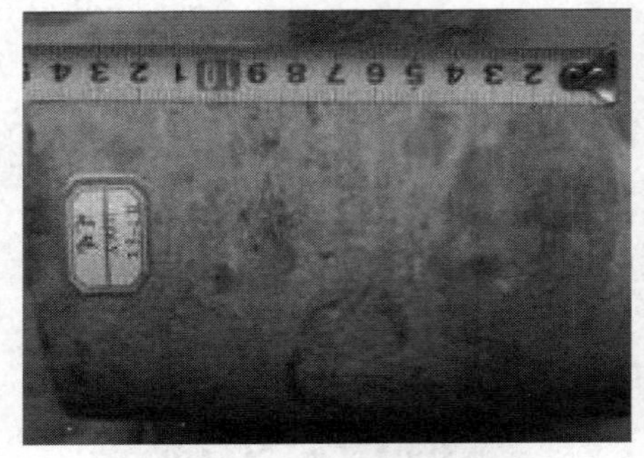

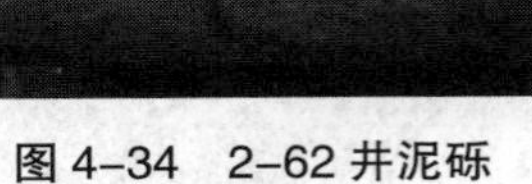

图 4–34　2–62 井泥砾

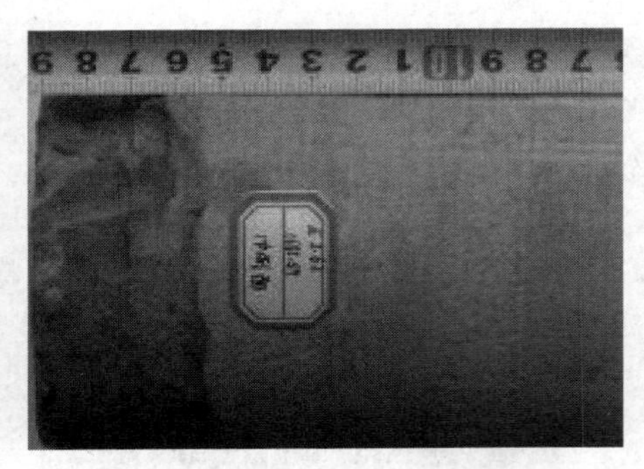

图 4–35　2–62 井冲刷面

井名	测井曲线	SP 曲线形态特征	微相细分结果
2–57	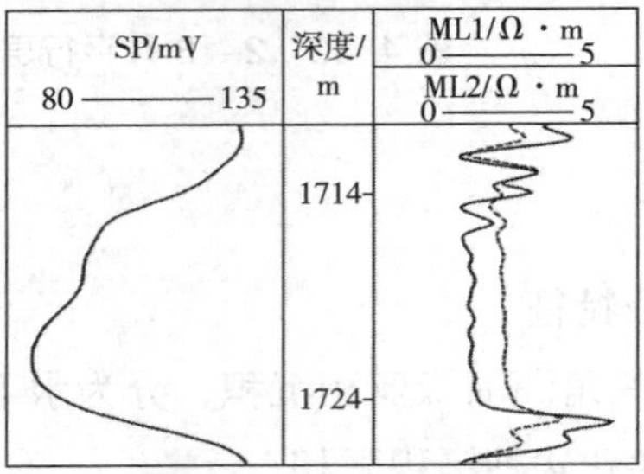 SP/mV 80—135；深度/m 1714、1724；ML1/Ω · m 0—5；ML2/Ω · m 0—5	钟形	主体
2–22	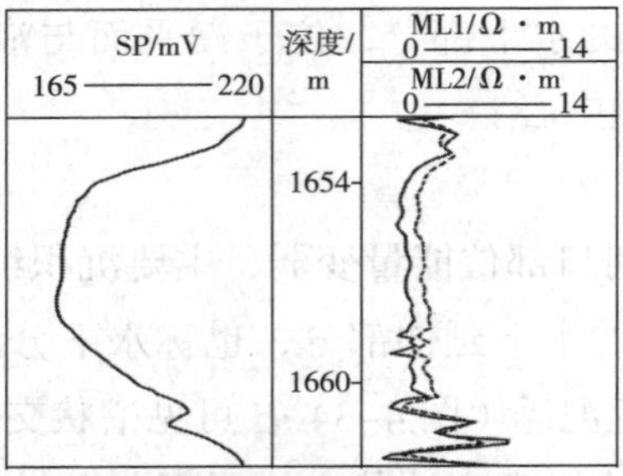 SP/mV 165—220；深度/m 1654、1660；ML1/Ω · m 0—14；ML2/Ω · m 0—14	漏斗形—箱形	主体
2–19	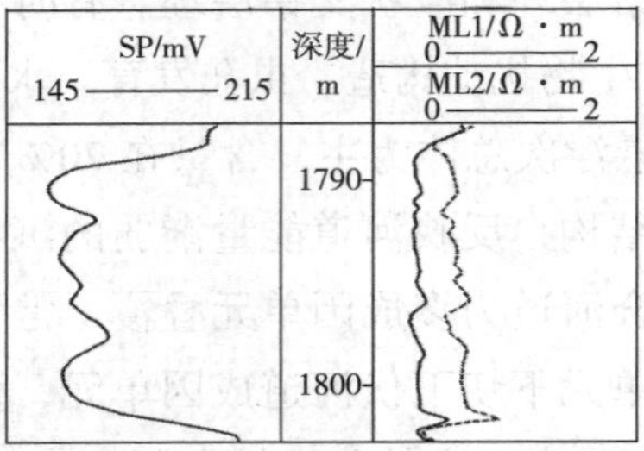 SP/mV 145—215；深度/m 1790、1800；ML1/Ω · m 0—2；ML2/Ω · m 0—2	微齿化箱形	主体

图 4–36　× × 油田 × × 断块水下分流河道微相测井曲线特征

井名	测井曲线	SP 曲线形态特征	微相细分结果
2–4A	SP/mV 180—230；深度/m 1654、1658；ML1/Ω·m 0—6；ML2/Ω·m 0—6	箱形	侧缘
2–23	SP/mV 140—180；深度/m 1632、1636；ML1/Ω·m 0—10；ML2/Ω·m 0—10	钟形	侧缘

图 4–36　××油田××断块水下分流河道微相测井曲线特征（续）

水下分流河道沉积的特点是砂岩粒度细、泥质含量高；冲刷不强烈，滞留沉积砾石几乎全为单一成分——灰色泥砾，且磨圆较差，厚度很薄。砂岩层理规模小、纹层倾角缓，发育波状交错层理砂岩相，是河流与湖泊共同作用的结果；河道砂顶、底泥岩的颜色均为灰绿色或灰色，表明形成于覆水欠氧的浅湖环境。

水下分流河道主体是水下分流河道沉积的主要部分，其沉积水动力较强，沉积物以粉砂岩为主，结构和成分成熟度也较高，砂体厚度一般大于4m。自然电位曲线主要呈中高幅钟形、箱形、钟形—箱形。

水下分流河道侧缘的沉积物泥质含量较主体部分高，岩性为泥质粉砂岩和粉砂岩，砂体厚度一般小于4m。自然电位曲线主要呈中低幅箱形、钟形。

（2）水下分流间湾。

水下分流间湾为水下分流河道之间的低洼地带，与开阔湖畅通。当三角洲向前推进时，在分流河道间形成一系列尖端指向陆地的楔形泥质沉积体。

岩性以灰色、深灰色泥岩、粉砂质泥岩为主，夹薄层状、透镜状粉砂岩。砂质沉积多是洪水季节河床漫溢沉积的结果。具水平层理、波状层理，虫孔、生物扰动构造发育。自然电位曲线在砂体处有较小的幅度。

（3）河口坝。

由河流带来的碎屑物质在河口处因流速降低堆积而成，分布于水下分流河道末端。以灰色、灰绿色粉砂岩为主，夹灰色泥岩，发育交错层理和水平层理。砂体的最大厚度可达 9m，单砂体厚度一般为 3~8m。单砂体的厚度、粒度的规模均表现出向上变大、变粗的趋势，呈反韵律层序特征。砂体质较纯净，粒级分布较均一，分选较好。粒度概率曲线呈两段式和三段式，三段式粒度曲线具有特征性的双跳跃次总体，双跳跃组分占总含量的 80% 以上。底部粒度细，孔隙度、渗透率低；上部粒度粗，渗透率高，呈反韵律孔渗特征。自然电位曲线呈漏斗形或漏斗形—箱形。

河口坝坝核砂体厚度一般大于 6m，由于多期坝体相互叠加，使得各期坝体之间发育明显的夹层。自然电位曲线主要呈漏斗形或漏斗形—箱形，多出现微齿化现象。河口坝侧缘砂体厚度一般小于 6m，很少出现坝体叠加现象。自然电位曲线呈漏斗形、漏斗形—箱形（图 4-37）。

井名	测井曲线	SP 曲线形态特征	微相细分结果
2	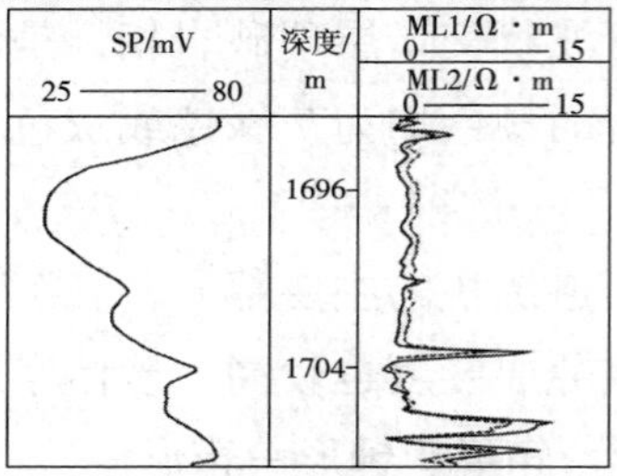 SP/mV 25—80；深度/m；ML1/Ω·m 0—15；ML2/Ω·m 0—15；1696；1704	微齿化漏斗形	坝核
2-51	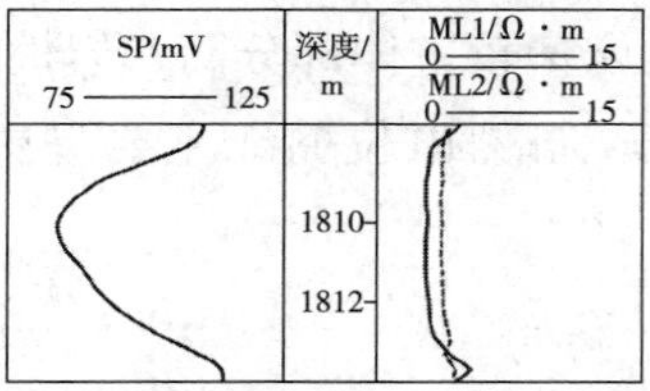 SP/mV 75—125；深度/m；ML1/Ω·m 0—15；ML2/Ω·m 0—15；1810；1812	漏斗形	侧缘
2-4A	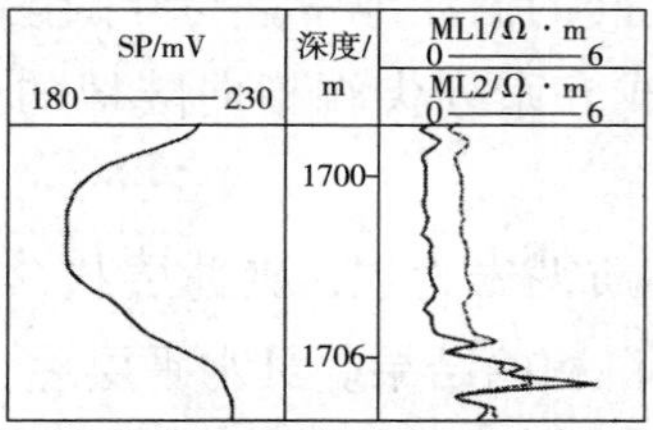 SP/mV 180—230；深度/m；ML1/Ω·m 0—6；ML2/Ω·m 0—6；1700；1706	漏斗形—箱形	坝核

图 4-37　××油田××断块河口坝微相测井曲线特征

（4）前缘席状砂。

前缘席状砂是三角洲前缘的水下分流河道、河口坝等砂体经水流的冲刷作用，再分布于其侧翼而形成的薄而面积大的砂层。沉积物由灰色粉砂岩和少量灰色、深灰色泥岩组成，粒度比河口坝细，砂层分选好，质较纯净，泥质含量高。沉积构造以波状层理和低角度交错层理为特征，生物扰动构造和虫孔发育。单砂层厚度一般小于 2.5m，粒度概率曲线大多呈两段式。自然电位曲线大多呈中低幅对称齿形、漏斗形，部分呈低幅突起形和平直形（图 4–38）。

井名	测井曲线	SP 曲线形态特征
2–6	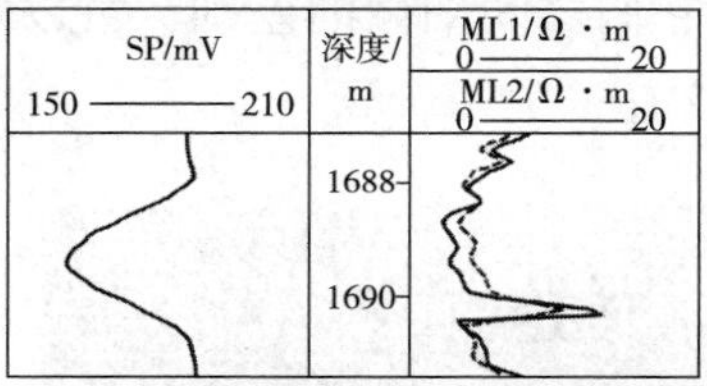 SP/mV 150—210；深度/m 1688 1690；ML1/Ω·m 0—20；ML2/Ω·m 0—20	对称齿形
2–50	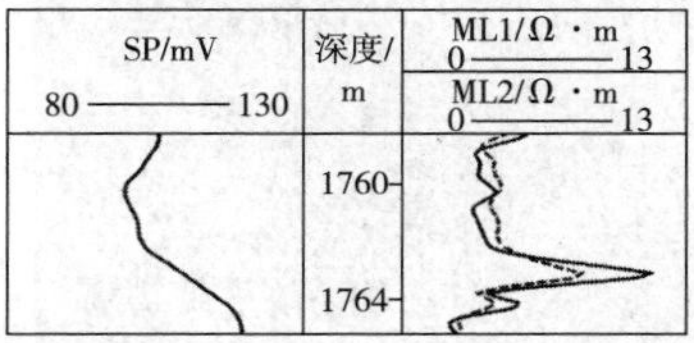 SP/mV 80—130；深度/m 1760 1764；ML1/Ω·m 0—13；ML2/Ω·m 0—13	低幅漏斗形
2–25	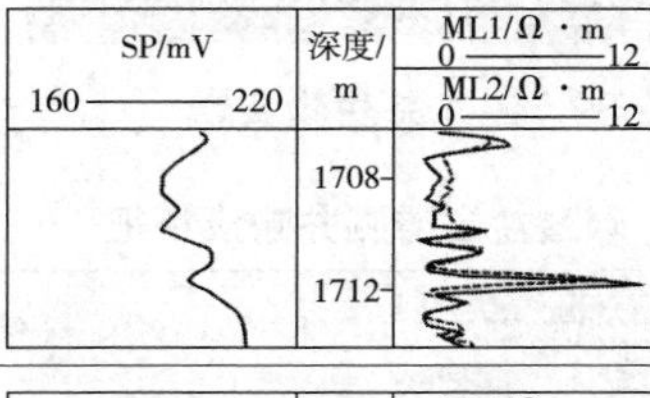 SP/mV 160—220；深度/m 1708 1712；ML1/Ω·m 0—12；ML2/Ω·m 0—12	微齿化漏斗形
2–22	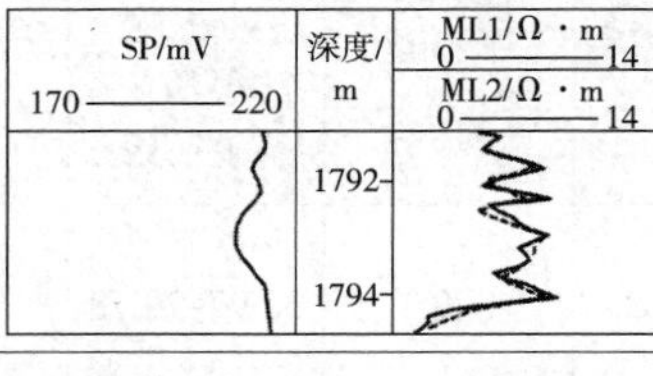 SP/mV 170—220；深度/m 1792 1794；ML1/Ω·m 0—14；ML2/Ω·m 0—14	低幅突起形
2–4A	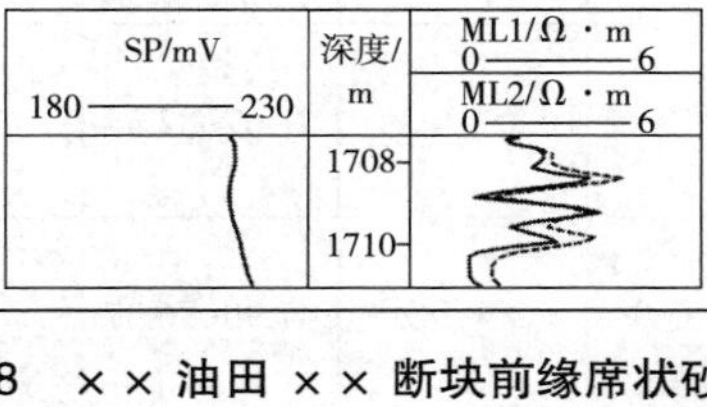 SP/mV 180—230；深度/m 1708 1710；ML1/Ω·m 0—6；ML2/Ω·m 0—6	平直形

图 4–38　××油田××断块前缘席状砂微相测井曲线特征

4.3.2.2 阜二段沉积相类型及特征

在研究湖相沉积时，由于浅湖和滨湖往往缺乏明显的亚相鉴别标志而难于区分，故通常将其笼统地称为滨浅湖亚相。阜二段 $E_1f_2^2$、$E_1f_2^3$ 砂层组发育滨浅湖亚相沉积。根据滩和坝在剖面、平面以及岩性上呈现的特征，将滨浅湖亚相沉积分为生物滩、鲕粒滩、灰质滩、砂坝和滨浅湖泥 5 种沉积微相。

生物滩、鲕粒滩和灰质滩属碳酸盐滩沉积，多分布于邻近物源区，是碳酸盐岩、附近无大河注入的比较安静的湖湾地区。剖面上多层出现，平面呈席状展布。它们具有相似的测井响应特征（图 4–39），在非取心井中较难区分，但通过研究发现了它们之间细微的差别，可以定量地识别非取心井碳酸盐岩段的岩性（表 4–2）。

图 4–39 2–1 井生物灰岩

表 4–2 碳酸盐岩滩测井响应特征

滩类型	岩性	测井曲线类型				判别方程
		自然电位（SP）/mV	自然伽马（GR）/API	深感应电阻率（RILD）/Ω · m	声波时差（AC）/（μs/ft）	
鲕粒滩	鲕粒灰岩	19.1~79.2	44.3~112.8	5~9.2	53.97~79.78	$F_1=17.857SP+8.462GR+39.691RILD+21.772AC-18.147$
生物滩	生物灰岩	44.1~84	40.8~108.2	3.7~9.3	51.67~82.34	$F_2=19.834SP+20.897GR+39.764RILD+22.505AC-24.268$
灰质滩	泥晶灰岩、内碎屑灰岩	58.3~71.5	50~83.9	3.4~9.2	47.90~86.37	$F_3=7.207SP+1.083GR+41.703RILD+60.163AC-26.991$

（1）生物滩。

岩石中的生物体腔保存完好，磨蚀分选差，属低能条件下生物在原地生长死亡之后堆积的产物（图 4–39）。该微相主要由灰色、深灰色生物灰岩组成，有时含少量灰黑色泥岩，可见波状层理，单层厚度为 1~3m。见鲕粒状灰岩条带和虫管。电阻率曲线呈高值，有时呈尖峰（图 4–40）。

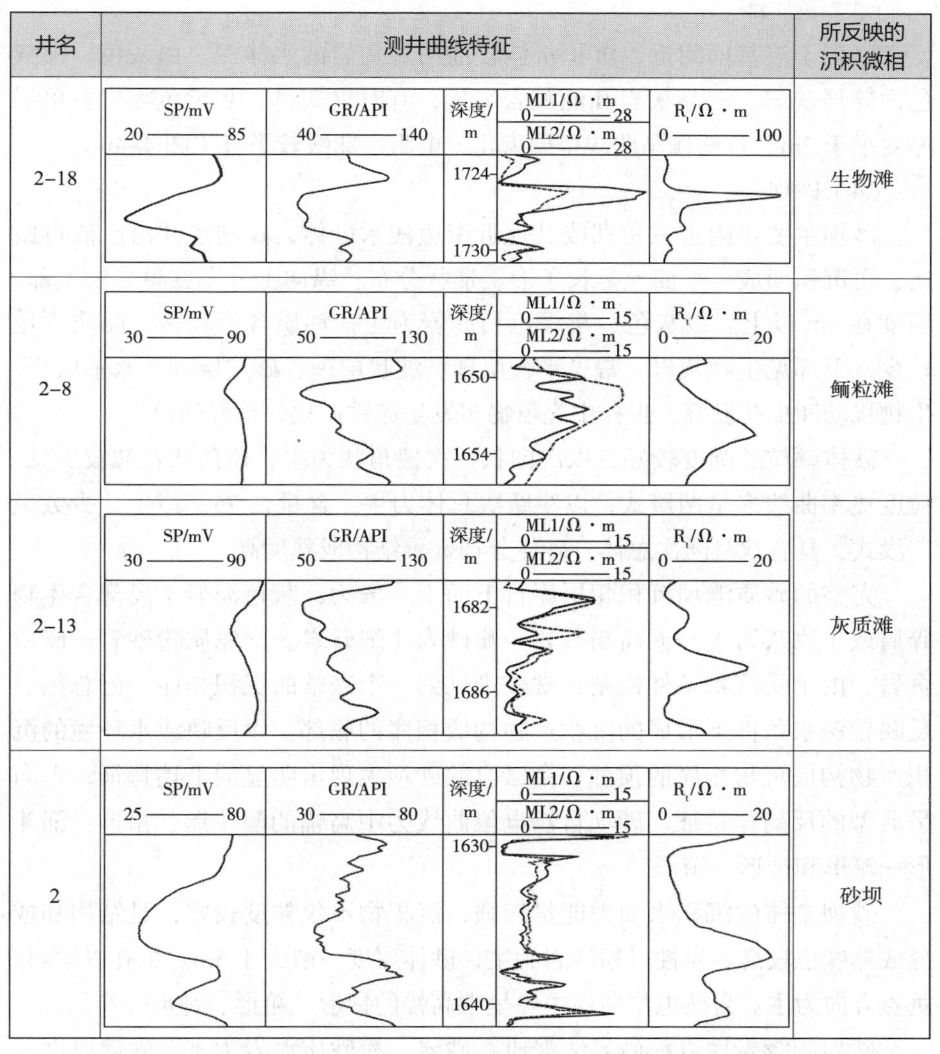

图 4–40　× × 油田 × × 断块阜二段沉积微相测井曲线特征

（2）鲕粒滩。

多发育在岸边和水中隆起的高处。由灰色、深灰色鲕粒灰岩组成，有时夹杂深灰色泥岩，发育泥质条带。鲕粒灰岩呈块状，正常鲕和表鲕的核心多为陆源碎屑。鲕粒粒径为 0.2~0.4mm，形态为圆和椭圆状，单层厚为 0.1~2m。电阻率曲线多呈高阻尖刀状（图 4–40）。

（3）灰质滩。

出现于浪基面附近，沉积水体较前两种灰岩的水体深。由灰色、深灰色内碎屑灰岩、泥晶灰岩和泥灰岩组成，有时夹灰色、灰黑色泥岩。单层厚度小于 2m。自然伽马曲线呈微齿化，电阻率曲线较平直（图 4–40）。

（4）砂坝。

砂坝主要由附近三角洲或其他近岸边浅水砂体，经湖浪和沿岸流再搬运，再沉积而成。平面上呈长条形、带状分布。纵向上分布在阜二段下部，厚度在 4m 以上。以灰色、灰绿色粉砂岩为主，钙质含量较多，泥质含量较少，下部见生物灰岩。常见平行层理、波状层理、砂纹层理、水平层理。生物扰动和虫孔发育。虫孔中充填物多发生赤铁矿化，呈红棕色。

砂体颗粒的圆度较好，以次圆状—次棱角状为主，棱角状颗粒较少见。粒度概率曲线多呈两段式，以跳跃次总体为主，含量在 75% 以上，少数呈三段式，具有双跳跃次总体。砂体分选好，结构成熟度高。

完整的砂质滩坝沉积相层序自下而上一般为：灰色泥岩（局部含生物碎屑或生物灰岩）→泥质粉砂岩→粉砂岩（细砂岩）→泥质粉砂岩→碳质页岩。由于受沉积条件控制，常较难见到一个完整的沉积相序，但总是以反映较深水条件下形成的沉积产物构成相序的底部，以反映浅水环境的沉积产物构成沉积相序的顶部。阜二段的砂坝表现出明显的上述特征，垂向呈典型的反韵律特征。砂坝自然电位曲线为中高幅的漏斗形、箱形、漏斗形—箱形和钟形—箱形。

砂坝主体的沉积水动力能量较强，沉积物不仅粒度较粗，且结构和成分成熟度也较高。岩性以粉砂岩为主，砂体厚度一般大于 5m。虫孔以倾斜、垂直方向为主。自然电位曲线主要呈中高幅的钟形、箱形、钟形—箱形。

砂坝侧缘岩性以粉砂岩、泥质粉砂岩、粉砂质泥岩为主，砂体厚度一般小于 5m。生物扰动、虫孔也较常见，虫孔以水平、倾斜方向为主。自然电位曲线呈中低幅的钟形、漏斗形、箱形及其组合（图 4–40）。

（5）滨浅湖泥微相。

以滨湖、浅湖和湖湾泥岩为主，夹少量的灰色、灰绿色泥质、钙质粉砂岩。自然电位曲线除在薄砂层处呈低幅度突起，总体呈平直状。

滨湖泥岩以浅灰色、浅棕色泥岩为主，含少量粉砂，泥质沉积物主要分布在平缓的背风湖岸地带。发育水平、波状、块状层理等低能层理，粉砂层发育波状层理，植物化石丰富。滨湖带是周期性暴露环境，在枯水期由于许多地方出露在水面之上，常形成许多泥裂、雨痕、脊椎动物的足迹等暴露构造（图 4–41）。

图 4–41　2–1 井滨湖雨痕

浅湖泥岩形成于浅湖长期覆水、欠氧化地带，主要呈灰色、灰绿色，夹少量粉砂质泥岩、粉砂岩，部分含钙质。发育波状、水平层理构造，生物扰动强烈。

湖湾泥岩形成于湖湾滞留区，水体流通不畅，波浪和湖流作用弱，水体较平静，湖底缺氧。沉积物以灰色、灰黑色泥岩、泥页岩、钙质泥岩为主；在碳酸盐岩环境下，可少量发育泥质灰岩、生物灰岩等类型岩石。水平层理、雨痕、虫孔发育，生物扰动构造常破坏层理。灰岩、钙质泥岩段电阻率曲线呈高值。

4.3.3　单井相分析

通过岩心观察，并充分利用岩心分析化验资料、录井资料、测井资料等对 ×× 断块 8 口井的单井沉积相进行了详细的分析。以下对 ×× 井、××1 井和 ××2 井的单井沉积相进行分析。

4.3.3.1 ×× 井单井相分析

× × 井钻遇阜一段、阜二段，共取心 8 次，较其他取心井取心层段长，取心层位全，阜一段发育三角洲前缘亚相，阜二段发育滨浅湖亚相。共分为 4 个砂层组，自下而上为 $E_1f_1^2$、$E_1f_1^1$、$E_1f_2^3$ 和 $E_1f_2^2$ 砂层组。

$E_1f_1^2$ 砂层组岩性以粉砂岩和泥岩为主。发育三角洲前缘亚相的多种沉积构造，虫孔及生物扰动构造等常见。自然电位曲线呈箱形、漏斗形及其组合形态。$E_1f_1^{2-2}$ 小层部分缺失。$E_1f_1^1$ 砂层组发育水下分流河道微相及水下分流间湾微相，岩性以粉砂岩、泥岩为主。粒度概率曲线为两段式，跳跃组分占主体，跳跃组分和悬浮组分的截点接近 4。$E_1f_2^3$ 和 $E_1f_2^2$ 两个砂层组发育滨浅湖亚相。自下而上岩性从粉砂岩、泥岩到泥页岩、鲕粒灰岩、生物灰岩等。沉积构造有平行层理、发育泥砾等。自然电位曲线多呈钟形、漏斗形，粒度概率曲线有两种类型：一种是两段式，其跳跃组分总体在 70%~85%；另一种是三段式，其跳跃总体占 80% 以上。

4.3.3.2 ××1 井单井相分析

× ×1 井自下而上为 $E_1f_1^1$、$E_1f_2^3$ 和 $E_1f_2^2$ 砂层组，共取心 3 次。其中 $E_1f_2^2$、$E_1f_2^3$ 砂层组发育滨浅湖亚相，$E_1f_1^1$ 砂层组发育三角洲前缘亚相。

$E_1f_1^1$ 砂层组仍然为三角洲前缘亚相沉积。不过该砂层组只发育了水下分流河道和水下分流间湾两种沉积微相。其岩性仍以粉砂岩，泥质粉砂岩为主，含泥岩夹层。沉积构造有平行层理、交错层理，虫孔及生物扰动非常发育。$E_1f_1^1$ 砂层组共有 4 个小层，这 4 个小层砂体都较发育，$E_1f_1^{1-4}$ 小层砂体最厚，而 $E_1f_1^{1-3}$ 小层的砂体常与上下两个小层的砂体相互叠置。粒度概率曲线主要是两段式，跳跃总体在 75%~85%，有的接近 90%，还可见三段式粒度曲线。自然电位曲线为箱形、钟形、直线形及其组合形态。

$E_1f_2^3$ 砂层组的岩性主要有灰色的粉砂岩，深灰色、灰色的泥质粉砂岩，以及深灰色的鲕粒灰岩、生物灰岩，深灰色的泥岩，含油段呈棕褐色。$E_1f_2^3$ 砂层组发育砂坝和滨浅湖泥微相，以砂岩和泥岩沉积为主。自然电位曲线呈直线形、钟形及其组合形态。粒度概率曲线以两段式为主，跳跃总体占 80%~85%，悬浮总体占 15%~20%，两者截点在 3~4。

$E_1f_2^2$ 砂层组发育生物滩、鲕粒滩，滨浅湖泥相。岩性主要为深灰色的泥岩、鲕粒灰岩。自然电位曲线主要为直线形—漏斗形。沉积构造类型有平行层理、生物扰动、虫孔。

4.3.3.3　××2 井相分析

××2 井钻遇 $E_1f_1^1$ 和 $E_1f_1^2$ 砂层组，在阜一段共取心两次。岩性主要为泥质粉砂岩、粉砂岩。岩心颜色主要呈深灰色、灰色、灰黄色，在含油段呈棕褐色、棕色。沉积构造的类型有交错层理、平行层理、变形构造、生物扰动，在岩心中见泥砾。粒度概率曲线以两段式为主，跳跃组分占 75%~85%，悬浮组分占 15%~25%，两者的截点在 3~4。

××2 井 $E_1f_1^2$ 砂层组共划分为 6 个小层。$E_1f_1^{2-6}$ 小层发育前缘席状砂微相，岩性为深灰色、灰色的粉砂岩、含深灰色泥岩。分选较好，发育交错层理、波状层理、虫孔等。$E_1f_1^{2-5}$ 小层发育河口坝微相，岩性为灰色、灰黄色、棕褐色的粉砂岩，此段粉砂岩厚约 5.5m，分选好，砂质较纯。岩心中见交错层理，生物扰动，泥砾等。粒度概率曲线以两段式为主，跳跃组分在 80%~90%。$E_1f_1^{2-4}$、$E_1f_1^{2-3}$、$E_1f_1^{2-2}$、$E_1f_1^{2-1}$4 个小层都发育水下分流河道微相，岩性为灰色、灰黄色、棕褐色粉砂岩和棕色粉砂质泥岩，含泥岩夹层。自然电位曲线呈钟形、箱形及其组合形态。岩心中常见交错层理、波状层理、冲刷构造、虫孔及生物扰动构造发育，并见层内变形构造。粒度概率曲线以两段式为主，水下分流河道的跳跃总体占 80%~90%。

4.3.4　测井相分析

4.3.4.1　测井相研究思路

传统的沉积相研究方法是在相模式和相序递变规律的指导下，通过观察岩心的岩石成分、结构和沉积学参数来鉴别沉积环境的。这样的沉积相研究方法只能识别取心井段井剖面的沉积环境，而对于非取心井段无法开展工作。此时，利用测井资料和岩心资料进行沉积学特征研究和测井—沉积微相分析就成为一种更为有效的方法。本次 ×× 断块测井相研究的总体思路：综合应用测井和地质信息，将常规测井曲线及其相关电性参数同岩心资料相结合；建立 ×× 断块测井—沉积微相模型；根据所建立的模型解释测井资料，识别沉积微相，获得单井测井微相剖面。

4.3.4.2 测井相研究基本方法

（1）测井数据归一化。

××断块各测井参数的量纲不同，其数值相差较大不能直接将它们放在一起计算，为了使所计算的沉积微相特征参数便于对比，对原始测井值进行归一化处理。设所选的 n 个标准样本层中第 i 个样本的第 j 种测井参数归一化值为 X_i，则：

$$X_i = \frac{x_i - \overline{x}}{x_{\max} - x_{\min}} \tag{4-1}$$

式中，$\overline{x}$ 为测井数据均值；x_i 为第 i 个测井参数；$x_{\max}$ 为最大测井参数；$x_{\min}$ 为最小测井参数。

（2）提取沉积微相特征参数。

从测井曲线及其导出的地质参数曲线提取反映沉积微相的特征参数，是实现自动识别沉积微相的首要前提。根据××断块阜一段、阜二段沉积微相的岩性、岩石结构、沉积构造、粒序变化和沉积韵律等特征，选用四条测井曲线（自然电位、自然伽马、电阻率和声波时差），选用下述方法对每一条曲线提取特征参数。

①沉积微相段的测井均值 X_A。

它能较好地反映沉积微相的岩性或物性特征，计算公式如下：

$$X_A = \frac{1}{N}\sum_{i=1}^{n} X(i) \tag{4-2}$$

式中，$X(i)$ 为某种测井或地质参数曲线第 i 个采样点的归一化值；N 为沉积微相段内的采样点数。

②正偏值 X_H。

它反映的是微相段内测井和地质参数曲线的变化趋势，因而在一定程度上间接反映了沉积微相内岩性、粒序和物性的变化趋势，计算公式如下：

$$X_H = \frac{1}{N_H}\sum_{i=1}^{N_H} X(i), \left[X(i) \geqslant X_A\right] \tag{4-3}$$

式中，$X(i)$ 为大于 X_A 的归一化测井值或地质参数值；N_H 为微相段内大于 X_A 的采样点数。

③负偏值 X_L。

它反映的是微相段内岩性和物性的变化，计算公式如下：

$$X_L = \frac{1}{N_L}\sum_{i=1}^{N_L} X(i),\left[X(i) \leqslant X_A\right] \tag{4-4}$$

式中，$X(i)$为小于X_A的归一化测井值或地质参数值；N_L为微相段内小于X_A的采样点数。

④相对重心R_M。

它反映了曲线形态的变化，钟形的重心偏下方$R_M > 0.5$；漏斗形的重心偏上方，$R_M < 0.5$，箱形的重心居中，$R_M = 0.5$，具体计算公式如下：

$$R_M = \left[\sum_{i=1}^{N} X(i)\right] / \left[(N+1)\sum_{i=1}^{N} X(i)\right] \tag{4-5}$$

式中，N为相段内的数据点数；$X(i)$为测井曲线值。

（3）主成分分析。

用上述方法对每种沉积微相计算出65个特征参数，分析发现：不仅参数多，数据量大，而且参数之间存在着相关性，给随后的数据分析工作带来很大困难。为此，先采用多元统计分析中的主成分分析法。从具有复杂相关关系的65个特征参数中进一步选取测井质量好、有代表性、纵向分辨能力强的测井曲线最能反映沉积微相特征的6个非相关的主成分，使其能有效地综合65个特征参数所反映的沉积微相信息，又大大减少了样本的维数及数据量，有利于随后的数学分类计算，前6个主成分依次是：厚度H，自然电位的特征参数R_M，自然伽马、电阻率的特征参数X_A，声波时差的特征参数X_L、X_H。根据单井相研究成果，整理出5种沉积微相的测井—沉积微相数值模型，总共整理出331组数据，其中碳酸盐岩滩63组数据、滨浅湖砂坝64组、水下分流河道157组、河口坝23组和前缘席状砂24组。

4.3.4.3 测井—沉积微相数值模型建立

所谓测井—沉积微相数值模型就是用于反映沉积微相特征，并能将不同的沉积微相区分开的一组特征参数集，用该模型可以根据测井资料有效地识别不同的沉积微相。在相关的主成分分析统计基础上，建立了××断块阜一段、阜二段5种主要沉积微相的测井—沉积微相数值模型，见表4-3。

表 4–3 测井—沉积微相数值模型

微相类型	H	R_M	X_A（自然伽马）	X_A（电阻率）	X_L	X_H
滨浅湖碳酸盐岩滩	0.370	0.501	0.311	0.438	0.288	0.477
滨浅湖砂坝	0.250	0.483	0.394	0.348	0.329	0.508
水下分流河道	0.235	0.481	0.364	0.304	0.377	0.480
河口坝	0.496	0.489	0.260	0.285	0.379	0.468
前缘席状砂	0.401	0.499	0.371	0.284	0.338	0.440

4.3.4.4 测井相判别模型建立

在主成分分析的基础上，建立 ×× 断块测井相的判别模型。应用所选的 41 个标准样本对此模型进行验判，结果仅错判 7 个，其验判成功率 82.9%，说明所建的测井—沉积微相判别模型是有效的（表 4–4）。结果表明所建模型具有良好的判别效果。

碳酸盐岩滩判别模型：

$$F_1 = H \times 14.281 + R_M \times 209.541 + GR \times 18.089 + R_t \times 4.602 - X_L \times 20.745 + X_H \times 60.016 - 71.886 \quad (4\text{–}6)$$

砂坝判别模型：

$$F_2 = H \times 12.223 + R_M \times 201.774 + GR \times 23.501 + R_t \times 2.101 - X_L \times 18.017 + X_H \times 59.933 - 69.140 \quad (4\text{–}7)$$

水下分流河道判别模型：

$$F_3 = H \times 10.861 + R_M \times 203.333 + GR \times 20.902 + R_t \times 1.048 - X_L \times 4.184 + X_H \times 45.330 - 65.008 \quad (4\text{–}8)$$

河口坝判别模型：

$$F_4 = H \times 15.665 + R_M \times 210.017 + GR \times 16.767 + R_t \times 1.079 - X_L \times 3.510 + X_H \times 42.353 - 69.534 \quad (4\text{–}9)$$

前缘席状砂判别模型：

$$F_5 = H \times 15.639 + R_M \times 211.086 + GR \times 24.531 + R_t \times 0.245 - X_L \times 5.856 + X_H \times 42.261 - 71.295 \quad (4\text{–}10)$$

表 4-4　沉积微相判别结果

起止深度 /m	测井相	地质相	起止深度 /m	测井相	地质相	起止深度 /m	测井相	地质相
2-1 井			1646.5~1647.2	3	F_3	1626.3~1627.3	2	F_2
1599.2~1601.6	1	F_1	1647.9~1648.6	3	F_3	1628.4~1628.8	2	F_5
1603.2~1604.6	1	F_1	1648.6~1652.8	3	F_3	1629.1~1630.6	3	F_5
1604.6~1606.6	1	F_1	1653.6~1655.6	3	F_3	1630.6~1633.3	3	F_3
1610.0~1613.4	1	F_1	1659.2~1666.2	3	F_3	1637.4~1639.8	3	F_3
1615.0~1616.2	1	F_1	1671.0~1672.6	3	F_5	1645.4~1649.8	3	F_3
1616.2~1618.6	1	F_1	1673.7~1674.8	3	F_5	1653.5~1661.5	3	F_3
1619.5~1622.1	2	F_2	1679.0~1681.4	3	F_2	1666.0~1667.7	3	F_3
1622.6~1624.0	2	F_2	1682.8~1686.9	3	F_3	1668.8~1672.0	3	F_3
1625.2~1627.6	2	F_2	1689.2~1695.0	3	F_3	1673.4~1675.8	3	F_3
1628.6~1630.6	2	F_2	1695.9~1697.7	5	F_5	1676.6~1680.5	3	F_3
1632.2~1633.2	2	F_3	1698.6~1699.6	5	F_5	1683.5~1689.1	4	F_4
1633.8~1637.2	3	F_3	2-22 井			1692.1~1693.4	5	F_5
1637.2~1640.2	3	F_3	1620.7~1621.8	2	F_2	—	—	—
1644.2~1645.7	3	F_2	1621.8~1625.5	2	F_2	—	—	—

注：F_1—碳酸盐岩滩；F_2—砂坝；F_3—水下分流河道；F_4—河口坝；F_5—前缘席状砂。

4.3.4.5　××断块测井相分析

通过对××断块测井资料的沉积相解释处理，获得了 8 口井的单井测井相柱状剖面图，对研究区沉积微相电性特征有了明确认识。

碳酸盐岩滩微相：自然电位曲线形态为低幅度漏斗形；自然伽马曲线出现中幅低值异常；电阻率曲线呈高幅；补偿密度、补偿中子相交形成高幅正向空间。

砂坝微相：自然电位曲线形态为箱形或钟形；自然伽马曲线出现中幅低值异常；补偿密度、补偿中子相交形成高幅正向空间；电阻率曲线呈高幅。反映水动力与沉积速率、物源供应稳定的沉积特点。

水下分流河道微相：测井曲线呈箱形、钟形、齿状箱形或者组合形态。

自然电位曲线特征为中低幅钟形，有时呈箱形或两者的组合形态。钟形代表了向上变细的正韵律，箱形则为水下分流河道砂体总体上粒度相对较粗，在电性曲线上相对于基线而言表现为高幅度值的特征。多期水下分流河道叠置则会使曲线呈钟形或箱形的相互叠加，其中最主要的形态为钟形。补偿密度高值，补偿中子低值，曲线相交形成正向中高幅空间；电阻率值较高。

河口坝微相：测井曲线在前期总体表现为漏斗状或多体漏斗状，前期河口砂坝经常与水下分流河道或河道侧翼共生共同组合成良好的储集体。在组合砂体的不同位置，砂体的内部结构可以有明显的变化。平面上，这些砂坝砂体多分布于河口两侧或倾向于沿岸展布。纵剖面上多位于水下分流河道的下部。表现为后期的水下分流河道砂体冲刷改造前期的河口沙坝，形成河道叠置型河口沙坝，共同组合成一个全韵律曲线特征，表现为一个细—粗—细的旋回。

前缘席状砂微相：自然电位曲线表现为以中低幅指形为主，有部分为漏斗形和钟形。由于含泥和含钙量高，粉砂岩较致密，常成为非储层，测井曲线的幅度较低。自然伽马曲线明显负异常；补偿密度与补偿中子相交形成正向低幅空间；电阻率值较高；整体反映出沉积物韵律较均匀的特点。

4.3.5 连井剖面相分析

在单井相分析的基础上，划分出南北向和东西向连井沉积相剖面 10 条（图 4–42），对 × × 断块进行连井剖面沉积相分析。

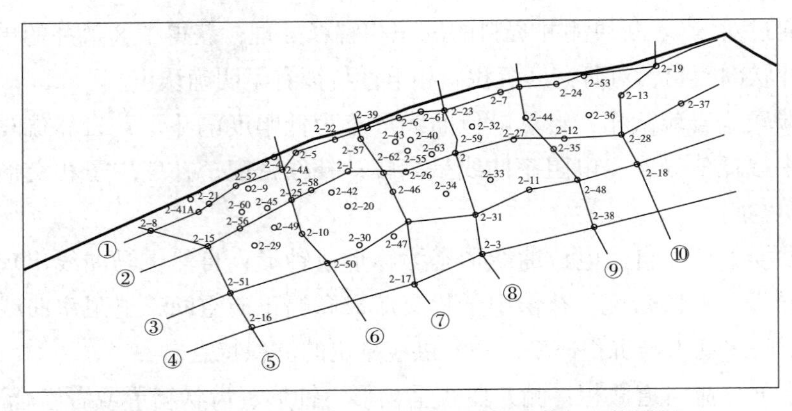

图 4–42　× × 油田 × × 断块沉积相连井剖面位置图

选取东西向连井沉积相剖面④（图 4–43）和南北向剖面⑥（图 4–44）进行分析。从两个剖面可以看出，自下而上，研究区发育了两种沉积亚相，阜一段发育三角洲前缘亚相、阜二段发育滨浅湖亚相。

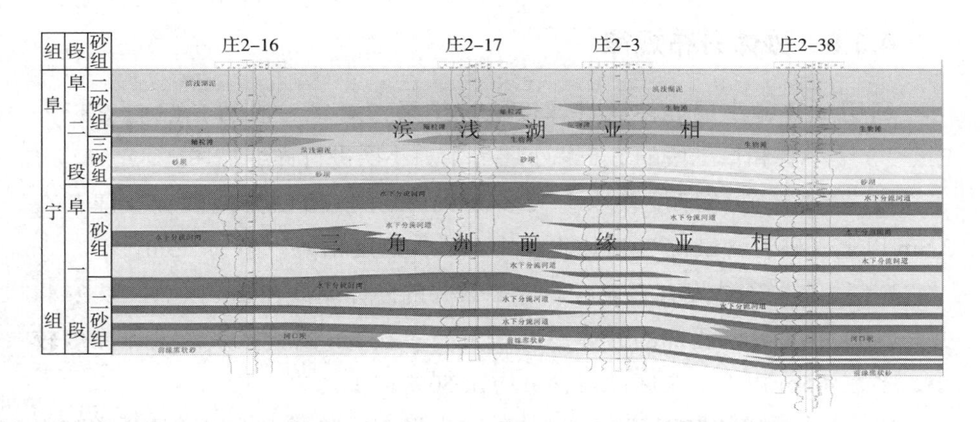

图 4–43　×× 油田 ×× 断块 $E_1f_2^2$—$E_1f_1^2$ 砂层组东西向连井沉积相剖面④

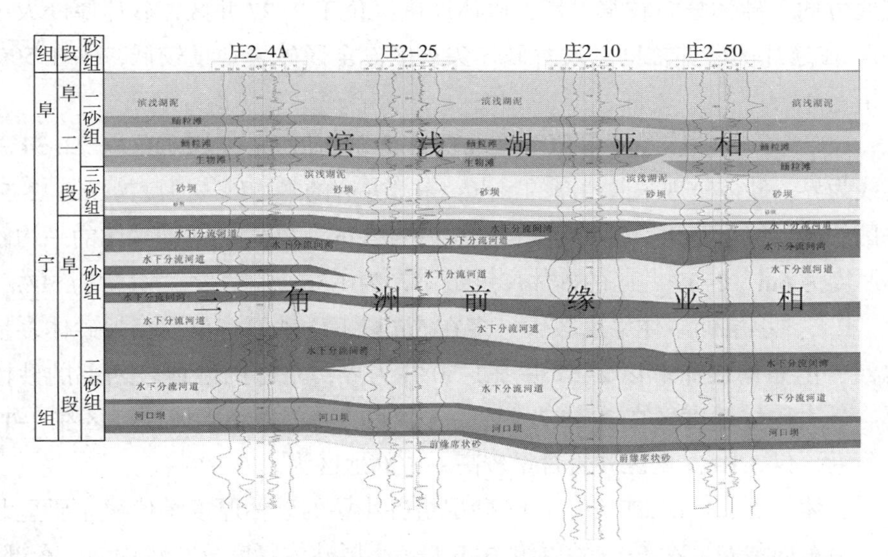

图 4–44　×× 油田 ×× 断块 $E_1f_2^2$—$E_1f_1^2$ 砂层组南北向连井沉积相剖面⑥

$E_1f_1^1$ 砂层组发育水下分流河道和水下分流间湾微相。自下而上，河道砂体明显变薄，呈现正旋回的特征。$E_1f_1^2$ 砂层组发育水下分流河道、水下分流间湾、河口坝、前缘席状砂微相。$E_1f_1^{2-6}$ 小层主要为前缘席状砂沉积，$E_1f_1^{2-5}$ 小层主要为河口坝沉积，$E_1f_1^{2-4}$—$E_1f_1^{2-1}$ 小层主要为水下分流河道沉积，呈现了三角洲进积的特征。自下而上，该砂层组砂体先逐渐变厚、后逐渐变薄，为反旋回—正旋回沉积特征。$E_1f_2^3$ 砂层组发育两期砂坝沉积，总体呈反旋回特征。

4.3.6 砂体分布规律

利用单井各小层砂体累计厚度统计结果，对阜一段的 $E_1f_1^{2-6}$、$E_1f_1^{2-5}$、$E_1f_1^{2-1}$ 3 个小层和阜二段的 $E_1f_2^{3-1}$ 小层等主力小层进行详细描述。

$E_1f_1^{2-6}$ 小层砂体厚度较小，大多在 4m 以下。南西方向砂体较厚，在 3.5m 以上，砂岩含量在 70% 以上；中部砂体厚度稍薄，小于 2.5m。

$E_1f_1^{2-5}$ 小层砂体发育普遍较厚，多数井的砂体厚度在 5m 以上。以 2–44 井—2–11 井为界，西部的砂体厚度较大，多在 5m 以上；东部砂体厚度较小，多在 4.5m 以下。全区砂岩含量均在 50% 以上。

$E_1f_1^{2-1}$ 小层砂体厚度较小，砂体的分布形态反映了水下河道的通道和主流线方向。砂体分布较窄，最大砂体厚度区位于 2–27 井区，砂体厚度大于 3m。在连片的砂体之间，发育砂体尖灭区。全区砂岩含量较低，多在 50% 以下。

$E_1f_1^{1-1}$ 小层砂体厚度等值线呈北西—南东向展布。以 2–40 井—2–34 井连线为界，砂体呈现东薄西厚的特点，东部井区的平均砂体厚度为 3m，2–51 井区的砂体厚度最大，达 10.8m，平均砂岩含量为 70%；西部井区的平均砂体厚度为 6m，2–37 井区的砂体厚度最小，为 1.5m，平均砂岩含量为 50%。

$E_1f_2^{3-1}$ 小层的砂体厚度较大，多在 5m 以下，砂厚等值线反映砂体多呈北西—南东向展布。以 2–57 井—2–30 井为界，东部的砂体较西部的砂体厚。最大砂体厚度区在 2–18 井附近，达到 9.9m；最小砂体厚度区在 2–16 井附近，仅 3.1m。全区砂岩含量较高，中部地区为 60%~70%。

总体来看，$E_1f_1^2$、$E_1f_1^1$、$E_1f_2^3$ 砂层组各小层的砂体厚度等值线主要呈北西—南东向展布。在 $E_1f_1^2$ 砂层组中，$E_1f_1^{2-3}$ 小层砂体厚度分布较均匀，东部、西部的砂体厚度值相近，平均为 3m；$E_1f_1^{2-1}$ 小层砂体呈区带状集中分布；在其他小层中，以 2–23 井—2–2 井连线为界，东部平均砂体厚度为 3m，西部平均砂体厚度为 5m，砂体呈东薄西厚的特点。总体上该砂层组砂体呈东薄西厚的特点。

在 $E_1f_1^1$ 砂层组中，以 2–23 井—2–2 井连线为界，$E_1f_1^{1-3}$ 小层东部平均

砂体厚度为 7m，西部平均砂体厚度为 5m，砂体呈东厚西薄的特点；其他小层东部平均砂体厚度为 5m，西部平均砂体厚度为 8m，砂体呈东薄西厚的特点。总体上该砂层组砂体呈东薄西厚的特点。

在 $E_1f_2^3$ 砂层组中，以 2–23 井—2–2 井连线为界，$E_1f_2^{3-1}$ 小层东部平均砂体厚度为 7m，西部平均砂体厚度为 5m，砂体呈东厚西薄的特点；而 $E_1f_2^{3-2}$ 小层东部平均砂体厚度为 2m，西部平均砂体厚度为 3m，砂体呈东薄西厚的特点。总体上该砂层组砂体呈东厚西薄的特点。

4.3.7 平面相分析

以单井沉积相、连井沉积相分析结果为基础，利用砂体厚度图和砂岩含量图，结合测井相分析结果，划分各小层平面沉积相。

4.3.7.1 阜一段平面沉积相特征

（1）$E_1f_1^2$ 砂层组。

$E_1f_1^2$ 砂层组发育前缘席状砂、河口坝、水下分流河道、水下分流间湾微相，呈现出三角洲进积的特点；平面上前缘席状砂、河口坝、水下分流河道的面积逐渐变小，水下分流间湾的面积逐渐变大。$E_1f_1^{2-6}$ 小层以发育前缘席状砂为特征，是由河口坝经波浪和岸浪的淘洗和簸选，并发生侧向迁移而形成的，砂体在整个区内发育。砂体厚度不大，最厚的在 5m 左右。$E_1f_1^{2-5}$ 小层主要发育河口坝微相，由分选好、质较纯的粉砂岩组成，砂体厚度较大。中部大面积发育河口坝坝核和侧缘微相，其中 2–32、2–25 两井区发育河口坝坝核微相，分别呈近圆状、环带状，其砂体厚度一般大于 6m，河口坝侧缘的砂体厚度小于 6m；东、西部分别发育小面积水下分流河道侧缘微相，其砂体厚度在 5m 左右。在南部出现前缘席状砂微相，它们的平面分布特征反映水下分流河道在工区内由北向南延伸。$E_1f_1^{2-4}$ 小层发育水下分流河道和河口坝微相。2–15 井区—2–46 井区发育水下分流河道主体微相，呈长条状近东西向展布，其砂体厚度大于 4m。在水下分流河道主体微相两侧和西部 2–28 井区发育水下分流河道侧缘微相，其砂体厚度小于 4m。中部发育河口坝坝核微相，呈条带状近南北向展布，砂体厚度在 5m 左右。$E_1f_1^{2-3}$、$E_1f_1^{2-2}$、$E_1f_1^{2-1}$ 小层都发育水下分流河道和水下分流间湾微相，岩石类型多为粉砂岩、泥质粉砂岩和泥岩等。$E_1f_1^{2-3}$ 小层发育的水下分流河道侧缘微相分布面积较大，覆盖全区的多数井区，其砂体厚度小于4m。东部2–37井区、西部2–29井区发育水下分流河道主体微相，呈条带状近北西—南东向展布，其砂体厚度大于4m。在2–42井区发育小面积的水下分流间湾微相。$E_1f_1^{2-2}$小层发育水下分流河道主体、侧缘微相和水下分流间湾微相，水下分流河道侧缘、水下分流间湾微相的分布面积较大。水下分流河道主体微相发育于西部2–25井区，呈条带状近东西向展布，砂体厚度大于3m。水下分流河道侧缘微相分布于水下分流河道主体微相的两侧，其砂体厚度小于3m。水下分流间湾微相发育于2–22、2–19和2–16三个井区。$E_1f_1^{2-3}$小层砂体分布较广，砂体也相对较厚，$E_1f_1^{2-1}$、$E_1f_1^{2-2}$小层发育的水下分流河道变窄，特别是$E_1f_1^{2-1}$小层只在中部发育水下分流河道微相，大部分地区为砂岩尖灭区。

（2）$E_1f_1^1$砂层组。

$E_1f_1^1$砂层组仍发育水下分流河道和水下分流间湾两种微相。各小层砂体较厚，岩性以粉砂岩、泥质粉砂岩为主。$E_1f_1^{1-4}$小层发育水下分流河道主体、侧缘微相。水下分流河道侧缘微相分布于东部2–19井区，面积约占全区总面积的1/4，其砂体厚度小于6m。其他井区发育水下分流河道主体微相，砂体厚度大于6m。$E_1f_1^{1-3}$、$E_1f_1^{1-2}$、$E_1f_1^{1-1}$小层都发育水下分流河道主体、侧缘微相和水下分流间湾微相。$E_1f_1^{1-3}$、$E_1f_1^{1-2}$小层水下分流河道主体和侧缘微相的分界线多在砂体厚度4m等值线附近；$E_1f_1^{1-1}$小层水下分流河道主体和侧缘微相的分界线多在砂体厚度5m等值线附近。$E_1f_1^{1-3}$、$E_1f_1^{1-4}$小层砂体分布较广，$E_1f_1^{1-2}$、$E_1f_1^{1-1}$小层水下分流河道逐渐变窄。平面上水下分流河道的面积逐渐变小，水下分流间湾的面积逐渐变大。

4.3.7.2 阜二段平面沉积相特征

（1）$E_1f_2^3$砂层组。

$E_1f_2^3$砂层组有两个小层，岩性以粉砂岩、泥质粉砂岩、泥岩为主。$E_1f_2^{3-2}$、$E_1f_2^{3-1}$小层发育砂坝微相，砂坝体覆盖整个区域。$E_1f_2^{3-2}$小层砂体相对较薄，而$E_1f_2^{3-1}$小层发育的砂体较厚。$E_1f_2^{3-2}$小层主要发育砂坝侧缘微相，其砂体厚度小于4m。只在2–60井区—2–51井区发育小面积的砂坝主体微相，呈条带状分布，其砂体厚度大于4m。$E_1f_2^{3-1}$小层主要发育砂坝主体微相，其砂体厚度大于5m。西部2–8井区—2–16井区发育砂坝侧缘微相，其砂体厚度小于5m。

（2）$E_1f_2^2$ 砂层组。

$E_1f_2^2$ 砂层组沉积物主要由泥岩、泥页岩、生物灰岩、鲕粒灰岩和碎屑灰岩组成，无砂质沉积。沉积微相有滨浅湖泥、鲕粒滩、生物滩和灰质滩，其中，$E_1f_2^{2-2}$ 小层为滨浅湖泥沉积。自下而上，生物滩的面积逐渐变小，滨浅湖泥的面积逐渐变大。灰质滩只在 $E_1f_2^{2-3}$、$E_1f_2^{2-4}$ 小层发育于 2–19 井区。自下而上，鲕粒滩的面积逐渐变大，但到 $E_1f_2^{2-2}$ 小层完全不发育。

4.3.8 沉积模式与演化特征

在深入研究阜一段、阜二段的沉积背景、发育过程、沉积微相类型和沉积特征的基础上，概括总结了研究区三角洲前缘亚相、砂质坝和碳酸盐岩滩相的沉积模式。

4.3.8.1 三角洲前缘亚相沉积模式

$E_1f_1^1$、$E_1f_1^2$ 砂层组发育三角洲前缘亚相沉积，自下而上发育前缘席状砂—河口坝—水下分流间湾—水下分流河道—水下分流间湾微相，呈现出三角洲进积的特点［图 4–45（a）］。三角洲前缘亚相的发育情况受湖泊的影响，水下分流河道在湖泊的影响下能量逐渐减弱，最终尖灭消失。

4.3.8.2 开阔滨浅湖砂坝沉积模式

当波浪由湖盆中央垂直或斜交于岸线流向湖岸时，波浪触及湖底，形成升浪，并继续向岸的方向运动形成碎浪，波浪能量消耗较大，使得较粗粒碎屑沉积下来，形成开阔滨浅湖砂坝，其砂质物质主要源于附近的三角洲和扇三角洲等较大的砂体。开阔滨浅湖砂坝沉积由灰色和深灰色泥质粉砂岩、泥岩、粉砂质泥岩夹薄层泥灰岩组成，具水平层理，可见生物潜穴。在物源充足的情况下，形成砂质坝，砂粒分选和磨圆均较好［图 4–45（b）］。当陆源碎屑较少时，可形成鲕粒灰岩、生物灰岩、钙质泥岩和泥灰岩等，生物碎片是由靠湖心一侧的生物体腔经过波浪、湖流的搬运、冲洗，并在向岸的高能带沉积下来的产物。生物体腔遭受磨蚀、破碎严重，其含量占生物体腔总数的 50% 以上，分选较好。

4.3.8.3 水下隆起区碳酸盐岩滩沉积模式

断陷湖盆水下隆起主要包括以下几种类型：构造挤压造成的隆起、基底升降造成的隆起、火山喷发形成的隆起和持续性的古地形而造成的隆起。××断块位于苏北盆地的北斜坡，主要是由持续性的古地形造成的隆起，包括码头庄在内的广大地区都发育在该隆起区上。当陆源碎屑供给区远离隆起区时，受湖浪和沿岸流的共同作用，在陆源碎屑供给相对较少的地区，发育鲕粒灰岩、生物灰岩和泥灰岩等，形成鲕粒滩、生物滩和灰质滩［图4–45（c）］。

4.3.8.4 湖泊—三角洲沉积体系的演化特征

阜一段沉积晚期，湖盆面积继续扩大，码头庄地区开始发育三角洲沉积。这一时期，研究区发生了构造抬升，早期主要沉积了前缘席状砂、河口坝，晚期沉积了水下分流河道等沉积体，三角洲表现为进积的特征。水下分流河道十分发育，构成了××断块阜一段的主要储集体。阜二段沉积期为湖平面快速上升时期，受湖侵作用的影响，三角洲前缘沉积在阜一段沉积末期消失，快速进入滨浅湖沉积区。阜二段沉积早期，水体变深，陆源碎屑供给充足，研究区广泛发育滨浅湖砂坝沉积，相带展布宽广，沉积粒度细。之后，研究区气候温暖湿润，水体清洁透光，氧气充足，生物大量繁殖；由于陆源碎屑物质供给相对较少，此时××断块受古地形影响表现为古隆起地貌，发育多期碳酸盐岩滩沉积（图4–45）。

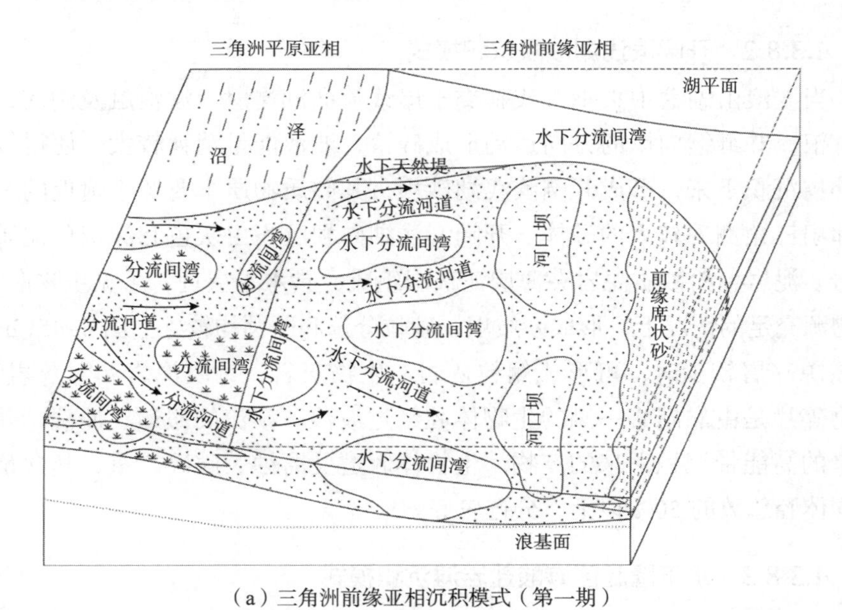

（a）三角洲前缘亚相沉积模式（第一期）

图4–45　××油田××断块阜一段、阜二段沉积与沉积体系演化模式

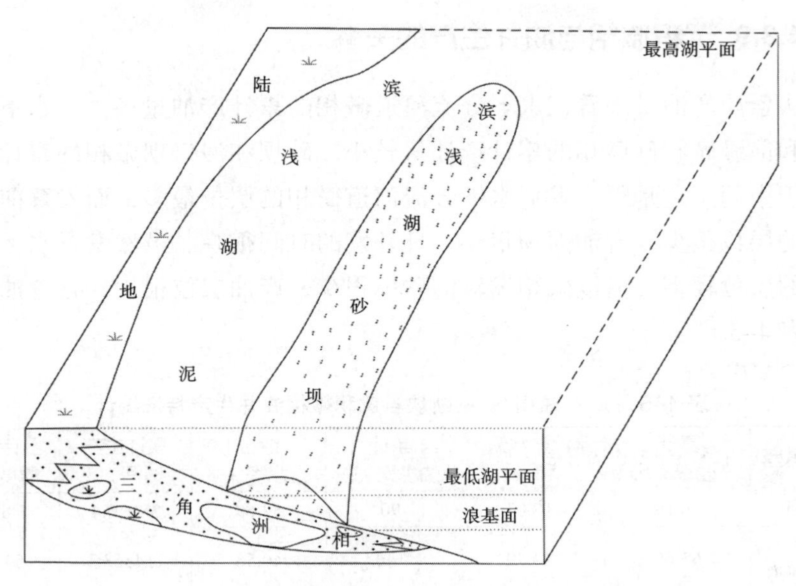

（b）开阔滨浅湖砂坝沉积模式（第二期）

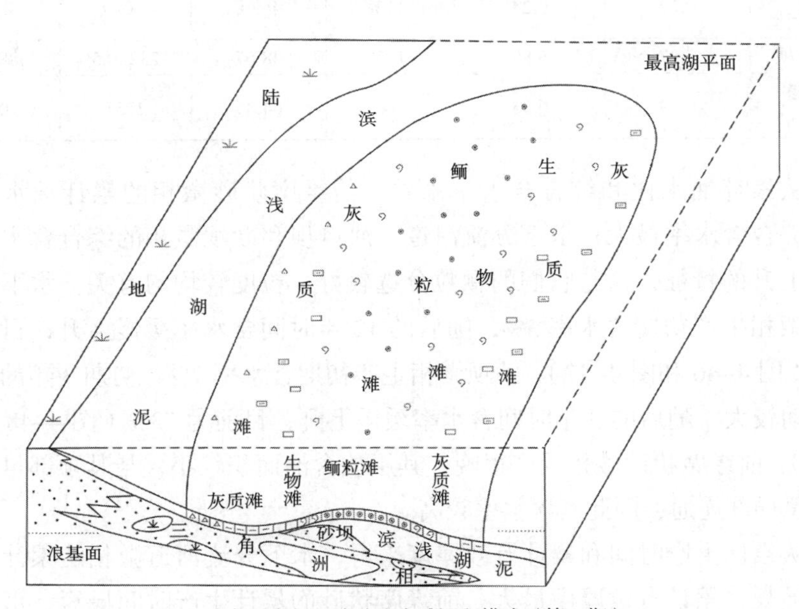

（c）水下隆起区碳酸盐岩滩沉积模式（第三期）

图 4–45　× × 油田 × × 断块阜一段、阜二段沉积与沉积体系演化模式（续）

4.3.9 沉积微相与油井生产的关系

从累计产油量来看，水下分流河道微相的累计产油量最大，水下分流间湾和前缘席状砂微相的累计产油量较小，砂坝和河口坝微相的累计产油量处于中间。这是因为发育水下分流河道微相的层位最多，而发育前缘席状砂的层位很少，含油面积很小，且开发的时间很晚。虽然发育水下分流间湾的层位较多，但该微相发育的砂体很少，产油层位很少，且含油量很少（表 4–5）。

表 4–5 ×× 油田 ×× 断块各沉积微相油井生产特征统计

微相类型	累计产油量／10^4t	累计产水量／10^4m^3	累计油水比／%	综合含水率／%	累计生产时间／d	累计有效厚度／m
砂坝	16.19	18.03	90	52.69	38020.4	81
水下分流河道	65.60	44.79	146	40.58	114553.1	545.1
水下分流间湾	0.27	0.24	113	46.98	6604.6	2.8
河口坝	7.27	6.89	105	48.67	23220.5	88.4
前缘席状砂	0.19	0.35	54	64.85	2751	10.2

从累计油水比和综合含水率来看，前缘席状砂微相的累计油水比最小，综合含水率最大；水下分流河道、河口坝和砂坝微相的综合含水率呈缓慢上升的特征，这与它们的颗粒分选较好、粒度较均匀有关。水下分流河道微相生产初期含水率 3%，随后的 12 年时间含水率缓慢上升，目前为 65%（图 4–46 和图 4–47）。砂坝微相生产初期含水率 7%，初期 3 年的含水率波动较大，随后的 9 年时间含水率缓慢上升，目前为 73%（图 4–48 和图 4–49）。前缘席状砂微相投产很晚，其层位含油面积较小，与其顶部早期开发层位局部连通，因此其含水率较高。

从累计生产时间和累计有效厚度来看，水下分流河道微相的累计生产时间最长，累计有效厚度最大；前缘席状砂的累计生产时间最短，水下分流间湾的累计有效厚度最小。这说明水下分流河道微相可开采的储层厚度最大，时间最长，这是因为发育水下分流河道的层位较多，且储层的物性较好。发育前缘席状砂微相的层位开发很晚，因此其生产时间较短。水下分流间湾发育的砂体较少，含油砂体更少，累计有效厚度最小。

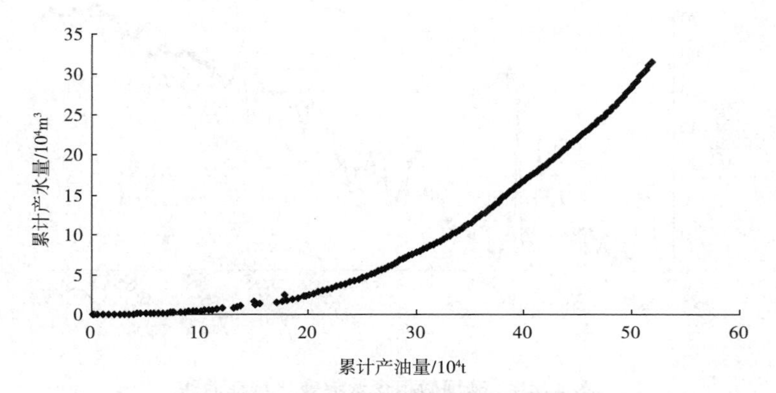

图 4-46　水下分流河道微相生产特征曲线

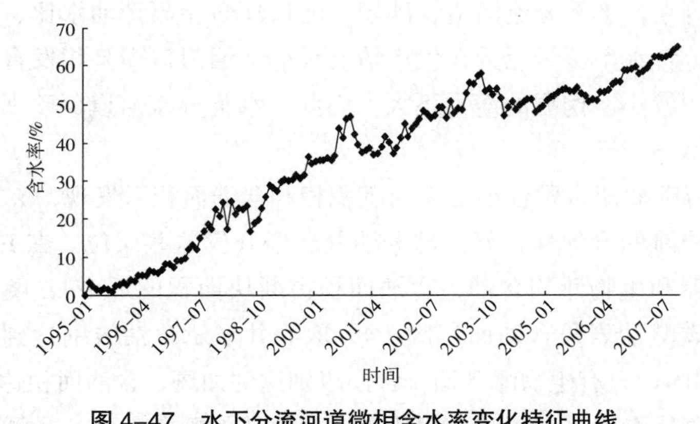

图 4-47　水下分流河道微相含水率变化特征曲线

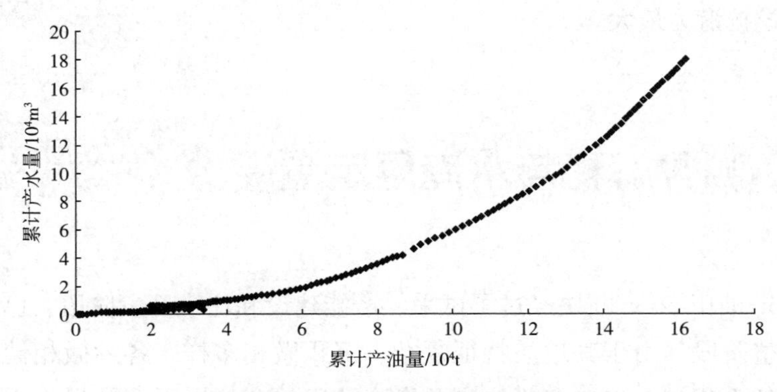

图 4-48　砂坝微相生产特征曲线

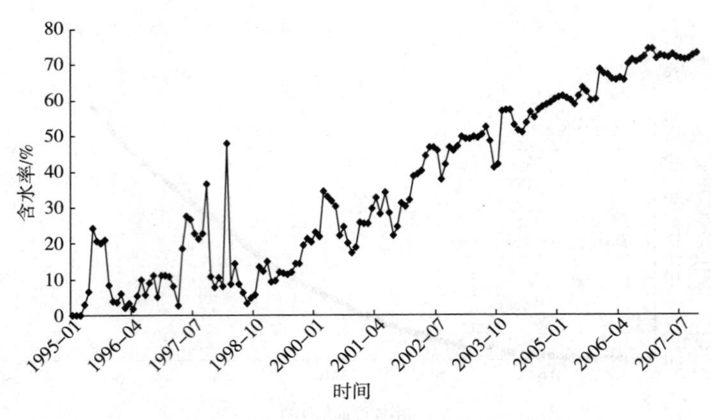

图 4–49　砂坝微相含水率变化特征曲线

总体看来，水下分流河道、砂坝、河口坝微相累计油水比、累计有效厚度较大，含水率缓慢上升，生产情况最好。但河口坝微相发育的总面积和含油面积较小，挖掘的潜力不大。因此，水下分流河道、砂坝微相的挖掘潜力最大。

在分析碳酸盐岩段各小层平面沉积相和含油面积后发现，× × 断块鲕粒滩和生物滩的含油性较好，部分油井已经开发这些层位。在 $E_1f_2^{2-2}$ 小层内，鲕粒滩和生物滩均含油，含油面积占断块面积的近 1/4，鲕粒滩的含油面积占碳酸盐岩段含油面积的 3/4，取心井显示含油级别达到油斑。在 $E_1f_2^{2-4}$ 小层内，只有生物滩含油，含油级别达到油斑，含油面积达断块面积的一半。总体看来，在碳酸盐岩段中，生物滩的面积最大，含油级别达到油斑，挖掘潜力最大。

4.4 测井解释与水淹层定量评价

× × 油田 × × 断块经过了试采、产能建设和注水开发阶段，已经进入开发调整阶段，由于其地质特征复杂、沉积微相多样，各种微相储层参数特征也各不相同，加之多年注水开发，油田的含油层系多数发生水淹，注水井对储层的不断冲洗，使储层的岩性、物性、电性和含油性均发生了很大的变化，因此采用按照沉积相带建模，分碳酸盐岩滩、砂坝、水下分流河道、河口坝和前缘席状砂 5 种微相进行测井资料的二次解释以及开展水淹层的定量评价，以准确求取各种储层参数，为下一步油藏数值模拟和剩余油分布预测提供精确的数据依据。

4.4.1 测井数据标准化

原始测井数据的误差主要原因就是仪器刻度的不精确性。这是因为对于任何一个油田，在长期的勘探与开发过程中，所有的测井曲线很难保证是同一类型的仪器、相同的标准刻度器以及相同的操作方式进行仪器刻度和测量的，各井测井数据间必然存在仪器性能和刻度不一致引起的误差。因此，为消除以上误差，必须对测井曲线进行标准化处理，以使测井资料在全油田范围内具有统一的刻度，增强其可比性，以提高解释精度。

目前，测井资料的数据标准化方法很多，归纳起来大致可以分为定性和定量两大类。前者主要包括直方图法、重叠图法和均值校正法，后者主要是趋势面分析法。本书主要采用趋势面分析法。

4.4.1.1 标准层的选择

标准层是指在全区广泛分布，厚度稳定，岩性单一，电性特征明显的非渗透层。一般地，标准层应符合下列条件：

（1）分布在目的层系的中间、顶部或底部；

（2）不受油气和物性影响的非渗透层，如致密的石灰岩、硬石膏或较纯的泥岩；

（3）在平面上电性稳定或有规律变化，在纵向上分布稳定，其厚度一般不小于 2.0m；

（4）岩性稳定，隔夹层少；

（5）深度变化小，如埋深差别太大，必须分段进行标准化。

根据阜一段、阜二段的地层对比情况，结合标准层的选取原则，选取 $E_1f_2^1$ 砂层组顶部电阻率“四尖峰段”为标准层进行测井数据标准化。此标准层在各井厚度均在 20m 以上，厚度相对稳定，在区内广泛分布，岩性单一，深度差异小，电性特征明显（图 4–50）。

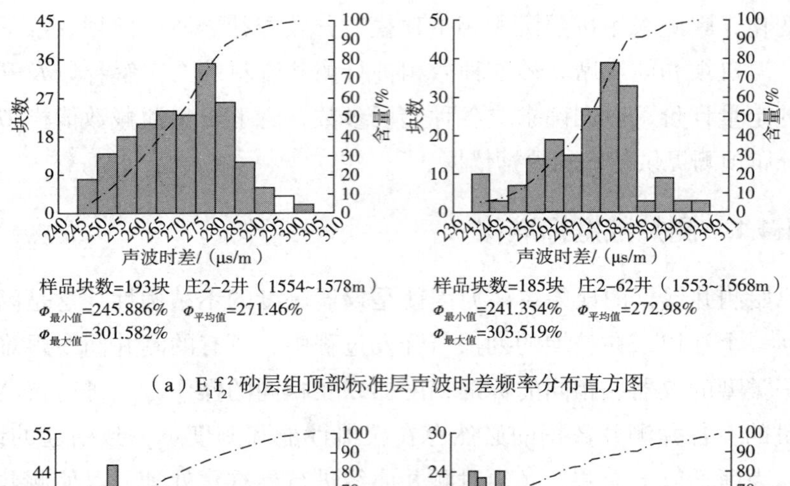

（a）$E_1f_2^2$ 砂层组顶部标准层声波时差频率分布直方图

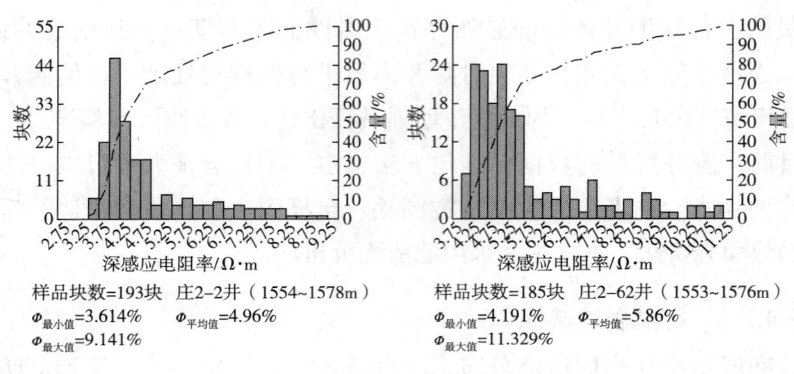

（b）$E_1f_2^2$ 砂层组顶部标准层深感应电阻率频率分布直方图

图 4–50 标准层测井数据频率分布直方图

4.4.1.2 标准化方法

根据 ×× 断块内断层少、井数较多、标准层稳定的地质特点，选用趋势面分析标准化方法，即以一种数学函数代表的曲面拟合或逼近地质体的某一特征在空间上的分布，即对多井标准层的测井响应特征值与其大地坐标进行多项式趋势面分析，并认为其拟合面与地层原始趋势面有一致性。其表达式如下：

$$\hat{Z} = a_0 + a_1x + a_2y + a_3xy + a_4x^2 + a_5y^2 + K \quad （4–11）$$

$$\Delta Z_i = Z_i - \hat{Z} \quad （4–12）$$

式中，a_0、a_1、a_2、a_3、a_4、a_5 分别为回归常系数；Z_i、$\hat{Z}$ 分别为各井实测曲线特征峰值和趋势面拟合值；ΔZ_i 为 i 井标准层的曲线拟合残差值；x、

y分别为各井标准层的大地坐标。

4.4.1.3 标准化结果

根据选取的标准层，绘制各井标准层的频率分布直方图，确定相应的特征峰值，各标准层声波时差均呈正态分布特征。利用趋势面分析软件，对声波时差曲线进行标准化处理。应用效果表明，声波三次趋势分析效果较好，拟合度高，残差频率图满足众数为零的正态分布，平均校正量为5.14μs/m（表4–6），拟合度达到41.06%。深感应电阻率二次趋势分析效果较好，平均校正量很小。

表4–6 ××油田××断块声波时差标准化校正量

井名	校正量/（μs/m）	井名	校正量/（μs/m）	井名	校正量/（μs/m）
2	1.14	2–28	1.14	2–48	–8.60
2–1	9.13	2–29	4.82	2–49	–3.00
2–10	–5.15	2–30	–6.64	2–4A	6.64
2–11	–7.10	2–31	0.26	2–5	–18.10
2–12	–2.65	2–32	2.84	2–50	–5.83
2–13	–4.15	2–33	–14.17	2–51	0.35
2–15	0.12	2–34	2.17	2–53（X）	–10.84
2–16	1.18	2–35	5.65	2–55	–0.15
2–17	–8.16	2–36	–4.90	2–56	0.15
2–18	4.25	2–37	0.50	2–57	0.13
2–19	–8.10	2–38	0.35	2–58	4.15
2–2	–4.12	2–39	–9.12	2–6	–8.51
2–20	0.12	2–40	0.21	2–60	0.16
2–23	–10.66	2–42	–4.83	2–62	4.16
2–24	–1.51	2–44	–10.20	2–63	–4.14
2–25	0.35	2–45	–8.66	2–7	013
2–26	–10.12	2–46	–8.12	2–8	1.12
2–27	27	2–47	–8.19	2–9	4.14

4.4.2 关键井研究

关键井研究的主要目的是进行“四性”关系研究和建立测井解释模型，以 ×× 断块为整体进行多井测井处理、解释及评价，并在地质学知识的基础上，描述具有概率特性的地质参数在平面和空间的分布特征。

4.4.2.1 关键井选择

××断块关键井具备的条件：

（1）位于构造的主要部位，近于垂直的井；

（2）取心井有系统的岩心分析和录井资料，地质情况比较清楚；

（3）井眼好，钻井液性能好，具有最有利的测井条件和测井深度；

（4）有项目齐全的裸眼井测井资料，包括最新测井方法的资料；

（5）有生产测试、生产测井和重复式地层测试的资料，有齐全准确的油产量、气产量、水产量、压力和渗透率资料。

××断块共有取心井 8 口，这些取心井井段较长、收获率较高，既有连续完整的岩心及相应的分析化验数据，又有完整配套的高质量测井曲线，井位处于构造重要部位，能控制全区储层岩性和岩相变化。根据分沉积相带建模的需要，充分利用 8 口取心井资料，建立碳酸盐岩滩、砂坝、水下分流河道、河口坝和前缘席状砂的测井解释模型。另外，在储层特征分析和模型建立的过程中，为增加资料的丰富度，又对阜二段灰岩段岩心进行了二次取样，并对其进行了常规物性分析。

4.4.2.2 岩心归位

根据阜一段、阜二段的实际资料情况，采用岩心旋回柱状剖面或分析化验数据的杆状图与自然电位及电阻率测井曲线对比的方法对关键井进行岩心归位，将岩心深度归位到测井深度上，使岩心数据与测井数据相匹配。

4.4.3 储层“四性”关系研究

储层“四性”关系研究的基础是对储层岩性特征的综合研究，岩石类型、颗粒粗细、分选的好坏、泥质含量的多少、胶结物的类型和多少、成岩作用强度等直接控制着油层物性的变化，物性则对含油性影响较大。“四性”关系研究的目的是揭示储层参数与测井响应的关系，为解释模型的建立提供地质依据。目前，针对储层“四性”特征及“四性”关系的研究，主要采用绘制取心井段“四性”关系图、求取各参数的相关矩阵、交会图及各种资料的统计、分析（岩心观察、实验分析、生产测试等）等方法进行。

由于 ×× 断块沉积微相类型多样，各种微相储层参数分布特征不尽相同。根据单井相和连井相划分结果，区内共发育灰质滩、生物滩、鲕粒滩（以下统称碳酸盐岩滩），砂坝，水下分流河道，河口坝，前缘席状砂五种微相，对不同微相的“四性”特征及“四性”关系进行分析和研究，有助于建立不同沉积微相的测井解释模型。

4.4.3.1 岩性与岩性的关系

×× 断块关键井储层泥质含量随着粒度中值的增加而减少。各种沉积微相的泥质含量与粒度中值的相关性较好，其相关系数分别为：砂坝微相 0.8936、水下分流河道 0.8008、河口坝 0.8215、前缘席状砂 0.7786(图 4-51)。

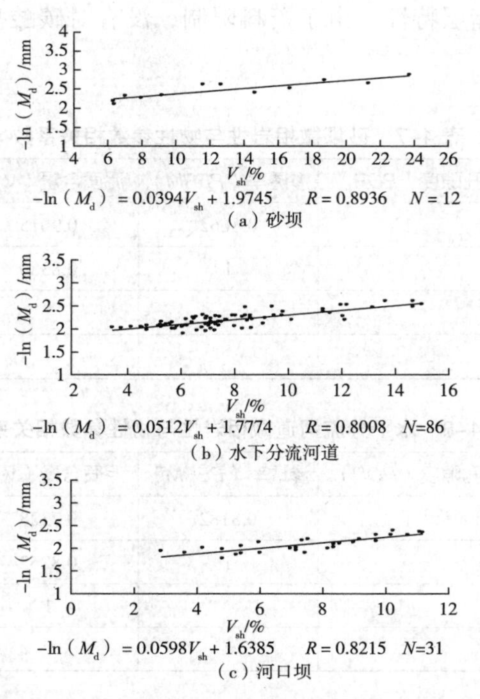

图 4-51　泥质含量（V_{sh}）与粒度中值（M_d）关系图

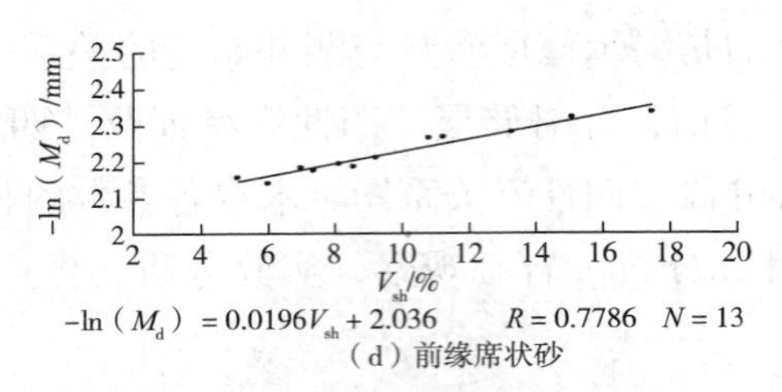

（d）前缘席状砂

图 4–51 泥质含量（V_{sh}）与粒度中值（M_d）关系图（续）

4.4.3.2 岩性与物性关系

在“四性”关系之中，以岩性与物性的关系最为重要，岩性、物性的好坏直接决定了储层储集性能的优劣。从表 4–7 至表 4–11 可以看出，泥质含量与孔隙度、渗透率的关系呈较好的趋势。其中砂坝微相的相关性最好，泥质含量与孔隙度、渗透率相关系数分别达到 0.9015 和 0.8380，河口坝微相相关性稍差，但相关系数也都在 0.7 以上，总体也较好，泥质含量与孔隙度、渗透率相关系数分别为 0.7002 和 0.7918。造成这种差异的原因可能与成岩作用有关，因为成岩作用常使同一相带砂体及不同相带砂岩储层非均质化，从而改变储层特性，由于资料限制，没有对碳酸盐岩滩岩性与物性关系作分析。

表 4–7 砂坝微相岩性与物性参数相关系数

参数	孔隙度（*POR*）	渗透率（*PERM*）	泥质含量（V_{sh}）	粒度中值（M_d）
孔隙度（*POR*）	1	0.8662	0.9015	0.8047
渗透率（*PERM*）		1	0.8380	0.7852
泥质含量（V_{sh}）			1	0.8936
粒度中值（M_d）				1

表 4–8 水下分流河道微相岩性与物性参数相关系数

参数	孔隙度（*POR*）	渗透率（*PERM*）	泥质含量（V_{sh}）	粒度中值（M_d）
孔隙度（*POR*）	1	0.8182	0.7328	0.8184
渗透率（*PERM*）		1	0.8252	0.8288
泥质含量（V_{sh}）			1	0.8008
粒度中值（M_d）				1

表 4-9　河口坝微相岩性与物性参数相关系数

参数	孔隙度（*POR*）	渗透率（*PERM*）	泥质含量（V_{sh}）	粒度中值（M_d）
孔隙度（*POR*）	1	0.8559	0.7002	0.8112
渗透率（*PERM*）		1	0.7918	0.7614
泥质含量（V_{sh}）			1	0.8215
粒度中值（M_d）				1

表 4-10　前缘席状砂微相岩性与物性参数相关系数

参数	孔隙度（*POR*）	渗透率（*PERM*）	泥质含量（V_{sh}）	粒度中值（M_d）
孔隙度（*POR*）	1	0.7194	0.7102	0.8100
渗透率（*PERM*）		1	0.8272	0.7992
泥质含量（V_{sh}）			1	0.7786
粒度中值（M_d）				1

表 4-11　碳酸盐岩滩微相岩性与物性参数相关系数

参数	孔隙度（*POR*）	渗透率（*PERM*）	泥质含量（V_{sh}）	粒度中值（M_d）
孔隙度（*POR*）	1	0.8002	—	—
渗透率（*PERM*）		1	—	—
泥质含量（V_{sh}）			1	—
粒度中值（M_d）				1

4.4.3.3　物性与物性关系

根据 8 口取心井的筛析分析及物性分析报告，储层岩性以粉砂岩、泥质粉砂岩、粉砂质泥岩为主。储层的孔隙度绝大多数在 20% 以下，渗透率变化很大；阜一段、阜二段孔隙度与渗透率呈较好的正相关性（表 4-7 至表 4-11）。从各个微相来看，除席状砂外，其他微相相关系数均在 0.80 以上，说明孔渗之间存在密切的关系。

4.4.3.4　岩性、电性与物性关系

储层的电性主要指各种测井方法所获得的反映地下地质情况的信息。三者关系的建立是确定岩性、物性解释模型的关键。从一定程度上讲，储层的岩性与物性之间的关系所反映的是纯地质方面的相关性，是从地质理论的角度评价储层品质的方法。分析岩性、物性与电性关系则是为了建立

测井响应值与储层各参数之间的相互关系，只有当它们之间存在良好的对应关系时，才能根据非取心井的测井信息求取储层参数。

（1）岩性与电性关系。

××断块岩性测井主要有自然电位、自然伽马等，它们均可作为划分砂岩、泥岩的测井响应曲线。因而在测井资料处理与解释过程中，利用自然电位和自然伽马曲线，同时综合感应电导率及电阻率等测井等曲线进行研究。

（2）孔隙度与声波时差关系。

各关键井阜一段、阜二段的孔隙度与声波时差值之间相关系数较高（图4-52），除席状砂，其他微相孔隙度与声波时差相关系数都在 0.80 以上。

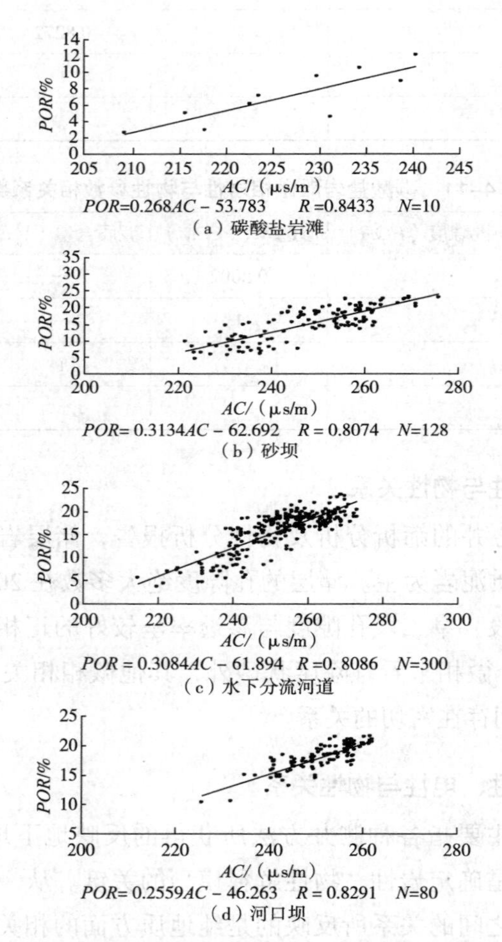

图 4-52　物性（孔隙度）与电性（声波时差）关系图

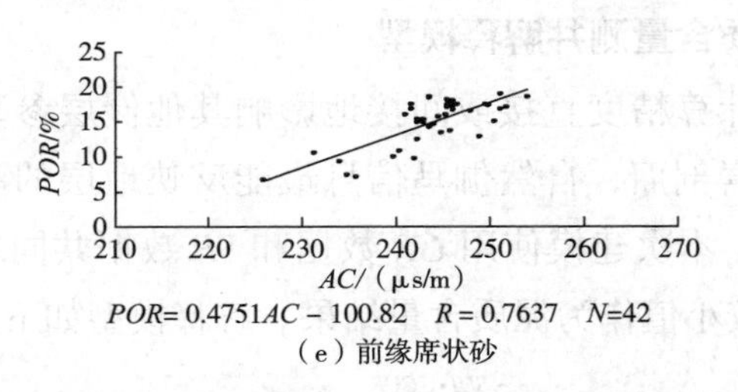

（e）前缘席状砂

图 4–52 物性（孔隙度）与电性（声波时差）关系图（续）

4.4.3.5 含油性与电性关系

含油性与电性的关系主要分析含油饱和度与电阻率或感应电导率、各种饱和度与相对渗透率的关系。笔者利用试油、试采资料，统计分析出油层、油水同层、含油水层及水层的电性特征（表 4–12）。含油性从饱含油到荧光，感应电阻率曲线由明显高阻向明显低阻变化。

表 4–12 储层含油性与电测曲线响应特征统计

层位	自然电位曲线	自然伽马曲线	声波时差曲线	深感应电阻率曲线
油层	负异常	负异常	近于基线值	明显高电阻
油水同层	负异常	负异常	近于基线值	顶高电阻、底低电阻
含油水层	负异常	负异常	近于基线值	局部高电阻
水层	高负异常	高负异常	近于基线值	明显低电阻

综上所述，本区岩性、物性、电性、含油性之间关系较好，测井信息能够反映储层特征。

4.4.4 沉积相带约束的测井解释模型建立

本次研究以沉积相带约束的测井解释模型建立为理论指导，采用“岩心刻度测井法”，分别建立碳酸盐岩滩（F_1 相）、砂坝（F_2 相）、水下分流河道（F_3 相）、河口坝（F_4 相）和前缘席状砂（F_5 相）5 种微相的测井解释模型，主要包括泥质含量（V_{sh}）、粒度中值（M_d）、孔隙度（Φ）、渗透率（K）、束缚水饱和度（S_{wi}）、残余油饱和度（S_{or}）以及油水相对渗透率（K_{ro}、K_{rw}）等储层参数的测井解释模型。

4.4.4.1　泥质含量测井解释模型

泥质含量的计算精度直接或间接地影响其他储层参数的精度。从理论上说，对于砂泥岩剖面，自然伽马信息最能反映地层的泥质含量情况，根据实际处理需要，本次建模使用 *GR* 数据和 *SP* 数据共同求取泥质含量，然后取二者计算的较小值作为泥质含量结果。解释模型如下：

$$V_{sh}=\frac{2^{SHI\cdot GCUR}-1}{2^{GCUR}-1} \tag{4–13}$$

$$SHI=\frac{SP-SP_{min}}{SP_{max}-SP_{min}} \tag{4–14}$$

$$SHI=\frac{GR-GR_{min}}{GR_{max}-GR_{min}} \tag{4–15}$$

式中，*GCUR* 为经验系数，本区取 3.7；V_{sh} 为泥质含量，%；SP_{min}、SP_{max} 分别为解释层段纯砂岩和纯泥岩的自然电位测井响应值；GR_{min}、GR_{max} 分别为解释层段纯砂岩和纯泥岩的自然伽马测井响应值。

4.4.4.2　粒度中值测井解释模型

按沉积微相划分，×× 断块阜一段、阜二段共发育 5 种沉积微相，其中灰岩段的碳酸盐岩滩没有相关分析资料。在“四性”关系研究的基础上，建立了 4 种微相粒度中值的测井解释模型，分别为：

F_2 相：$M_d=0.1388\times e^{-0.0394\times V_{sh}}$　（R=0.89）

F_3 相：$M_d=0.1691\times e^{-0.0512\times V_{sh}}$　（R=0.80）

F_4 相：$M_d=0.1943\times e^{-0.0598\times V_{sh}}$　（R=0.82）

F_5 相：$M_d=0.1305\times e^{-0.0196\times V_{sh}}$　（R=0.78）

4.4.4.3　孔隙度测井解释模型

利用孔隙度与声波时差之间的函数关系，建立孔隙度测井解释模型。

F_1 相：$\Phi=0.268\times AC-53.78$　（R=0.84）

F_2 相：$\Phi=0.3134\times AC-62.69$　（R=0.81）

F_3 相：$\Phi=0.3084\times AC-61.894$　（R=0.81）

F_4 相：$\Phi=0.2559\times AC-46.263$　（R=0.83）

F_5 相：$\Phi=0.4751\times AC-100.82$　（R=0.76）

4.4.4.4 渗透率测井解释模型

×× 断块不同沉积微相渗透率与孔隙度、粒度中值有较好的相关性，因此，将粒度中值（M_d）与孔隙度（Φ）结合起来，求取渗透率（K）；对于 F_1 相，由于没有粒度中值相关资料，根据“四性”关系研究，利用孔隙度来建立 F_1 相渗透率解释模型：

F_1 相：$K = 1.025 \times e^{0.1135 \times \Phi}$ （$R = 0.80$）

F_2 相：$\lg K = 5.6405974 \times \lg(\Phi) + 3.067623\lg(M_d) - 2.43821$ （$R = 0.87$）

F_3 相：$\lg K = 4.881604 \times \lg(\Phi) + 2.750014\lg(M_d) - 1.90769$ （$R = 0.89$）

F_4 相：$\lg K = 5.5362 \times \lg(\Phi) + 3.950062\lg(M_d) - 2.2969$ （$R = 0.84$）

F_5 相：$\lg K = 6.4084753 \times \lg(\Phi) + 3.982942\lg(M_d) - 2.44837$ （$R= 0.95$）

4.4.4.5 地层水电阻率解释模型

获取地层水电阻率最直接、最准确的方法就是利用大量水分析化验资料来求取。在大量水分析化验资料研究的基础上，得到开发初期地层水电阻率为 0.075Ω·m，2001 年后地层水电阻率为 0.09Ω·m。

4.4.4.6 含油饱和度测井解释模型

开发后期含水饱和度 S_w 是评价水淹层的基本参数，1–S_w 则为相应的剩余油饱和度。水淹层岩石物理实验表明，水淹层岩石地电阻率增大指数（I）与含水饱和度（S_w）在双对数坐标中为一直线，仍然符合阿尔奇公式 $I = b/S_w^n$ 这一模型。×× 断块阜一段、阜二段砂岩储层岩性多为较纯的粉砂岩，可利用阿尔奇公式来计算水淹层的含水饱和度。其计算模型为：

$$S_w = [a \cdot b \cdot R_w / (\Phi^m \cdot R_t)]^{1/n} \quad \text{（初期）} \tag{4–16}$$

$$S_w = [a \cdot b \cdot R_z / (\Phi^m \cdot R_t)]^{1/n} \quad \text{（调整期）} \tag{4–17}$$

$$S_o = 1 - S_w \tag{4–18}$$

本次研究依托胜利测井公司，对灰岩和砂岩的岩电参数进行实验分析，得到灰岩和砂岩的 F–Φ、I–S_w 图。计算得到岩电参数：

灰岩：a=1；b=1.0253；m=1.7815；n=1.6219。

砂岩：a=1；b=1.0292；m=1.7935；n=1.4007。

4.4.4.7 束缚水饱和度、残余油饱和度解释模型

束缚水饱和度对于确定储层的流体性质，揭示储层的原始含油饱和度，分析水淹状况以及估算储层的相对渗透率、含水率都有着十分重要的意义。根据相对渗透率分析资料进行回归分析，得到利用孔隙度（Φ）求解束缚水饱和度的解释模型：

F_1 相：$S_{wi}=0.4856\times e^{-0.669\times\Phi}$ （$R=0.91$）

F_2 相：$S_{wi}=0.5144\times e^{-0.0289\times\Phi}$ （$R=0.80$）

F_3 相：$S_{wi}=0.4982\times e^{-0.0324\times\Phi}$ （$R=0.84$）

F_4 相：$S_{wi}=0.4645\times e^{-0.0308\times\Phi}$ （$R=0.81$）

残余油饱和度计算模型：

F_1 相：$S_{or}=-0.5132\times S_{wi}+0.378$ （$R=0.91$）

F_2 相：$S_{or}=-0.8833\times S_{wi}+0.6142$ （$R=0.80$）

F_3 相：$S_{or}=-0.5609\times S_{wi}+0.4871$ （$R=0.81$）

F_4 相：$S_{or}=-0.688\times S_{wi}+0.5144$ （$R=0.86$）

前缘席状砂没有相关分析资料，所以在测井处理过程中采用水下分流河道测井解释模型。

4.4.4.8 油水相对渗透率解释模型

实验室测定结果表明，相对渗透率是储层含水饱和度（S_w）、束缚水饱和度（S_{wi}）和残余油饱和度（S_{or}）的函数。根据这一实验结果及本区相渗分析资料，通过拟合得到适合本区且计算精度较高的相对渗透率计算模型：

F_1 相：

$$K_{ro}=9.194614\times(1-S_w-S_{or})^2-1.897441\times(1-S_w-S_{or})+0.0733596 \quad (R=0.96)$$

$$K_{rw}=0.3404\times\left(\frac{S_w-S_{wi}}{1-S_{wi}-S_{or}}\right)^{1.1587} \quad (R=0.88)$$

F_2 相：

$$K_{ro}=4.561259\times(1-S_w-S_{or})^2-0.9925299\times(1-S_w-S_{or})+0.052258 \quad (R=0.86)$$

$$K_{rw}=0.0719\times\left(\frac{S_w-S_{wi}}{1-S_{wi}-S_{or}}\right)^{1.6804} \quad (R=0.88)$$

F_3 相：

$$K_{ro}=9.314203\times(1-S_w-S_{or})^2-1.47610779\times(1-S_w-S_{or})+0.05849 \quad (R=0.91)$$

$$K_{rw}=0.2663\times\left(\frac{S_w-S_{wi}}{1-S_{wi}-S_{or}}\right)^{1.6305} \quad (R=0.87)$$

F_4 相：

$$K_{ro}=4.2158074\times(1-S_w-S_{or})^2-0.4783385\times(1-S_w-S_{or})+0.03312 \quad (R=0.85)$$

$$K_{rw}=0.1416\times\left(\frac{S_w-S_{wi}}{1-S_{wi}-S_{or}}\right)^{1.7726} \quad (R=0.81)$$

前缘席状砂没有相关分析资料，在测井处理过程中采用水下分流河道解释模型。

4.4.4.9 含水率解释模型

$$F_w=1/\left[1+(K_{ro}\cdot U_w)/(K_{rw}\cdot U_o)\right] \quad (4\text{–}19)$$

4.4.4.10 有效渗透率解释模型

油的有效渗透率解释模型：

$$K_o=K\cdot K_{ro} \quad (4\text{–}20)$$

水的有效渗透率解释模型：

$$K_w=K\cdot K_{rw} \quad (4\text{–}21)$$

沉积微相约束的解释模型建立的最大特点：不同微相，用不同的方程和处理参数，是测井处理与解释的新领域，也是准确评价水淹层，提高解释符合率的有效途径。

4.4.5 沉积相带约束的测井资料处理

根据已建立的储层参数测井解释模型，分不同相带进行测井资料多井处理与解释。主要有以下研究内容，其中处理参数选择是基础，关键井检验是重点。

4.4.5.1 处理程序的选择

×× 断块 $E_1f_2^3$、$E_1f_1^1$ 和 $E_1f_1^2$ 砂层组是砂泥岩剖面，因而选用改进的砂泥岩剖面处理程序进行处理。

4.4.5.2 处理参数选择

岩电系数（a、b、m、n）是与地区或岩性有关的经验系数，其确定由关键井取样在模拟地层条件下进行测定，参数确定后能够较好地反映 ×× 断块油层水淹后岩石物理特征。地层水电阻率（R_w）和水淹后地层水电阻率（R_z）尽量使用建模方程；各种截止值（孔隙度、泥质含量等截止值）的选取依据是岩心分析资料、所建地质模型及其他相应材料的综合分析，尽可能反映储层沉积特征。

4.4.5.3 细分层处理

基于地层划分与对比结果，在细分储层的基础上选择合理的处理参数，并考虑储层的电性特征，进行细分层测井资料的定量处理，力求解释客观准确（图 4–53、图 4–54）。

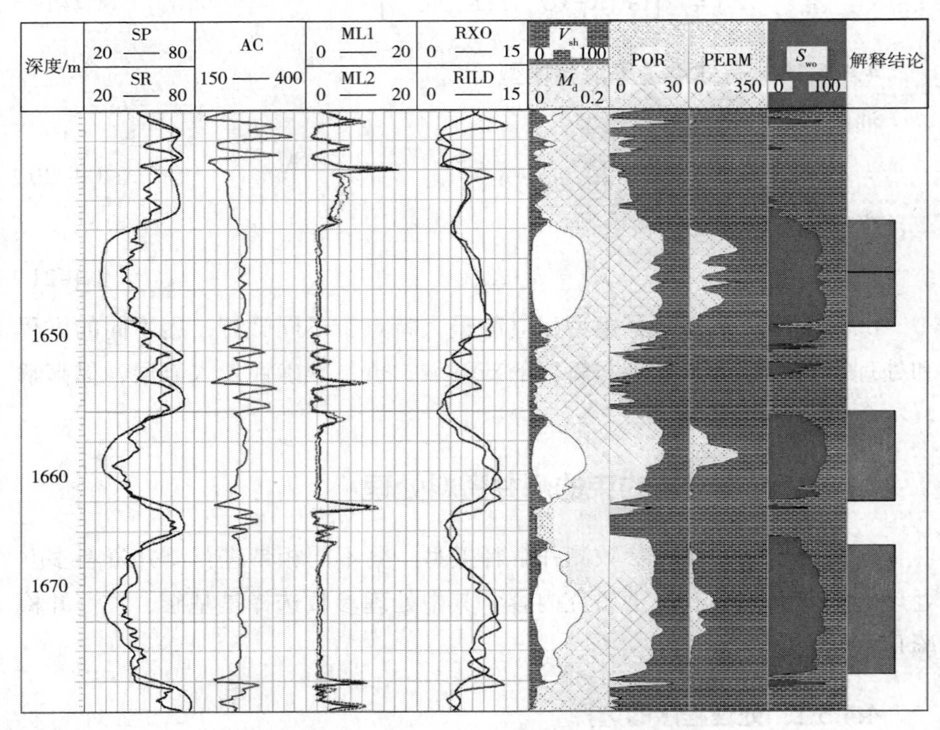

图 4–53 取心井（×× 井）测井解释成果图

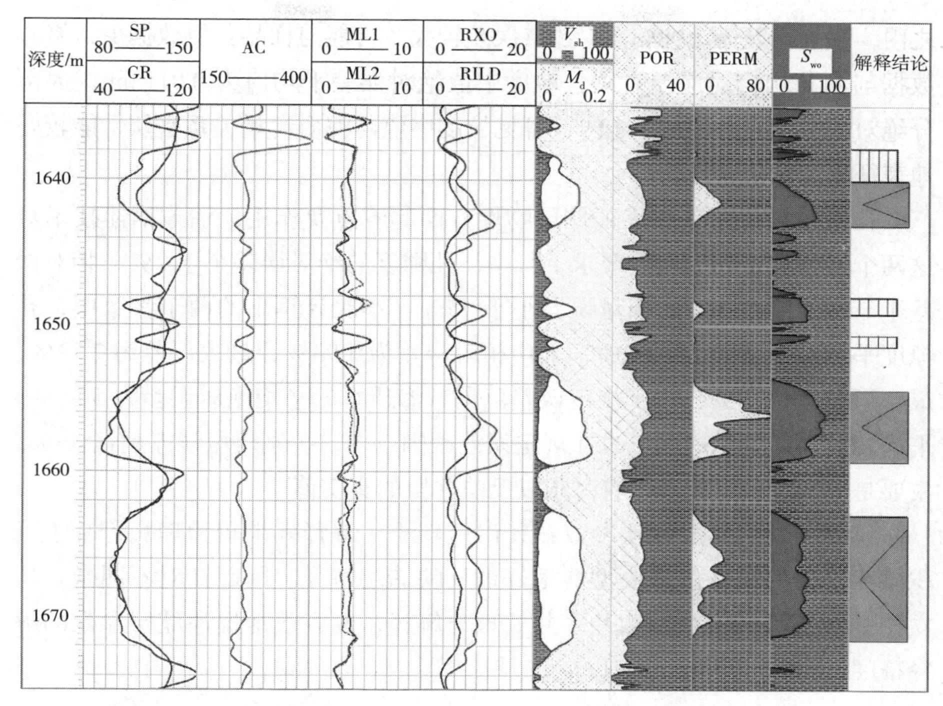

图 4–54 未取心井（××–55 井）测井解释成果图

4.4.5.4 关键井检验

将关键井处理的储层参数与岩心分析值比较，与试油结果比较。若发现模型不合理，则及时修改，直到满意为止。检验结果表明，各参数计算误差满足精细油藏描述要求。

4.4.5.5 测井多井处理与解释

对 ×× 断块所有井的测井资料进行了逐井处理，计算机逐点或按层输出孔隙度、泥质含量、渗透率、粒度中值、含油饱和度、含水饱和度等各种主要储层参数值及各井测井解释成果图。

4.4.5.6 测井处理与解释效果分析

测井多井处理与解释结果准确与否，直接关系建立地质模型的准确性。因此，本着这一宗旨，利用数理统计方法，通过处理出的参数与岩心分析和试油数据比较，实现处理效果的定量分析。

从表 4–13、表 4–14 中数据可以看出，泥质含量的绝对误差多数在 4%

之内，平均误差为1.98%，少数点误差较大，可能与样品分析数据少，岩心数据与测井响应对应差有关；粒度中值绝对误差平均值为0.011mm，大部分绝对误差值在0.03mm之内，可见粒度中值与泥质含量关系密切，能较好地表征本区储层岩性特征。

孔隙度和渗透率在表征储层物性方面起着重要作用，油藏描述技术对这两个参数有专门的误差要求，其中，孔隙度的绝对误差小于2%、相对误差小于8%，渗透率的相对误差小于35%。本次计算出的两个参数中，孔隙度平均绝对误差为0.58%，平均相对误差为3.93%，最大误差为7.72%，最小误差为1.10%，小于规定误差范围；渗透率的平均绝对误差为5.86%，平均相对误差为16.7%，也在规定误差范围以内，个别层段误差超过35%，主要是因为取样点较少，有时难以反映井段的真实值。

总体来看，储层各项参数解释误差较小，解释效果较为理想，基于沉积微相约束的测井解释模型能很好地反映储层特征。因此针对不同微相建立测井参数解释模型和测井多井处理与解释，能有效地提高储层参数的解释精度。

表4-13　××油田××断块岩心分析数据与测井数据误差分析（岩性参数）

相带	井号	井段/m	泥质含量（V_{sh}）			粒度中值（M_d）		
			岩心/%	处理/%	ΔV_{sh}/%	岩心/mm	处理/mm	ΔM_d/mm
F_2	2	1632.1~1637.4	6.3	9.82	3.52	0.099	0.1	0.001
	2–13	1688.5~1696.3	6.61	6.09	0.52	—	—	—
	2–16	1706.2~1708.6	7.92	8.28	0.36	0.104	0.1	0.004
	2–18	1734.9~1742.5	12.96	10.18	2.78	0.083	0.09	0.007
F_3	2	1660.1~1666.1	6.94	12.12	5.18	0.136	0.1	0.036
		1669.0~1677.6	10.09	11.4	1.31	0.101	0.11	0.009
		1689.3~1692.3	8.75	11.86	3.11	0.119	0.1	0.019
	2–1	1637.2~1640.2	10.71	6.58	4.13	—	—	—
	2–8	1688.5~1694.0	7.35	4.56	2.79	0.116	0.14	0.024
		1694.0~1695.6	6.56	3.45	3.11	0.134	0.14	0.006
		1701.9~1703.9	8.7	8.75	0.05	0.103	0.11	0.007
		1706.3~1710.6	7.18	5.59	1.59	0.115	0.13	0.015

续表

相带	井号	井段 /m	泥质含量（V_{sh}）			粒度中值（M_d）		
			岩心 /%	处理 /%	ΔV_{sh}/%	岩心 /mm	处理 /mm	ΔM_d/mm
F_3	2–22	1673.4~1675.8	6.8	6.28	0.52	0.107	0.13	0.023
		1676.6~1680.5	4.39	4.41	0.02	0.143	0.14	0.03
	2–62	1659.8~1665.4	6.828	9.9	3.074	—	—	—
		1668.4~1670.4	8.85	12.58	3.73	—	—	—
		1673.2~1681.0	5.93	5.77	0.16	—	—	—
		1684.0~1693.3	6.07	5.68	0.39	—	—	—
F_4	2	1694.5~1700.8	3.78	7.66	3.88	0.13	0.13	0.00
	2–22	1683.5~1689.1	5.55	7.07	1.52	0.117	0.12	0.003
平均					1.98			0.011

表 4–14　××油田××断块岩心分析数据与测井数据误差分析（物性参数）

相带	井名	井段 /m	孔隙度（Φ）/%				渗透率（K）/$10^{-3}\mu m^2$			
			岩心	处理	$\Delta\Phi$	$\Delta\Phi/\Phi$	岩心	处理	ΔK	$\Delta K/K$
F_1	2–1	1616.2~1618.6	10.5	10.98	0.48	4.57	—	—	—	—
	2–16	1685.2~1688.0	7.15	6.64	0.51	7.13	—	—	—	—
		1698.6~1699.8	11.0	11.55	0.55	5.0	—	—	—	—
	2–18	1726.4~1729.6	8.56	8.37	0.19	2.22	1.5	1.9	0.4	26.6
F_2	2	1632.1~1637.4	19.605	19.27	0.335	1.7	169.4	150.4	19	11.2
	2–8	1668.5~1671.6	7.486	7.78	0.294	3.92	—	—	—	—
		1673.9~1675.1	6.9	7.19	0.29	4.20	—	—	—	—
	2–13	1688.5~1696.3	17.88	16.67	1.21	6.7	48.8	55.6	6.8	13.9
	2–16	1706.2~1708.6	15.986	15.68	0.306	1.91	26.98	24.5	2.48	9.19
	2–18	1732.6~1734.9	10.229	9.76	0.469	4.59	1.9	1.0	0.9	47.3
		1734.9~1742.5	16.164	16.68	0.516	3.19	27.69	25.2	2.49	8.99
F_3	2	1660.1~1666.1	17.247	16.4	0.847	4.91	70.01	64.4	5.61	8.02
		1669.0~1677.6	17.519	16.84	0.679	3.87	48.31	39.5	8.81	18.2
		1689.3~1692.3	14.209	13.42	0.789	5.55	25.66	25.7	0.04	0.14

续表

相带	井名	井段 /m	孔隙度（Φ）/%				渗透率（K）/$10^{-3}\mu m^2$			
			岩心	处理	$\Delta\Phi$	$\Delta\Phi/\Phi$	岩心	处理	ΔK	$\Delta K/K$
F_3	2-1	1637.2~1640.2	17.3	17.49	0.19	1.10	49.61	58.5	8.89	17.9
		1644.2~1645.7	15.256	16.34	1.084	7.10	14.22	13.8	0.42	2.95
		1647.9~1648.6	11.84	12.34	0.5	4.22	4.1	3.1	1.00	24.4
	2-13	1713.6~1723.4	18.253	17.58	0.673	3.68	59.907	58.9	1.007	1.68
		1725.4~1727.0	16.8	16.37	0.43	2.55	22.3	19.7	2.6	11.8
	2-22	1673.4~1675.8	15.2	15.69	0.49	3.22	25.53	33.1	7.57	29.6
		1676.6~1680.5	18.469	18.25	0.219	1.18	113.2	99.8	13.4	11.8
	2-62	1659.8~1665.4	20.371	20.94	0.569	2.79	70.95	84.4	13.45	1.9
		1673.2~1681.0	19.918	18.38	1.538	7.72	76.51	74.9	1.61	2.10
		1684.0~1693.3	18.96	17.9	1.06	5.59	53.54	70.9	17.16	31.9
F_4	2	1694.5~1700.8	19.963	19.38	0.583	2.92	80.08	84.8	4.72	5.9
		1700.8~1703.4	16.931	16.41	0.521	3.07	16.6	23.7	7.1	42.8
	2-22	1683.5~1689.1	15.918	15.07	0.848	5.32	34.15	26.4	7.75	22.6
		1692.1~1693.4	10.4	10.69	0.29	2.78	—	—	—	—
F_5	2	1708.4~1710.3	9.825	9.95	0.125	1.27	5.2	3.5	1.7	32.7
平均					0.58	3.93			5.86	16.7

4.4.6 水淹层评价

4.4.6.1 水淹层定性解释

××断块主要有自然电位、自然伽马、声波时差、微电极、深中感应电阻率、八侧向、井径等测井曲线，储层水淹后，测井曲线形态的变化特征主要有自然电位曲线基线偏移，自然电位幅度增大；电阻率明显下降，增阻侵入现象明显；比油层的声波时差大；等等。研究发现，阜一段、阜二段裸眼井水淹层的电性特征主要有以下几个方面：

（1）自然电位（SP）特征。

油层水淹后，自然电位曲线基线偏移，其原因是地层水矿化度的局部淡化，这种情况多是在注淡水条件下产生的；如果是注污水，使地层水矿化度与混合液矿化度的比值减小，甚至接近于1，在水淹程度基本相同的条件下，自然电位基线偏移很小或基本无变化。

在油层界面，自然电位上部基线偏移，表明油层上部水淹；自然电位下部基线偏移，表明下部水淹。自然电位基线偏移越大，表明水淹程度越高。若地层的中部或全部均匀水淹，自然电位基线不偏移，但幅度下降。对于污水水淹层，自然电位基线偏移不明显，需要结合该井所处的构造位置、沉积相以及周围注水井等因素，综合分析微电极曲线、电阻率曲线和声波时差曲线特征。阜一段、阜二段为滨浅湖相滩坝沉积和三角洲前缘亚相水下分流河道、河口坝、前缘席状砂沉积，水下分流河道储层的下部渗透性好，注水初期下部先水淹，而后波及上部。随着注水开发进行，自然电位基线偏移较大，如图 4–55 所示，× ×–55 井 1640~1670m 井段为正韵律储层，底部自然电位基线发生偏移，油层下部水淹，按照水淹机理，可以解释为水淹层。

（2）自然伽马（GR）特征。

随着注入水的波及，在水流作用下，将黏土颗粒带走，从而其吸附放射性物质能力下降，导致自然伽马值降低，自然伽马涨落现象减弱，从而导致自然伽马曲线变得平滑。如图 4–55 所示，图中右侧井自然伽马曲线明显比左侧井的自然伽马曲线平滑，因此自然伽马曲线的变化也可以作为水淹层定性识别标志之一。

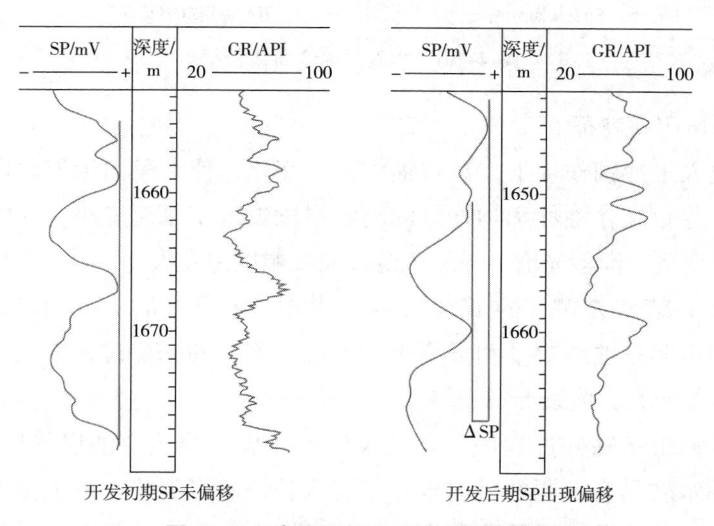

图 4–55　水淹层 SP、GR 曲线特征

（3）声波时差（AC）特征。

注水开发过程中，一方面由于储层中含有伊 / 蒙混层，黏土矿物遇水膨胀，体积增大，岩石结构发生变化，致使声波时差增大；另一方面由于注水开发，附着在岩石颗粒表面或者占据颗粒间孔隙空间的黏土矿物和泥质成分被注入水溶解或冲走，造成储集层孔隙和喉道半径增大。这些因素致使开发中后期同一油层声波的传播速度有较明显的衰减，测井记录的声波时差值增大。据统计，×× 断块岩性相同的储集层水淹后声波时差平均增大 4~8μs/m（图 4–56）。

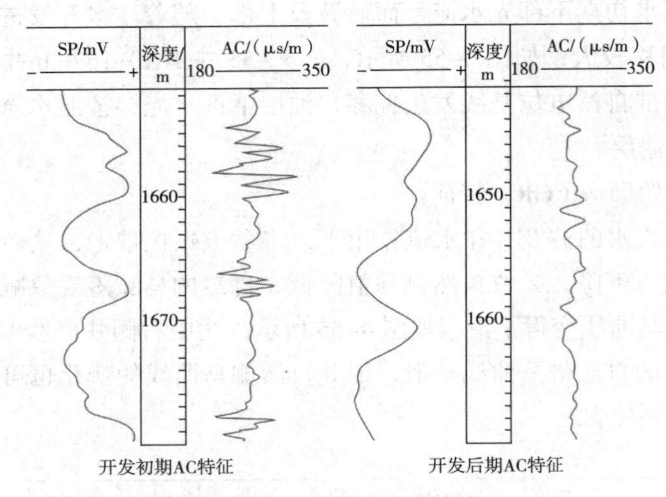

图 4–56　水淹层 AC 曲线特征

（4）电阻率特征。

在注入水冲刷作用下，导致细粒组分变化，使井段内地层水电阻率趋于相同，导致在含油性和物性好的高阻层段电阻率幅度变小，加之微电极曲线形态变缓，渐趋光滑，导致微电极曲线幅度差变大。

如图 4–57 中左侧井的 1650~1680m 井段和右侧井的 1640~1670m 井段，右侧井的电阻率曲线幅度明显变小，也比左侧井的同层位光滑，而微电极曲线幅度差变大，曲线形态变缓。

此外，由于钻井过程中产生泥浆液侵入现象会改变油层的原始状态，使油层和水层具有不同的径向电阻率侵入特征。当泥浆滤液电阻率大于地层电阻率时，油层一般显示为减阻侵入，即 $R_t \geqslant R_{xo}$；水层和水淹层一般显示增阻侵入径向特征，即 $R_t \leqslant R_{xo}$。但这种减阻侵入和增阻侵入特征不是很明显，只能作为综合识别水淹层的一种标志。

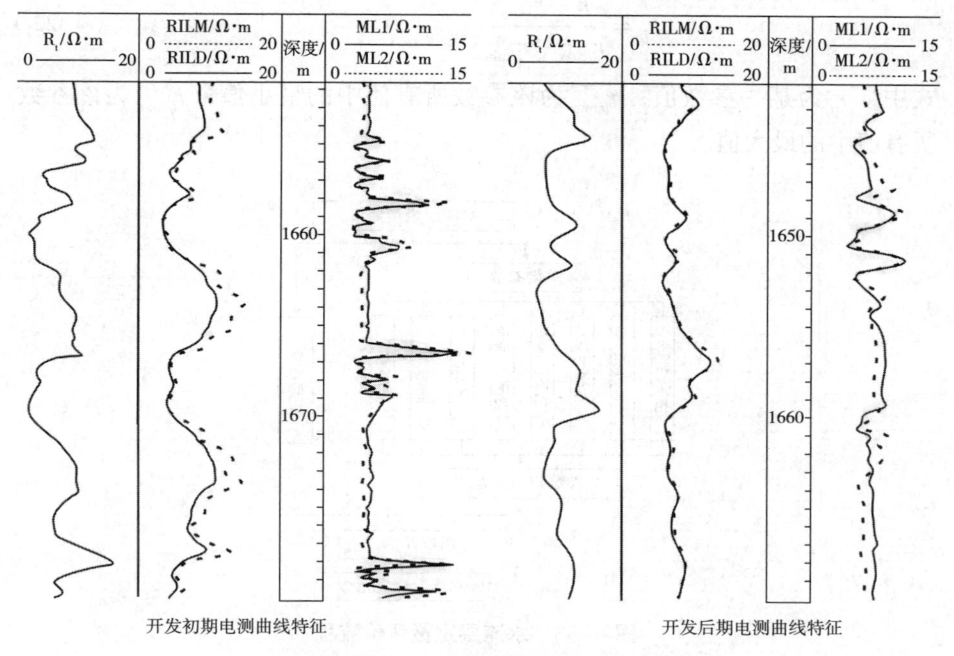

图 4–57　水淹层电阻率曲线特征

4.4.6.2　水淹层定量评价

要想利用常规测井资料进行水淹层水淹级别的定量划分，就必须最大限度地从测井资料中提取水淹信息。基于 ×× 断块地质特点和开发状况，结合水淹层影响因素分析，利用本次测井处理及解释成果，采用基于熵权的评价方法进行水淹层定量评价（图 4–58）。

（1）水淹层定量评价参数确定。

沉积微相、产水率、含油饱和度、残余油饱和度、束缚水饱和度、电阻率、孔隙度和渗透率对水淹层有不同程度的影响，因此，选择这 8 个参数作为水淹层定量评价参数。

（2）归一化处理。

由于各个参数之间存在量纲、数量级的不同，将这些参数进行无量纲化处理，得到模糊评判矩阵 R，一般归一化到［0，1］区间。这个过程实际就是求参数的隶属函数，利用隶属函数可求得每项参数的决策因子的大小。采用式（4–22）进行归一化处理，得到归一化后矩阵 $B_{m\times n}$。

$$b_{ij}=\frac{r_{ij}-r_{ij\min}}{r_{ij\max}-r_{ij\min}} \tag{4–22}$$

式中，r_{ij} 为某一参数值；$r_{ij\min}$ 为该参数所有值中的最小值；$r_{ij\max}$ 为该参数所有值中的最大值。

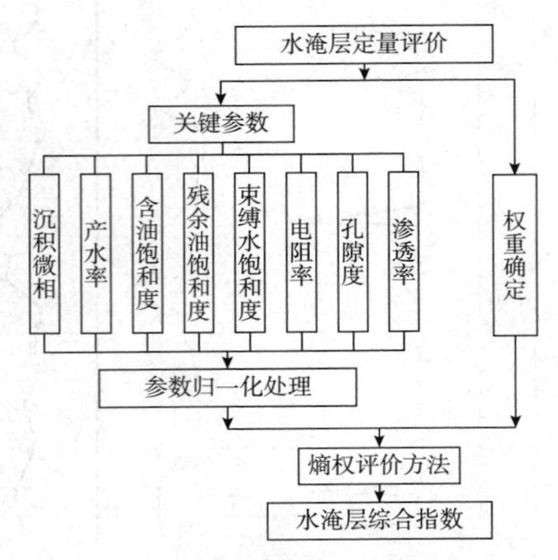

图 4–58　水淹层定量评价流程

（3）权重确定。

采用熵权法作为确定权重的方法。熵的概念源于热力学，其原定义如下：当系统可能处于几种不同状态时，每种状态出现的概率为 $P_i(i=1,2,\cdots,n)$ 时，则系统的熵为：

$$H(x)=-\sum_{i=1}^{n}P(x_i)\lg P(x_i) \tag{4–23}$$

熵值 $H(x)$ 实际是系统不确定性的一种量度。由式（4–23）可知，系统熵值具有极值性，当系统处于各种状态概率为等概率时，即 $P_i=1/n(i=1,2,\cdots,n)$，其熵值最大，为

$$H(P_1,P_2,P_3,\cdots,P_n)\leqslant H\left(\frac{1}{n},\frac{1}{n},\frac{1}{n},\cdots,\frac{1}{n}\right)=\lg n \tag{4–24}$$

由此可知，当系统的状态数 n 增加时，系统的熵也增加，但增加的速度比 n 小得多。如果系统仅处于一种状态，且其出现的概率 $P_i=1/n$，则系

统的熵等于零，说明该系统没有不确定性，系统可以完全确定。

$$H(P_J)=-\sum_{i=1}^{n}\left[\frac{b_{ij}}{\sum_{i=1}^{n}b_{ij}}\right]\lg\left[\frac{b_{ij}}{\sum_{i=1}^{n}b_{ij}}\right]，其中j=1,2,3,\cdots,n \quad (4-25)$$

当 $b_{ij}=0$ 时，$\left[\frac{b_{ij}}{\sum_{i=1}^{n}b_{ij}}\right]\lg\left[\frac{b_{ij}}{\sum_{i=1}^{n}b_{ij}}\right]=0$

由熵的极值性可知，各参数的水平值越接近，其熵值越大。用最大熵值，即 $H(P_j)_{\max}=\lg n$，对式（4–25）所得熵值进行归一化处理，得到表征参数 $H(P_j)$ 相对重要程度的熵为：

$$E(P_j)=\frac{H(P_j)}{H(P_j)_{\max}} \quad (4-26)$$

$$W_j=\frac{1/E(P_j)}{\sum_{i=1}^{m}\frac{1}{E(P_j)}} \quad (4-27)$$

求得每个参数所对应的不同的权重，得到权重向量 $W=(w_1,w_2,w_3,\cdots,w_m)$。

通过计算，××断块水淹层评价参数权重向量：

$W_i=(w_{微相指数}，w_{含水率}，w_{含油饱和度}，w_{电阻率}，w_{孔隙度}，w_{渗透率}，w_{束缚水饱和度}，w_{残余油饱和度})$
＝（0.12214，0.29169，0.19038，0.08352，0.09108，0.11771，0.04963，0.05385）

（4）水淹指数 I_{fw} 确定公式如下：

$$I_{\text{fw}}=WB^{\text{T}} \quad (4-28)$$

$$I_{\text{fw}}=(i_1,i_2,i_3,\cdots,i_n) \quad (4-29)$$

其中，$i_l=\sum_{j=1}^{m}w_jb_{lj}$，并且 $i_l\in(0,1)(l=1,2,3,\cdots,n)$。也就是说，$i_l$ 值越大，水淹程度越弱；i_l 值越小，水淹程度越强。

（5）评价标准确定。

针对××断块的地质特点和生产实际，依据水淹指数可将水淹层分为六级：未水淹（$I_{\text{fw}}\geqslant0.50$）、弱水淹（$0.45\leqslant I_{\text{fw}}<0.50$）、较弱水淹

（0.40≤ I_{fw} < 0.45）、中等水淹（0.35≤ I_{fw} < 0.40）、较强水淹（0.30≤ I_{fw} < 0.35）、强水淹（ I_{fw} < 0.30）。

（6）评价效果分析。

表 4–15 为用水淹指数与 PND 测井判别水淹层对比，从表 4–15 中可以看出，与传统水淹层识别相比，最大的改进在于其对水淹层判别实现了定量化。

表 4–15　水淹指数与 PND 测井判别水淹层对比

井号	层位	井段 /m	含油饱和度（S_o）/%	水淹指数（I_{fw}）	水淹指数解释结论	PND 测井解释结论
2–9（2007 年 12 月 17 日测试）	$E_1f_2^{3-1}$	1661.8~1665.1	48.9	0.50467	未水淹	油层
	$E_1f_1^{1-1}$	1675.9~1679.1	30.7	0.40142	较弱水淹层	中水淹层
	$E_1f_1^{1-2}$	1683.1~1689.0	34.7	0.38550	中水淹层	中水淹层
	$E_1f_1^{1-4}$	1699.8~1705.4	35.1	0.36947	中水淹层	较强水淹层
	$E_1f_1^{2-2}$	1712.4~1716.3	35.3	0.37525	中水淹层	中水淹层
	$E_1f_1^{2-3}$	1717.4~1718.8	27.6	0.30028	较强水淹层	中水淹层
	$E_1f_1^{2-4}$	1720.5~1724.6	31.6	0.39808	中水淹层	中水淹层
	$E_1f_1^{2-5}$	1727.1~1732.4	31.0	0.38884	中水淹层	中水淹层
2–27（2007 年 10 月 24 日测试）	$E_1f_2^{3-1}$	1643~1647.4.0	56.2	0.45737	弱水淹层	弱水淹层
	$E_1f_1^{1-1}$	1656.8~1659.1	47.6	0.38096	中水淹层	中水淹层
	$E_1f_1^{1-2}$	1661.1~1665.0	42.3	0.39287	中水淹层	中水淹层
	$E_1f_1^{1-3}$	1668.1~1675.5	40.1	0.39402	中水淹层	中水淹层
	$E_1f_1^{1-4}$	1682.3~1687.4	35.0	0.34347	较强水淹层	较强水淹层
	$E_1f_1^{2-2}$	1693.7~1696.0	28.2	0.29378	强水淹层	强水淹层
2–57（2007 年 12 月 13 日测试）	$E_1f_2^{3-1}$	1688.4~1693.5	42.0	0.41879	较弱水淹层	弱水淹层
	$E_1f_2^{3-2}$	1695.4~1698.0	30.3	0.40242	较弱水淹层	弱水淹层
	$E_1f_1^{1-3}$	1716.8~1725.3	37.7	0.4118	较弱水淹层	弱水淹层
	$E_1f_1^{1-4}$	1728.9~1734.5	39.7	0.41876	较弱水淹层	弱水淹层
	$E_1f_1^{2-3}$	1750.3~1753.2	22.2	0.34920	较强水淹层	较强水淹层
	$E_1f_1^{2-4}$	1755.4~1757.8	21.0	0.37284	中水淹层	较强水淹层
	$E_1f_1^{2-5}$	1760.6~1766.7	23.7	0.32276	较强水淹层	较强水淹层
	$E_1f_1^{2-6}$	1769.7~1773.1	16.1	0.29983	强水淹层	强水淹层

4.4.6.3　水淹层影响因素分析

（1）微型构造对油层水淹的影响。

× × 断块阜一段、阜二段油层在投入注水开发后，原有的油水平衡关系被改变，以油层起伏和倾斜为主的微型构造就成为油水关系复杂化的主控因素，由此引起的油水次生分异成为 ×× 断块中高含水时期寻找剩余油富集区的主要理论依据。通过对比分析 ×× 断块阜一段、阜二段各小层位于微型构造部位井区的含水率及含油饱和度平面展布特征，发现以下特征：

①同一小层，位于正向微型构造部位的井水淹程度低于斜面微型构造部位的井（表 4–16）。

表 4–16 $E_1f_1^{1-3}$ 小层不同微型构造类型及组合模式水淹指数及含油饱和度对比

井名	顶面微型构造类型	微型构造组合类型	含油饱和度 /%	水淹指数	水淹级别
2–61	正向微型构造	顶底双凸型	61.1	0.663	未水淹
2–6		顶突底平型	43.5	0.443	较弱水淹
2–2	斜面微型构造	顶底双斜面型	39.4	0.396	中等水淹
2–10			37.0	0.360	中等水淹
2–11			38.4	0.339	中等水淹

②不同小层，在同一微型构造部位的井，水淹程度与含油饱和度也不同（表 4–17）。

表 4–17 $E_1f_2^{3-1}$、$E_1f_1^{1-4}$ 和 $E_1f_1^{2-3}$ 小层同一微型构造水淹指数及含油饱和度对比

层位	井名	微型构造类型	含油饱和度 /%	水淹指数	水淹级别
$E_1f_2^{3-1}$	2–61	正向	47.4	0.506	未水淹
	2–2	斜面	46.3	0.430	较弱水淹
$E_1f_1^{1-4}$	2–61	正向	49.8	0.504	未水淹
	2–2	斜面	39.3	0.388	中等水淹
$E_1f_1^{2-3}$	2–61	正向	33.8	0.365	中等水淹
	2–2	斜面	21.2	0.250	强水淹

根据微型构造的分布特点，结合层位所在微型构造位置、邻井的水淹状况，可以粗略判断油层是否水淹。

（2）沉积相对油层水淹的影响。

×× 断块阜一段、阜二段主要发育三角洲前缘亚相和滨浅湖亚相，所形成的砂体具有不同的砂体规模，而砂体的连通是油层水淹的先决条件。×× 断块阜一段三角洲相沉积的单砂体主要受河流、波浪和潮汐的反复作用，平面展布相当复杂。水下分流河道砂体平面展布主要受河流作用影响，连通性较好，砂体呈带状分布，储层物性和含油性最好，水淹也最为严重；

河口坝砂体主要受波浪影响，连续性和分选都较好；而席状砂砂体较薄，平面上分布连续性差，延伸范围小，加之其渗透性差，易改变水流的方向，水淹程度较低。

××断块阜二段砂坝微相主要受波浪和潮汐作用影响，砂质较纯，分选性较好，砂体呈片状分布，但因其投入开发时间较晚，水淹程度最弱。

研究表明，××断块水淹层内垂向上水淹程度的变化服从该层的沉积韵律（表4–18），××断块 $E_1f_2^3$ 砂层组主要为滨浅湖砂坝微相，储层呈现均质韵律、反韵律沉积特性，储层水淹相对较均匀；$E_1f_1^1$ 砂层组主要为水下分流河道沉积，储层表现为明显正韵律，在水驱过程中，首先在储层底部的粗相带形成大孔道的水窜，造成局部的先水淹，而在 $E_1f_1^1$ 砂层组反韵律沉积的河口坝，则在储层顶部先水淹，具体水淹情况见水淹模式部分内容。

表4–18　××油田××断块水淹状况与沉积微相关系

沉积微相	韵律性	水淹状况
砂坝	均质韵律、反韵律	底部比顶部水淹程度大，但相差不大
水下分流河道	正韵律	底部水淹严重、顶部水淹程度较轻
河口坝	反韵律	水淹较均匀
前缘席状砂	均质韵律	底部比顶部水淹程度稍大

（3）储集层物性对油层水淹影响。

××断块阜一段、阜二段储集层物性对水淹层影响主要考虑孔隙度和渗透率差异对油层水淹的影响。物性不同，储集层进入高含水期水淹快慢的程度也不同，物性越好，进入高含水期越早，水淹越快，水淹程度越严重，反之亦然。表4–19为××断块阜一段 $E_1f_1^{1-3}$ 和 $E_1f_1^{1-4}$ 小层物性与水淹指数统计，从表4–19中可以看出，随着注水开发的进行，对同一油田或地区来说，在相同的注水条件下，越是物性好的油层，进入高含水期越早，其水淹程度也越高，剩余油饱和度越低；而物性相对较差的油层，可能较迟进入高含水期，水淹程度相对较低。因此，在××断块阜一段、阜二段注水开发到了一定阶段之后，在制订、调整开发方案时，要把寻找剩余油分布和挖潜的注意力放在阜一段、阜二段中那些物性较差的油层上。

表 4-19　$E_1f_1^{1-3}$ 和 $E_1f_1^{1-4}$ 小层物性与水淹指数统计

层位	井名	孔隙度 /%	渗透率 / $10^{-3}\mu m^2$	水淹指数	水淹级别
$E_1f_1^{1-3}$	2-61	15.45	65.1	0.504	未水淹
	2-62	17.38	74.9	0.469	弱水淹
	2-63	15.21	22.6	0.542	未水淹
$E_1f_1^{1-4}$	2-61	17.8	75.0	0.563	未水淹
	2-62	18.30	78.9	0.410	较弱水淹
	2-63	17.0	59.6	0.571	未水淹

（4）岩石润湿性与油层水淹关系。

××断块岩石润湿性实验表明，阜一段、阜二段储层为亲水性储层，水淹前的油层，水呈束缚状态附着在孔壁的粗糙表面上或微小的细孔中。注入水进入地层后，在水驱油的过程中，水相和油相由开始时的连续流动状态逐渐变为不连续窜流或分散状态。××断块阜一段、阜二段注水开发过程中，在孔道较小或孔道弯曲处，沿孔壁窜流的水会在此处将油切断，形成滞留的油块或油滴；而沿大孔道中心流动的水，流经狭小孔道断面时，也可能在该处形成水滴。因此，在阜一段、阜二段油藏注水开发以及油层水淹后，注入水会不断将油切断形成油水混合液，两者都会使地层的含水饱和度升高、含油饱和度降低，使油的流动阻力增加、相对渗透率减小。

××油田××断块有关井的油层物性分析报告及试油资料表明，水淹程度越高，含水饱和度上升值越大。另外，随着绝对渗透率的增加，××断块水淹层的束缚水饱和度有下降的趋势。

（5）注入水的性质对油层水淹的影响。

××油田××断块注入水性质为淡水，随注水开发进行，注入水对储集层孔道的长期冲洗会使岩石颗粒受到侵蚀，使得孔隙变大；同时由于注入水所含的某些离子与地层中某些物质产生化学反应，产生沉淀而堵塞孔隙，使得油层渗透性变差。××断块阜一段、阜二段油藏受淡水注入的影响，岩石孔隙中束缚水被淡化，地层水（实际是混合液）的电阻率不断升高，因而导致高含水阶段岩石电阻率不断升高，甚至超过油层时的电阻率，地层水混合液愈加变得复杂而不易确定，也必将给水淹层的测井解释带来一定的影响。

（6）注采井网的配备关系对油层水淹的影响。

××断块注水井多数为两套层系分注，但层系内部各砂体之间无法进一步实施细分层注水，层间干扰大，吸水不均匀。从砂体吸水统计情况看，总体上主力砂体吸水比例大，$E_1f_1^{1-3}$ 和 $E_1f_1^{1-4}$、$E_1f_1^{2-4}$ 和 $E_1f_1^{2-5}$ 砂体为主要吸水层，吸水量分别占相应层系的 70% 和 84%。从产液剖面资料看，主力砂体是主力产液层，同时也是主力产水层，水淹程度高。井网密度的大小主要取决于砂体连通率及其物性变化，在井网密度低的情况下，平面上水淹区及剩余油分布具有更强的非均质性，井网加密提高了油藏的动用程度，加速了油层的水淹进程，降低了水淹层及剩余油分布非均质程度。注、采井井位关系对油层的影响是与沉积因素和构造因素相关联的。当注、采井连线与地层最大水平主应力方向平行时或者在水下分流河道沉积的砂体中，相对于古水流方向而言，若采油井在注水井的下游或者在构造的下倾方向时，都可造成采油井见水快、水淹程度相对高的现象。

4.4.6.4 典型井水淹分析

××油田××断块已进入中高含水开发时期，储集层为中孔低渗型，不同层位地层水矿化度变化较大，给传统油水层识别方法提出了很大挑战。2–61 井、2–62 井和 2–63 井为 2007 年 5 月完钻、7 月开始生产的油井，可以近似看作本次水淹层定量评价的验证井（表 4–20）。

2–61 井生产层位为 $E_1f_1^{2-5}$ 和 $E_1f_1^{2-6}$，开采初期日产油量稳定在 2.3t 左右，日产水量为 0，月产油量因生产天数不同在 50t 和 70t 之间波动，但 7 月至 10 月累计产水量均为 0，可见该层位未被水淹，水淹指数解释结果为：$E_1f_1^{2-5}$、$E_1f_1^{2-6}$ 小层水淹指数分别为 0.494 和 0.500，解释结论为 $E_1f_1^{2-5}$ 小层弱水淹、$E_1f_1^{2-6}$ 未水淹，与实际生产数据较吻合；2–62 井生产层位为 $E_1f_1^{2-3}$ 和 $E_1f_1^{2-6}$，日产油量较 2–61 井少，与该井该生产层位有效厚度较 2–61 井小，孔渗相对较小有关，除生产第一个月之外，月产油量基本稳定在 26t 以上，月产水量为 0，因此 $E_1f_1^{2-3}$ 和 $E_1f_1^{2-6}$ 为油层，未被水淹，水淹指数解释结果为：$E_1f_1^{2-3}$、$E_1f_1^{2-6}$ 小层水淹指数分别为 0.533、0.521，解释结论均为未水淹，与生产数据吻合；2–63 井生产层位为 $E_1f_2^{3-1}$ 和 $E_1f_2^{3-2}$，月产油量为 3 口井中最大的，除 2007 年 7 月之外，月产油量均在 70t 以上，但含水均在 10% 以下，为好的油层，水淹指数解释结果为：$E_1f_2^{3-1}$、$E_1f_2^{3-2}$ 小层分别为 0.547、0.507，解释结论均为未水淹，与生产数据吻合。

可见，水淹指数解释结果与实际生产数据基本吻合，解释不符合的水淹层与生产测试结果相比在水淹级别上仅相差一个级别，解释结果与生产测试结果吻合较好。

表 4–20　× × 油田 × × 断块 2–61、2–62 和 2–63 油井月度数据

井名	时间	层位	生产天数	日产油量 /t	日产水量 /t	含水率 /%	月产油量 /t	月产水量 /t	水淹结果	
									水淹指数	水淹级别
2–61	2007 年 7 月	$E_1f_1^{2-5}$ $E_1f_1^{2-6}$	23.4	2.3	0	0	53	0	$E_1f_1^{2-5}$ 0.494	弱水淹
	2007 年 8 月		31	2.3	0	0	70.2	0		
	2007 年 9 月		30	2.3	0	0	69.3	0	$E_1f_1^{2-6}$ 0.500	未水淹
	2007 年 10 月		24.7	2.2	0	0	53.7	0		
2–62	2007 年 7 月	$E_1f_1^{2-3}$ $E_1f_1^{2-6}$	23.1	0.4	0	0	9.8	0	$E_1f_1^{2-3}$ 0.533	未水淹
	2007 年 8 月		31	0.9	0.1	6	26.4	1.7		
	2007 年 9 月		30	0.9	0	0	26.8	0	$E_1f_1^{2-6}$ 0.521	未水淹
	2007 年 10 月		26.5	1.1	0	0	28.5	0		
2–63	2007 年 7 月	$E_1f_2^{3-1}$ $E_1f_2^{3-2}$	22.5	1.3	0.1	5.3	28.6	1.6	$E_1f_2^{3-1}$ 0.547	未水淹
	2007 年 8 月		31	2.5	0.1	5.6	77.4	4.6		
	2007 年 9 月		30	2.6	0.2	5.6	77.7	4.6	$E_1f_2^{3-2}$ 0.507	未水淹
	2007 年 10 月		30.7	2.6	0.2	8.6	78.3	7.4		

4.4.6.5　水淹层分布规律研究

总体来看，纵向上，水淹指数自上而下呈逐渐减小的趋势，反映出低部位水淹程度高，高部位水淹弱，水淹指数高低在纵向上有一定继承性，但各个井区又有差异。平面上，各小层水淹层分布特征各不相同。分析认为：水淹程度弱的井区靠近断层，处于构造高部位，远离注水井区；而水淹程度较高的井区，主要处于构造相对较低的部位，离注水井较近区域。× × 断块水淹层分布特征主要受构造和注采井网的配备关系这两方面的影响。

4.4.6.6　水淹模式

平面上，注入水具有向粗岩性和高渗透部位流动的趋势。水淹层内垂向上水淹程度的变化服从该层的沉积韵律，依据 × × 断块的地质、测井信息及注水开发状况，对阜一段、阜二段油层的水淹模式进行了系统的划分，依据水淹指数（I_{fw}），总结出 × × 断块阜一段、阜二段四种水淹模式。

（1）均质韵律油层水淹模式。

××断块阜一段、阜二段均质韵律油层指砂体物性（主要指渗透率）变化不大，韵律性没有明显变化的一个比较稳定的沉积单元。以水淹指数（I_{fw}）来衡量，均质韵律油层水淹模式表现为：上部水淹指数大于下部水淹指数，但变化比较平缓，反映下部油层较顶部水淹程度稍高，总体水淹比较均匀。这种水淹模式多见于砂坝微相、席状砂微相，水下分流河道砂体也常见此种水淹模式。

（2）正韵律油层水淹模式。

阜一段、阜二段正韵律油层底部渗透率大，向上逐渐变小。这类油层水淹模式表现为：上部水淹指数大于下部，但水淹指数 I_{fw} 减小很快，反映下部水淹严重，顶部水淹效果差。其主要原因是：在渗透率非均质性、油水黏度串流及重力分异作用等的影响下，注水沿高渗透部位突进快，见水井段含水率迅速增长，水相流动阻力迅速下降，故注入水总是沿这条高饱和度段推进，难以向上推进，水淹厚度增长缓慢，因此造成顶部水淹效果差，水下分流河道微相常见此种水淹模式。

（3）反韵律油层水淹模式。

阜一段、阜二段反韵律油层渗透率变化与正韵律相反。这类油层水淹模式表现为：下部水淹指数 I_{fw} 和上部水淹指数 I_{fw} 相近，油层垂向上水淹较均匀。其主要原因为：注入水沿油层上部较高渗透率段推进，同时在重力分异作用下使注入水进入下部低渗透率层段，使油层垂向上水淹较均匀，而水淹厚度随见水井段的含水饱和度和注水倍数的增加而不断增大。反韵律水淹层一般具有厚度较大、驱油效率较高和含水率上升快等特点，河口坝微相中常见此种水淹模式。另外，砂坝微相中也有发育。

（4）复合韵律油层水淹模式。

由正韵率组合而成，也称多段式水淹。其水淹模式表现为：在每个韵律层段内水淹特征与正韵律油层类似，均为上部水淹指数 I_{fw} 大于顶部水淹指数，主要原因为：油层内存在岩性、物性相对不稳定的隔、夹层，当其延伸较长时，可起到分隔油水运动单元的作用，形成多段式水淹。多段式水淹所造成的最大问题是水淹厚度较大，驱油效率较低，在××断块阜一段、阜二段，此种水淹模式多发育在水下分流河道微相中。

4.5 储层地质研究

4.5.1 储层建筑结构研究

储层建筑结构是指沉积砂体内部由各级次沉积界面所限定的砂质单元和不连续薄夹层的几何形态、规模大小、相互排列方式与接触关系等结构特征。它属于储层非均质体系较深层次的研究范畴。储层建筑结构研究能揭示储层内部非均质的控制结构。

4.5.1.1 岩相类型

×× 断块 $E_1f_2^3$—$E_1f_1^2$ 砂层组储层的岩性以粉砂岩、细砂岩为主，此外还有一些砂、泥岩的过渡类型，如泥质粉砂岩、粉砂质泥岩等。

岩石相是指形成在一定沉积环境中的一套岩石。岩石相的类型可以根据其具有的岩性特征如成分、粒径、沉积构造等进行划分。岩石相由 Miall 首次引入研究河流沉积物，它是在一定水动力状态下的产物，因此反映水动力状态的沉积构造和岩石结构是岩石相分类的主要依据。

通过观察 8 口取心井，识别出冲刷面、交错层理、平行层理、波状层理、水平层理、块状层理等多种沉积构造，依据 Miall（1996）的分类方案，将 ×× 断块 $E_1f_2^3$—$E_1f_1^2$ 砂层组岩相细分为以下 24 种岩相。

（1）泥岩类。

深色块状泥岩相：灰黑色、深灰泥岩和页岩，厚度在 2~6m，基本上属于滨湖、浅湖亚相沉积。

灰色块状泥岩相：灰黄、灰色泥岩，可能是三角洲前缘洪水事件末期的悬移质沉积的结果，是与河口坝和水下分流河道相伴生的产物。

褐色块状泥岩相：棕褐、紫红色泥岩，是滨湖亚相的产物。

（2）粉砂质泥岩类。

主要有红褐色块状粉砂质泥岩相、灰色生物扰动粉砂质泥岩相、灰色波状交错层理粉砂质泥岩相、灰色波状层理粉砂质泥岩相。

（3）泥质粉砂岩类。

主要有灰色变形层理泥质粉砂岩相、灰色生物扰动泥质粉砂岩相、灰色平行层理泥质粉砂岩相、灰色波状交错层理泥质粉砂岩相、灰色小型交错层理泥质粉砂岩相、灰色块状层理含泥粉砂岩相、灰色平行层理含泥粉砂岩相。

（4）粉砂岩类。

主要有灰色波状交错层理粉砂岩相、灰色生物扰动粉砂岩相、灰色含泥砾平行层理粉砂岩相、灰色块状层理粉砂岩相、灰色斜层理粉砂岩相、灰色楔状交错层理粉砂岩相、灰色小型交错层理粉砂岩相。

（5）细砂岩类。

主要有灰色小型槽状交错层理细砂岩相、生物扰动细砂岩相、含泥砾平行层理细砂岩相。

主要的岩相有 8 种：灰色、灰绿色槽状交错层理细砂岩相（FSt），平行层理粉砂岩相（FrSp），楔状交错层理粉砂岩相（FrSw），波状交错层理粉砂岩相（FrSr），波状交错层理泥质粉砂岩相（m-FrSr），水平层理泥质粉砂岩相（m-FrSh），块状层理粉砂质泥岩相（Fr-Mm），块状层理泥岩相（Fm）。

综上所述，×× 断块阜一段、阜二段岩相特点是：

①种类多，但分布集中。统计表明，×× 断块碎屑岩储层的岩性主要是粉砂岩、钙质粉砂岩和细砂岩，其中粉砂岩占较大的比例。

② 在非储层中，主要是泥岩和粉砂质泥岩。

③ 岩石相物性随着岩性粒度变粗而变好，但渗透率和孔隙度都很低。泥质粉砂岩平均孔隙度为 11.80%，平均渗透率为 $1.87\times10^{-3}\mu m^2$；含泥粉砂岩平均孔隙度和渗透率分别为 13.78% 和 $9.20\times10^{-3}\mu m^2$；粉砂岩平均孔隙度和渗透率分别为 19.08% 和 $13.1\times10^{-3}\mu m^2$；粉细砂岩平均孔隙度和渗透率分别为 14.97% 和 $29.97\times10^{-3}\mu m^2$；细砂岩平均孔隙度和渗透率分别为 17.14% 和 $53.36\times10^{-3}\mu m^2$。

④岩石相含油性也随着岩性粒度变粗而变好，一般含油级别为油斑。当储层含大量钙质时，一般不含油。

4.5.1.2 层次界面特征

在划分三角洲前缘沉积体层次界面时，主要考虑与河流相沉积特征的相似性和沉积体非均质差异性，通过与河流相储集层的结构要素规模与沉积机制对比而进行划分。通过取心井岩心观察，连井剖面划分对比和测井曲线识别，采用层次分明的思路定义了 6 级界面。界面由小到大进行级别编号。本次研究定义的 1~3 级界面规模较小，只能通过岩心观察进行描述定义。4~6 级界面规模较大，可以进行井间追踪对比。其中 4 级界面结构要素的顶底界面是在小层级别范围内进行结构要素识别划分的重要界面。

1 级界面为交错层系的界面：砂体连续的沉积作用，由一系列相同纹层组成，没有明显的内部侵蚀，仅为局部物性不同的成岩条带或者岩性界面。2 级界面为层系组界面：界面上下的沉积构造和岩性都发生明显的变化，反映了局部范围内的水流状况的变化或水流方向的变化，但没有出现明显的时间间断。3 级界面是超短期旋回控制的旋回基准面，是砂体的增生面，其限定的结构要素为韵律层，其间为不稳定的泥质或钙质夹层。4 级界面是短期旋回控制的界面，为单一砂体的分界面，其间被泥质、钙质或物性隔层围限，构成一个独立的连通体。5 级界面是中期旋回控制的、由砂体组成的大型砂席的界面。6 级界面为相同亚相沉积复合体的边界。

4.5.1.3 结构要素

在岩相类型识别和层次界面划分的基础上，定义了阜一段、阜二段三角洲前缘亚相沉积和滨浅湖亚相共 9 种结构要素。

（1）水下分流河道（SCH）。

岩石类型主要为灰色、灰绿色粉砂岩、细砂岩，有时含钙质。底部具冲刷面，含灰绿色泥砾，下部以细砂岩为主，上部为粉砂岩。中下部发育中型槽状交错层理，顶部发育小型板状交错、波状交错层理。砂岩层理规模小、纹层倾角缓，发育特色的波状交错层理砂岩相，是河流与湖泊共同作用的结果。具生物潜穴和生物扰动构造，生物扰动不仅常常破坏层理，还破坏不同级别的层次界面。顺河道方向为垂向加积；垂直河道方向以垂向加积为主，也存在低角度侧向加积。自然电位曲线形态主要为钟形、箱形和钟形—箱形。

（2）河口坝（MB）。

岩石类型主要为粉砂岩、细砂岩。中上部发育楔状和低角度板状交错层理，中下部发育浪成交错层理和透镜状层理。自然电位曲线形态主要为漏斗形和漏斗形—箱形。

（3）前缘席状砂（FS）。

岩石组成主要为粉砂岩、细砂岩，呈反粒序，测井曲线形态以低幅漏斗形为主。岩石类型主要为粉砂岩、泥质粉砂岩。中下发育小型交错层理，顶部发育水平层理。生物扰动构造发育。自然电位曲线形态大多呈低—中幅对称齿形、漏斗形。分布于水下分流河道、河口坝末端，可见两种类型的成因单元：一是远端席状砂由复合层理—透镜状、波状、脉状层理粉砂岩、灰黑色泥岩互层组成；二是近端席状砂由波状交错层理砂岩、灰绿色泥岩互层组成，测井曲线呈齿状、指状。

（4）水下分流间湾（SBA）。

以灰色、灰绿色块状泥岩，粉砂质泥岩相为主。具水平层理和透镜状层理，生物扰动强烈。自然电位曲线形态呈低幅平直状。

（5）砂坝（SB）。

以灰色、深灰色粉砂岩为主，钙质含量较高，泥质含量较少，下部见生物灰岩。中下部发育平行层理，顶部发育波状交错层理。自然电位曲线主要呈钟形—箱形、齿形、齿形—箱形。

（6）生物滩（ORB）。

岩石中的生物体腔保存完好，磨蚀分选差，属低能条件下生物在原地生长死亡之后堆积的产物。主要由灰色、深灰色生物灰岩组成，有时含少量灰黑色泥岩，可见波状层理。见鲕粒状灰岩条带和虫管。电阻率曲线呈高值，有时呈尖峰。

（7）鲕粒滩（OOB）。

由灰色、深灰色鲕粒灰岩组成，有时夹杂深灰色泥岩，发育泥质条带。鲕粒灰岩呈块状，正常鲕和表鲕的核心多为陆源碎屑。电阻率曲线多呈高阻尖刀状。

（8）灰质滩（CAB）。

出现于浪基面附近，沉积水体较前两种灰岩的水体深。由灰色、深灰色内碎屑灰岩、泥晶灰岩和泥灰岩组成，有时夹灰色、灰黑色泥岩。自然伽马曲线呈微齿化，电阻率曲线较平直。

（9）滨浅湖泥（SSLM）。

以滨湖、浅湖和湖湾泥岩为主，夹少量的灰色、灰绿色泥质、钙质粉砂岩。发育水平层理和生物扰动构造。自然电位曲线除在薄砂层处呈低幅度突起外，总体呈平直状。滨湖泥以浅灰色、浅棕色泥岩为主，含少量粉砂，泥质沉积物主要分布在平缓的背风湖岸地带。发育水平、波状、块状层理等低能层理，粉砂层发育波状层理。浅湖泥主要呈灰色、灰绿色，夹少量粉砂质泥岩、粉砂岩，部分含钙质，发育波状、水平层理。湖湾泥以灰色、灰黑色泥岩，泥页岩，钙质泥岩为主，可发育少量泥质灰岩、生物灰岩等类型岩石。水平层理发育，生物扰动构造常破坏层理。灰岩、钙质泥岩段电阻率曲线呈高值。

4.5.1.4 储层建筑结构单井模型

在岩心观察和沉积相研究的基础上，通过分析岩相类型、层次界面、结构要素，划分储层建筑结构单井模型。以 ×× 井为例分析 ×× 断块单井储层建筑结构模型有以下特征。

×× 井发育灰色块状泥岩相、褐色块状泥岩相、灰色生物扰动粉砂质泥岩相、灰色波状交错层理粉砂质泥岩相、灰色生物扰动泥质粉砂岩相、灰色平行层理泥质粉砂岩相、灰色波状交错层理泥质粉砂岩相、灰色小型交错层理泥质粉砂岩相、灰色生物扰动泥质粉砂岩相、灰色平行层理含泥粉砂岩相等岩相。

共划分出 3~6 级界面。6 级界面发育于 –1944m 附近，其上为滨浅湖亚相沉积，其下为三角洲前缘亚相沉积，是相同亚相沉积复合体的边界。

阜一段发育两个 5 级界面。第一个 5 级界面位于 –1680m 附近，是单一成因砂体组成的大型砂席的界面，其上、下为具同一旋回性的水下分流河道砂席沉积。阜一段、阜二段内部发育多个 4 级界面和 3 级界面。

自下而上识别出前缘席状砂（FS）、河口坝（MB）、水下分流河道（SCH）、水下分流间湾（SBA）、砂坝（SB）、滨浅湖泥（SSLM）和鲕粒滩（OOB）结构要素。前缘席状砂内部的生物扰动破坏了层理，目前无法划分出 3 级界面。河口坝岩石类型为灰色粉砂岩；中下部发育小型交错层理，顶部发育水平层理；SP 曲线呈漏斗形—箱形和漏斗形。水下分流河道岩石类型主要为灰色粉砂岩；底部发育中型槽状交错层理，上部发育波状交错层理；SP 曲线形态主要呈箱形。砂坝以灰色、深灰色粉砂岩为主，有时含钙质；中下部发育平行层理，顶部发育波状交错层理；坝砂体自然电位曲线为中高幅的钟形—箱形和齿形—箱形。

4.5.1.5 砂体连通关系

在三角洲前缘亚相中，水下分流河道常呈树枝状，规模随河道分叉而变小。分叉河道末端常发育河口坝。在河道间宽度大的部位一般发育水下溢岸砂体或前缘席状砂体，使得河道被相对低渗透带所分隔。

（1）垂向上的接触关系。

① 连续叠加式。

由水下分流河道、河口坝、前缘席状砂等砂体之间的垂向叠置。如 ×× 井 1656~1664m 井段共发育两套砂体，它们之间有泥岩发育，底部砂体没有受到顶部砂体沉积时期河道的冲刷作用，两套砂体呈连续叠加式接触关系。

②侵蚀叠加式。

上部河道下切下伏河道造成上、下河道砂体叠加，表面上看像是一期河道砂体，其实是两个水下分流河道砂体之间的垂向叠置。在 ×× 井中，1649~1664m 井段发育砂体，在 1662m 处自然伽马曲线形态反映该处发育泥岩；地层对比结果反映它们为两个砂层组的地层，这说明底部砂体受到了顶部砂体沉积时期河流的强烈冲刷作用，两期砂体呈侵蚀叠加关系。

③单层式。

水下分流河道、前缘席状砂、滩和坝上下被泥岩封隔，不发生叠加现象。例如，×× 井中 1670~1672m 井段砂体，其顶底泥岩稳定发育，内部不发育泥岩，该段砂体呈单层式。

（2）横向上的接触关系。

①肩臂式。

肩臂式为河口坝砂体与前缘席状砂体的接触关系，臂部常常是薄层砂体（图 4–59）。这种连通方式在 ×× 断块较少见。

②并肩式。

它是水下分流河道砂体与河口坝砂体的接触关系。

③两端尖灭式。

当水下分流河道砂体两侧不与其他砂体连通时，形成此类接触关系。

从三维空间上来看，×× 断块砂体大多表现为稳定的互层形式分布，属多层式连通方式；少数砂体在垂向和横向上相互连通，形成多边式接触；

部分砂体垂向和横向上与其他砂体不连通，形成孤立式连通关系。在多层式连通方式中，油水在各层砂体内流动，不会发生窜流现象；在多边式接触连通方式中，各期砂体内部的油水可以相互流通；在孤立式连通方式中，油水只在孤立的砂体内部流动。很显然，这些连通方式对分析地下油水运动规律具有重要的指导意义。

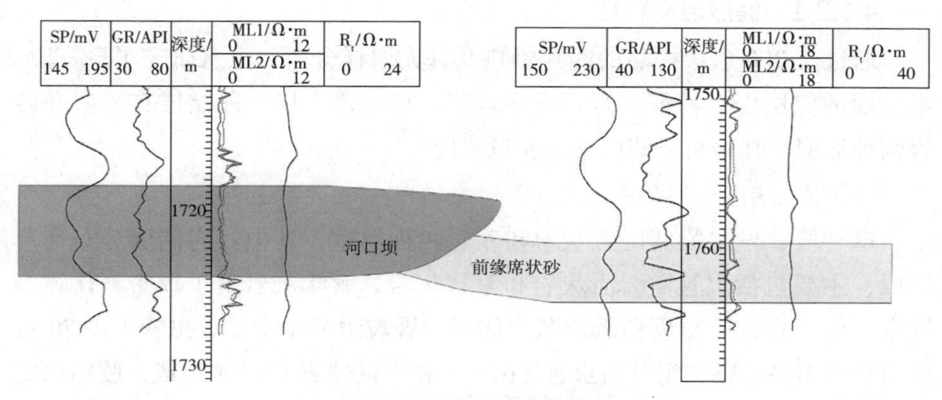

图 4–59　砂体肩臂式接触关系图

4.5.1.6　结构要素组合模式

（1）千层饼状结构模式。

千层饼状结构的特点是作为结构要素的分隔单元和隔夹层是呈层状叠置的。但是，由于所处三角洲部位的不同，各砂层组内叠置方式是变化的，它们是基准面旋回作用的结果。千层饼状结构在 ×× 断块主要包括连续叠加式的接触关系。千层饼状结构模式的开发意义有两点：分隔单元之间是基本稳定的隔夹层分隔，可以作为局部层系细分和合并的依据；储层发育规律决定了生产井注入和产出剖面特征，因而可作为分析储量动用状况的主要依据。

（2）拼合结构模式。

一个分隔单元内部常常由河口坝、前缘席状砂结构要素组成。在 ×× 断块拼合模式主要包括肩臂式、搭挤式、并肩式接触关系。从剖面上看，一个分隔单元内由几类结构要素相间排列构成。水下分流河道和河口坝的厚度相对较大，但变化较大；前缘席状砂体和滩的厚度相对较薄。

4.5.2 储层微观特征分析

××断块阜一段、阜二段储层微观特征分析主要包括储层岩矿特征，储层成岩作用及演化特征，储层孔隙类型、孔隙结构与孔隙非均质性，储层敏感性和储层微观结构模型等五个方面的分析。

4.5.2.1 储层岩矿特征

通过对200余块样品的薄片资料及补充取样分析，重点研究了阜一段、阜二段的储层岩矿特征。岩心观察表明，阜一段、阜二段储层有灰岩和砂岩两种类型，其中灰岩储层分布在阜二段。

（1）岩石组分。

阜一段、阜二段储层有灰岩和砂岩两种类型，其中灰岩储层分布在阜二段，主要包括虫管白云质灰岩和鲕状灰岩，鲕状灰岩由于致密、孔隙不发育一般不含油。虫管白云质灰岩储层中颗粒组分（主要是虫管）占70%，胶结物占30%。颗粒组分由虫管（67%）和少量砂屑（3%）组成，胶结物主要由方解石（24%）、白云石（1%）和泥晶灰云质（5%）组成（表4-21）。

表4-21 ××油田××断块阜二段灰岩储层岩石成分特征表

层段	岩性	颗粒组分		胶结物		
		虫管/%	砂屑/%	方解石/%	白云石/%	泥晶灰云质/%
阜二段	虫管白云质灰岩	67	3	24	1	5

砂岩储层的主要碎屑组分为石英、长石和岩屑，其中阜一段、阜二段砂岩储层石英含量为53%~76%，平均为62.7%；长石含量为10%~22.8%，平均为16.5%；岩屑含量为13%~26.6%，平均为20.8%（表4-22）。砂岩储层碎屑组分中石英平均含量大于60%，不稳定组分（长石+岩屑）含量小于40%。阜一段、阜二段砂岩储层中胶结物成分主要为泥质（2.1%）、灰质（8.5%）和白云质（5.1%）（表4-23），其中泥质胶结物主要为黏土矿物，灰质胶结物以方解石为主，白云质胶结物主要为白云石，另外还有部分石英次生加大成因的硅质胶结物。砂岩储层岩性主要为长石岩屑石英砂岩。

表 4-22　×× 油田 ×× 断块阜一段、阜二段砂岩储层主要碎屑成分

层位	石英 /%			长石 /%			岩屑 /%		
	最大	最小	平均	最大	最小	平均	最大	最小	平均
阜二段	76	55.8	66.4	22.8	10	15.4	24.1	13	18.2
阜一段	70	53	62.1	21.3	10	16.7	26.6	17	21.2
阜一段、阜二段	76	53	62.7	22.8	10	16.5	26.6	13	20.8

表 4-23　×× 油田 ×× 断块阜一段、阜二段砂岩储层胶结物成分

层位	泥质 /%			灰质 /%			白云质 /%		
	最大	最小	平均	最大	最小	平均	最大	最小	平均
阜二段	12	1	4.9	15	3	8.7	12	2	5.4
阜一段	6	0	1.6	25	0	8.5	15	0	5
阜一段、阜二段	12	0	2.1	25	0	8.5	15	0	5.1

（2）岩石结构。

阜一段、阜二段砂岩储层岩石颗粒一般呈次棱、次棱—次圆状，分选较好，磨圆较差，以细砂为主，灰质及白云质胶结，胶结程度中等，胶结类型以孔隙式为主，其次为孔隙—接触式和接触—孔隙式，颗粒支撑结构，颗粒接触方式以点—线接触为主，其次为线接触，以及少量点、漂浮游离接触方式。

综上所述，×× 断块阜一段、阜二段砂岩储层的碎屑组分成熟度高，结构成熟度较高，填隙物主要为黏土杂基和灰质、白云质胶结物，属长石岩屑石英砂岩。

4.5.2.2　储层成岩作用及演化特征

×× 断块阜一段、阜二段储层成岩作用主要是压实作用、胶结作用、交代作用以及溶解、溶蚀作用等。

（1）压实作用。

阜一段、阜二段储层埋深在 1600~1800m，最常见的压实现象是塑性颗粒的变形，如云母受挤压折弯或错断（图 4–60），泥晶碳酸盐颗粒受压变形，相邻的石英、长石等刚性颗粒嵌入其中，形成凹凸接触（图 4–61）。在泥质杂基含量较高的层段，泥质杂基受压后挤入粒间孔，碎屑颗粒迅速被压实，粒间孔消失；在泥质杂基含量较低的层段，可见颗粒因压实而发生破裂，如石英、长石等颗粒发育裂缝，甚至颗粒发生错断（图 4–62）；在

一些灰质胶结层段还可见碎屑颗粒被压定向排列（图 4-63）。这些现象均表明岩石经历了强烈的压实作用。

图 4-60　云母受挤压折弯
（2-8 井，1703.8m×320 单偏光）

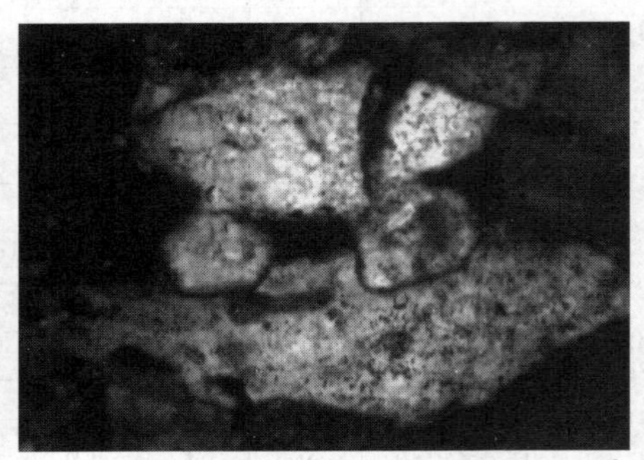

图 4-61　颗粒凹凸接触
（2-13 井，1715.3m×320 正交光）

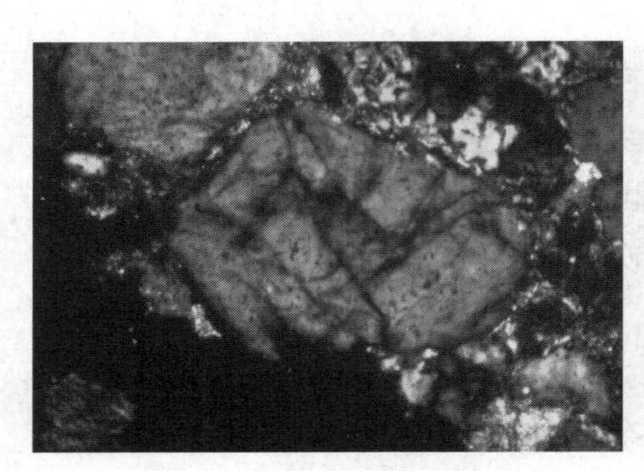

图 4-62　颗粒因压实而破裂
（2-1 井，1649.34m×320 正交光）

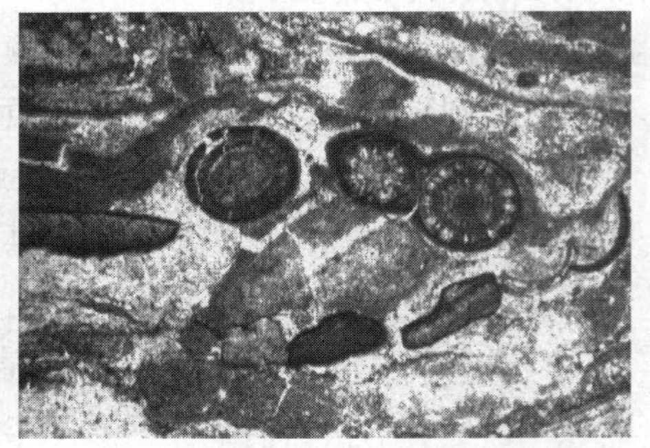

图 4-63　颗粒被压定向排列
（2-18 井，1787.1m×50 单偏光）

（2）胶结作用。

在压实作用发生的同时，胶结作用也在进行，胶结作用使沉积物固结成为沉积岩。镜下观察发现，阜一段、阜二段砂岩中主要胶结物有钙质和硅质两种，因此主要的胶结作用表现为碳酸盐胶结以及石英次生加大。

① 碳酸盐（钙质）胶结作用。

阜一段、阜二段部分储层内含有较多的碳酸盐胶结物，如方解石、白云石等，主要为方解石（图 4-64）。胶结类型为孔隙式，常见微晶状胶结和连片嵌晶式胶结，在生物壳含量较多的层位更是分布广泛，主要由生物壳溶于孔隙水后沉淀而形成，在部分层位形成连片嵌晶式胶结，大多数不显世代。这些胶结物的存在使得砂岩中碎屑颗粒的填集松散，甚至在嵌晶碳酸盐胶结物中呈“漂浮”形态。而颗粒周围无其他类型胶结物，反映其形成于沉积物轻微压实，其他胶结物尚未析出的中成岩浅埋藏阶段，并且由于这些胶结物在剖面上分布有限，厚度较薄，与上、下地层并无明显过渡，都反映其为同沉积胶结的产物。白云石常呈菱形自形晶体，分散充填于孔隙中。

图 4-64　方解石胶结颗粒（2-16 井，1713.40m×100 正交光）

早期的碳酸盐胶结物可使原生孔隙得到充填，使储层孔隙度和渗透率降低，但早期的胶结作用又起了支撑作用，可使早期压实、压溶作用受到抑制，也为次生溶蚀作用准备了易溶物质，可以形成次生孔隙发育的储层；若胶结物含量很高，形成嵌晶式胶结，堵死了孔隙和喉道，不利于后期地下酸盐流体的流动和对储层的改造，则形成致密储层。

②二氧化硅（硅质）胶结作用。

二氧化硅胶结物是砂岩中主要胶结物类型。二氧化硅胶结作用主要表现为附于石英碎屑颗粒并以同一光性方向的次生加大和生长在孔隙中的细小自生石英晶芽。原生石英颗粒之间边界清晰，镜下常以黏土薄膜加以区分。加大部分发育多不完全，少见环边状。一些加大边呈现较规则的晶形，一些被碳酸盐交代而不规则，其原因是当石英颗粒周围自由空间充分时，石英通过自身加大、增生可恢复晶体自形。在扫描电镜下，自生石英多呈单晶充填粒间孔隙，石英晶体晶面洁净、完整，晶棱清晰。成岩早期的石英次生加大，由于其空间较大，加大边一般较宽。到成岩后期由于大量的粒间孔隙被胶结物占据，受胶结物等形态的限制，石英次生加大只能表现为充填剩余孔隙，此种情况下，石英次生加大边缘很不规则，常沿颗粒边缘呈耳状、不完全环带状、锯齿状等，加大边一般较窄。自生石英呈单晶或晶簇充填在孔隙和喉道中或贴附在大石英颗粒上，常与自生黏土伴生。大小和形态受生长空间和物质供给控制，二氧化硅胶结物主要源自长石的溶解和黏土矿物的转化。由于二氧化硅胶结物形成后一般不再受溶蚀，因而其不仅会降低储层的孔渗性，而且改变储层的孔隙结构，使储层的粒间管状喉道变为“片状”或“缝状”，影响流体的渗流。

在阜一段、阜二段，综合普通薄片下的石英次生加大和扫描电镜下的自生石英的晶芽情况，加大级别可达2~3级（图4–65）。

图4–65　石英次生加大（2–8井，1700.2m×320正交光）

（3）交代作用。

阜一段、阜二段的交代现象主要是方解石交代碎屑组分（图4–66）。部分石英和长石颗粒被碳酸盐矿物交代而使其边缘呈不规则状（图4–67），还偶见方解石完全交代长石呈“长石假象”、黏土矿物交代颗粒等现象。碳酸盐胶结多由边缘向里进行，也可沿颗粒解理、双晶缝或裂缝进行，将一些颗粒部分或大部分“吃掉”，使颗粒呈“悬浮状”，胶结类型由孔隙式胶结发展为基底式胶结；交代作用使胶结类型成为连晶式，并使部分碎屑颗粒呈交代残余状，形成致密无孔隙的砂岩，这种交代作用使孔渗性大大降低。

另一主要的交代现象发生在黏土矿物含量较高的层位，表现为泥质杂基交代碎屑颗粒边缘，使颗粒边缘呈溶蚀状，一般这种交代作用对储层的孔渗性影响不大。

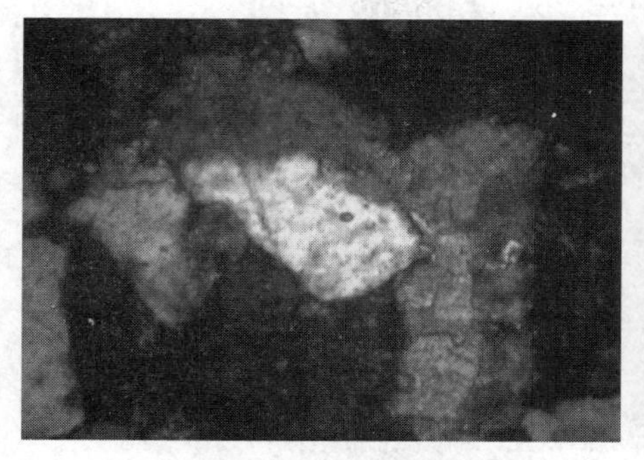

图 4-66　方解石交代颗粒
（2-1 井，1640.31m × 320 正交光）

图 4-67　颗粒边缘被交代呈不规则状
（2-62 井，1687.45m × 100 正交光）

（4）溶解、溶蚀作用。

压实、胶结和交代作用使砂岩的原生孔隙大量降低，对储层物性产生不利影响。而溶蚀作用却可以改善储层的性质。通过薄片及扫描电镜观察发现，石英颗粒、长石颗粒、岩屑颗粒及部分碳酸盐等易溶矿物被溶解成粒间孔和粒内孔，也有少量生物壳溶解。以长石颗粒溶蚀为主（图 4-68），部分层位可见碳酸盐胶结物的溶解（图 4-69）。长石和碳酸盐胶结物是强碱弱酸性盐，易在酸性条件下溶解；岩屑内矿物也多为钙、钠、钾等硅酸盐矿物，所以在酸性条件下也易于分解。主要表现为胶结物被溶解，形成扩大的粒间孔隙（图 4-69）；碎屑颗粒边缘被溶蚀，呈不规则状（图 4-70）；颗粒大部分沿解理面或晶面缺陷部位被淋滤溶蚀而形成蜂窝状或不规则形状的粒内溶孔（图 4-71），全部溶解可形成铸模孔。

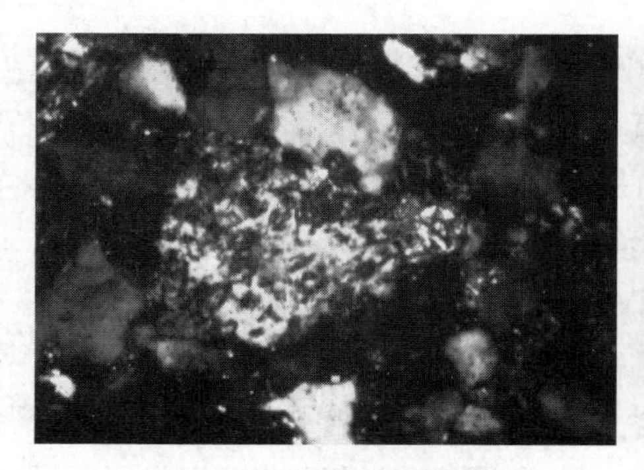

图 4-68　长石被溶蚀，呈蜂窝状
（2-13 井，1715.3m × 320 正交光）

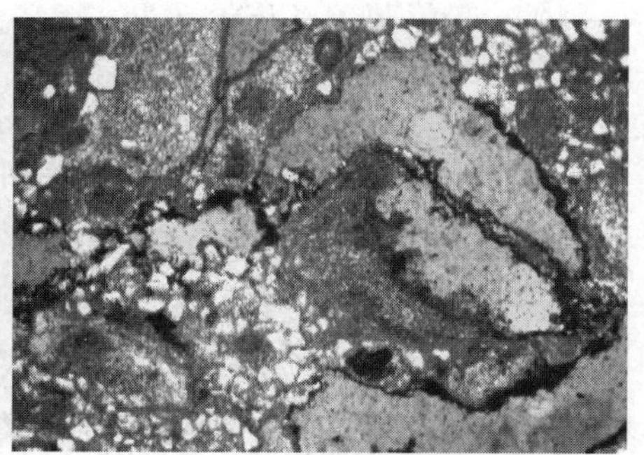

图 4-69　充填的碳酸盐矿物部分溶解
（2-18 井，1727.52m × 100 单偏光）

图 4-70　石英边缘被溶蚀，呈不规则状
（2-8 井，1703.8m × 320 正交光）

图 4-71　长石颗粒内不规则溶孔
（2-8 井，1700.2m × 320 正交光）

（5）黏土矿物的转化。

黏土矿物的成岩作用表现在自生黏土矿物以不同形式充填在孔隙中。X—衍射分析表明，阜一段、阜二段中主要的黏土矿物为绿泥石，石、伊 / 蒙混层次之（表 4-24）。多以晶体较粗的自生矿物形式充填在孔隙中，在油田开发中应适当加入黏土膨胀抑制剂。

表 4-24　× × 油田 × × 断块阜一段、阜二段砂岩中黏土矿物类型及含量统计

层位	高岭石 /%			绿泥石 /%			伊 / 蒙混层 /%			混层比 /%		
	最大	最小	平均	最大	最小	平均	最大	最小	平均	最大	最小	平均
阜二段	25	3	1.3	83	13	53.2	41	3	19.6	60	10	22.9
阜一段	27	0	2.3	90	14	54.8	42	3	19.8	25	10	19.2
阜一段、阜二段	27	0	2.0	90	13	54.3	42	3	19.7	60	10	20.5

综合以上分析认为，× × 断块阜一段、阜二段储层砂岩成岩演化阶段主要处于晚成岩期的 A 亚期（表 4-25）。

绿泥石的成因主要有两种：一种是在碱性介质中由角闪石、黑云母等矿物蚀变而成；另一种是由高岭石、蒙脱石转化而成。在成岩作用过程中，如果介质保持碱性，绿泥石和伊利石都可以稳定存在，相应的变化是结晶度的增加；如果水介质变为酸性，两者都将变得不稳定，可能消失，也可能转化为高岭石。阜一段、阜二段黏土矿物中绿泥石和伊利石含量较高，反映出储层孔隙水为碱性且其中 Mg^{2+}、K^{+} 含量较高。伊 / 蒙混层主要是同生沉积的蒙脱石转化而来的，间层呈有序排列，属有序混层带。

表 4–25　× × 油田 × × 断块阜一段、阜二段储层成岩作用标志及成岩阶段

埋藏成岩		砂岩固结程度	砂岩中黏土矿物						石英加大级别	溶解作用	接触类型	孔隙类型
时期	亚期		I/S 中 S 的含量 /%	混层类型分带	相对含量 /%							
					高岭石（K）	绿泥石（Ch）	伊利石（I）	伊/蒙混层（I/S）				
晚成岩	A	固结	20.5	有序混层	2.0	54.3	23.9	19.7	2~3 级	长石、岩屑及方解石溶解	点—线	以原生粒间孔为主，少量次生孔

4.5.2.3　储层孔隙类型、孔隙结构和孔隙非均质性

（1）孔隙类型。

阜一段、阜二段储层砂岩的孔隙主要为粒间孔，其次为粒内孔及裂缝孔隙。其中，粒间孔包括以原生粒间孔和碳酸盐胶结物溶解为主形成的次生粒间孔；粒内孔为溶蚀的次生孔隙，以长石、岩屑的溶蚀淋滤作用形成的孔隙为主；裂缝孔隙主要包括构造活动产生的裂缝和压实作用产生的颗粒裂隙。

储层中颗粒支撑的砂岩喉道类型以缩颈喉道和片状喉道为主，其次是收缩喉道。储层喉道连通性比较差。在杂基含量较高或胶结作用较发育的砂岩中，可见孔隙小且喉道极细的片状弯曲喉道和微孔隙既是孔隙又是喉道的管束状喉道。

（2）孔隙结构。

此次研究中主要利用蔡斯公司的图像分析系统分析 × × 断块阜一段、阜二段储层的孔隙结构特征，主要是利用铸体薄片中被有色树胶充填的孔隙与岩石骨架及填隙物颜色的差异性，借助计算机对颜色准确、快速的分辨力测量各种参数。

① 孔隙结构类型。

根据孔隙大小分级标准以及图像分析的结果，阜一段、阜二段储层可归结出 5 种微观孔隙结构类型：A 型为大孔粗喉结构，B 型为大孔中喉结构，C 型为中孔中喉结构，D 型为小孔细喉结构，E 型为颗粒紧密胶结微孔结构。

②孔隙结构特征及评价。

依据上述图像分析结果，对五种孔隙结构类型的特征分析如下：

A 型：对应阜一段、阜二段较好储层，颗粒较粗，主要为中—粗砂，含砾。颗粒间多为点—线接触，粒间孔发育，孔隙面积大；喉道以缩颈喉道和收缩喉道为主，其次为片状喉道，连通性好，分选较差。

B 型：对应中等储层，颗粒较细，主要为中—细砂，颗粒间多为线—点接触，孔隙面积、直径较大，孔隙以粒间孔为主，分选中等；喉道以片状为主，其次为收缩喉道；连通性较好。

C 型：对应较差储层，颗粒较细，主要为粉—细砂，颗粒间多为线—点接触，孔隙面积、直径、喉道相对较小，孔隙以粒间孔为主，分选中等；喉道以片状为主，连通性较好。

D 型：对应最差储层，粗粒和细粒砂岩中均发育此种类型，孔隙主要为少量的颗粒溶蚀孔隙和微量的粒间孔，孔隙面积、直径等参数在前 4 类结构类型中最小。胶结较为致密，连通性差，分选较差。

E 型：对应非储层，砂岩中填隙物含量高，胶结非常致密，仅有微量的溶蚀作用形成的微孔隙。

（3）孔隙结构与沉积相带的关系。

根据补充取样铸体薄片的孔隙结构分析结果，并结合 ×× 断块沉积微相分析的成果，初步分析了阜一段、阜二段储层中不同相带的孔隙结构特征。沉积微相分析结果表明，×× 断块阜一段、阜二段主要发育三角洲相及滨浅湖滩坝相，沉积微相类型主要包括三角洲前缘亚相的水下分流河道、河口坝、前缘席状砂以及滨浅湖砂坝、生物滩、鲕粒滩、灰质滩等。

数据统计结果（表 4–26）表明，不同沉积微相带的孔隙结构类型分布有较大的差异。三角洲前缘水下分流河道微相带中的孔隙结构类型以 A 型和 B 型为主，占分析样品总数的 31.25%，其次为 C 型、D 型、E 型，均占样品总数的 6.25%；三角洲前缘河口坝微相带中的孔隙结构类型主要为 A 型和 B 型，占分析样品总数的 12.5%，该微相带内未见其他孔隙结构类型的样品；三角洲前缘席状砂及水下分流间湾薄层砂中的孔隙结构类型主要为 D 型和 E 型，均占分析样品总数的 18.75%；滨浅湖砂坝微相带在分析样品中仅见 C 型孔隙结构，占样品总数的 6.25%。综合分析得出以下结论，三角洲前缘的水下分流河道和河口坝微相砂岩储层粒度粗，分选较好，孔隙大且连通性较好，孔隙结构类型以较好的 A 型、B 型为主，为 ×× 断块较好的储层；三角洲前缘席状砂和水下分流间湾薄砂岩储层粒度细、孔隙小且连通性较差，受后期成岩作用影响，孔隙结构类型以较差的 D 型、E 型为主，为 ×× 断块较差储层；滨浅湖砂坝储层性质介于以上两者之间。

表 4–26　×× 油田 ×× 断块阜一段、阜二段储层不同相带孔隙结构类型统计

微相类型	孔隙结构类型所占比例 /%				
	A 型	B 型	C 型	D 型	E 型
三角洲前缘水下分流河道	12.5	18.75	6.25	6.25	6.25
三角洲前缘河口坝	6.25	6.25	—	—	—
三角洲前缘席状砂	—	—	—	6.25	12.5
三角洲前缘水下分流间湾	—	—	—	12.5	6.25
滨浅湖砂坝	—	—	6.25	—	—

灰岩储层主要为生物滩及鲕粒滩微相，其中，生物滩微相灰岩中孔隙结构类型为 A 型和 E 型，在灰岩样品中所占比例各半，鲕粒滩微相灰岩中孔隙结构类型均为 E 型。综合分析表明，生物滩微相储层性质受后期成岩作用影响较大，一类生物滩灰岩储层经过淋滤、溶蚀或者早期烃类充注抑制后期成岩作用，导致储层孔隙巨大，连通性好，孔隙结构类型为好的 A 型，成为 ×× 断块较好储层；另一类生物滩灰岩则成岩作用强烈，碳酸盐胶结致密，孔隙不发育，孔隙结构类型为 E 型，为 ×× 断块非储层生物滩灰岩。鲕粒滩灰岩胶结致密，孔隙不发育，孔隙结构类型为 E 型，同第二类生物滩灰岩一样，为本区非储层灰岩。

（4）孔隙非均质性。

这里用粒度中值变异系数来表征各小层储层孔隙的非均质性。根据测井解释成果，计算出各小层粒度中值的变异系数（表 4–27）。统计各小层粒度中值的变异系数发现，$E_1f_2^{3-1}$、$E_1f_2^{3-2}$、$E_1f_1^{1-1}$、$E_1f_1^{1-2}$、$E_1f_1^{2-1}$、$E_1f_1^{2-2}$、$E_1f_1^{2-3}$、$E_1f_1^{2-5}$ 和 $E_1f_1^{2-6}$ 小层粒度中值的变异系数较小，粒度中值均匀，非均质性弱；$E_1f_1^{1-3}$、$E_1f_1^{1-4}$ 和 $E_1f_1^{2-4}$ 小层粒度中值的变异系数较大，粒度中值较为均匀，非均质性中等。

表 4–27　×× 油田 ×× 断块各小层粒度中值变异系数

小层	粒度中值变异系数	小层	粒度中值变异系数
$E_1f_2^{3-1}$	0.32	$E_1f_1^{2-1}$	0.42
$E_1f_2^{3-2}$	0.18	$E_1f_1^{2-2}$	0.39
$E_1f_1^{1-1}$	0.30	$E_1f_1^{2-3}$	0.39
$E_1f_1^{1-2}$	0.45	$E_1f_1^{2-4}$	0.58
$E_1f_1^{1-3}$	0.56	$E_1f_1^{2-5}$	0.45
$E_1f_1^{1-4}$	0.52	$E_1f_1^{2-6}$	0.32

4.5.2.4　储层敏感性

（1）速敏性。

对储层速敏性进行评价的目的在于了解地层渗透率的变化与地层中的流体流速变化的关系，找出其临界流速或临界流量值，并评价速敏性的程度，为现场选择合适的采油强度和注入速度提供依据。×× 断块阜二段临界流速为 0.0023~0.006cm/s，阜一段临界流速为 0.0018~0.0097cm/s；阜二段为中偏弱速敏，阜一段为弱—中偏弱速敏（表 4–28）。

表 4–28　×× 油田 ×× 断块储层速敏性评价

取心井名	层段	速敏评价	
		临界流速 /（cm/s）	强度
2	阜一段	0.0018~0.0025	弱—中偏弱
2–13	阜二段	0.0023	中偏弱
2–16	阜二段	0.0087	强
2–18	阜二段	0.0023~0.0060	中偏弱—中偏强
2–22	阜一段	0.00182	弱
2–8	阜一段	0.0018~0.0097	弱—强

（2）水敏性。

水敏性是指当与储集层不配的外来流体进入储集层后引起储层中的黏土矿物膨胀、分散和运移，从而引起渗透率下降的现象。对 ×× 断块进行水敏性评价的目的就是了解这一膨胀、分散、运移的过程，以及最终使油层渗透率下降的程度，从而有助于合理选择预防性措施。×× 断块阜一段、阜二段储层表现为中偏强水敏（表 4–29）。

表 4–29　××油田××断块储层水敏性评价

取心井名	层段	水敏评价	
		水敏指数	强度
2	阜一段	0.32~0.63	中偏强
	阜二段	0.65	中偏强

（3）盐敏性。

进行盐敏实验的目的是找出盐敏发生的条件，以及由盐敏引起的油层损害程度，为各类工作液的设计提供依据。××断块阜二段储层临界盐度为1000~40000mg/L，为中—强盐敏；阜一段储层临界盐度为5000~40000mg/L，也为中—强盐敏（表4–30）。

表 4–30　××油田××断块储层盐敏性评价

取心井名	层段	盐敏评价	
		临界盐度 /（mg/L）	强度
2	阜一段	40000	极强
	阜二段	37000~40000	极强
2–1	阜一段	5000~10000	中偏强
2–13	阜一段	30000	强
	阜二段	1000~30000	弱—强
2–16	阜二段	5500	中偏弱
2–18	阜二段	20000~30000	强
2–22	阜一段	24678	强
2–8	阜一段	20000~30000	强

（4）酸敏性。

进行酸敏实验的目的是研究各种酸液的酸敏程度，其本质是研究酸液与油层的配伍性，为油层基质酸化和酸化解堵设计提供依据。根据统计出的实验数据（表4–31），××断块阜一段储层为弱酸敏，阜二段储层无酸敏实验数据。

表 4–31　××油田××断块储层酸敏性评价

取心井名	层段	酸敏评价	
		酸敏指数	强度
2	阜一段	0.1~0.31	无—中偏弱

4.5.2.5 储层微观结构模型

储层微观结构模型是指储集空间填隙物主要是黏土矿物的类型、数量、产状及其与孔隙空间的位置关系。建立 ×× 断块储层微观结构模型最直接的目的是揭示填隙物潜在敏感性、避免或减缓与岩石有关的地层损害以及提出合理的增产措施。对于与岩石有关的损害，只要弄清其潜在的损害机理，就能够充分认识这种损害作用和有针对性地提出相应的技术措施。综合以上分析，认为 ×× 断块阜一段、阜二段储层岩石本身造成损害的原因是：①黏土的分散及运移；②颗粒运移；③矿物沉淀；④晶格膨胀。其损害机理主要表现为：①由于储层组分的溶解度不同而使颗粒脱落；②流体冲积引起颗粒运移；③矿物的溶解和重新沉淀；④地层与注入流体之间的化学不配伍。当考虑损害机能时，黏土矿物的含量和类型无疑是重要的。然而，在多数储层中，黏土矿物的形态及其在孔隙中的位置往往是储层敏感性程度的控制因素。因此，可总结归纳出 ×× 断块阜一段、阜二段六种储层微观结构模型。

（1）碳酸盐胶结型。

碳酸盐含量大于 10%，早期方解石呈嵌晶式胶结，晚期方解石、白云石和铁白云石充填粒间或交代方解石，另有少量黏土矿物。主要的地层损害机理是矿物沉淀和碳酸盐溶解时释放的黏土微粒的分散及运移（图 4–72）。

图 4–72　碳酸盐胶结型（2–62 井，1685.6m × 100 单偏光）

（2）生物颗粒型。

黏土矿物以分散形式充填孔隙，主要由虫管和胶结物组成，胶结物主要为方解石、白云石和泥晶灰云质。主要潜在的地层损害机理是矿物沉淀，其次是分散运移（图 4-73）。

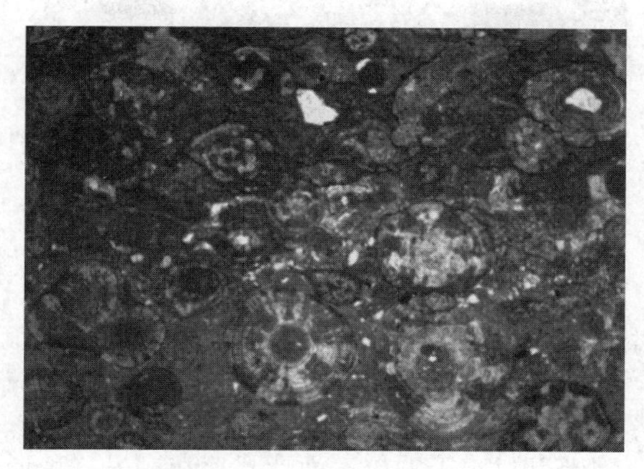

图 4-73　生物颗粒型（2-16 井，1700.83m × 50 单偏光）

（3）杂基充填型。

杂基含量大于 15%，黏土主要以分散形式充填孔隙，成分以伊 / 蒙混层为主，也有部分以颗粒状态存在的泥岩岩屑和云母等。主要潜在的地层损害机理是晶格膨胀，同时也有分散运移。微孔隙发育，物性差（图 4-74）。

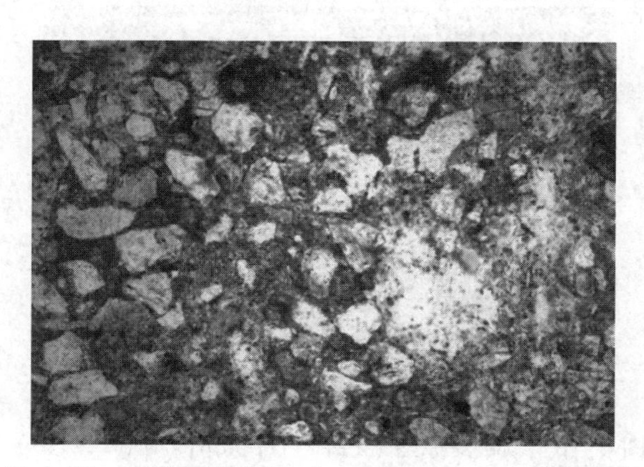

图 4-74　杂基充填型（2 井，1710.6m × 100 单偏光）

（4）杂基和方解石胶结物充填型。

填隙物包括杂基和方解石胶结物，含量约 15%，杂基的微孔隙结构对流体侵入者有一定限制，但方解石溶解可使黏土分散及运移，并有晶体膨胀，物性较差（图 4-75）。

图 4-75　杂基和方解石胶结物充填型（2-62 井，1683.5m×100 单偏光）

（5）颗粒支撑型。

填隙物少，黏土以附着于颗粒表面形式存在；另一种形式是黏土或方解石胶结物呈接触胶结，这两种形式常同时存在。前者易于流体接触，移位时堵塞孔喉，降低渗透率。后者胶结很弱，地层呈半固结或未固结状态，胶结物分散或溶解，造成颗粒运移，导致岩石结构破坏，地层松散，物性很好（图 4-76）。

图 4-76　颗粒支撑型（2 井，1700.6m×100 单偏光）

（6）石英次生加大型。

硅质胶结，石英加大可达 2~3 级，常见自生石英晶体和自生高岭石、绿泥石等一起充填孔隙，使孔隙缩小、喉道变窄。主要潜在的地层损害机理是分散及运移，其次是矿物沉淀（图 4-77）。

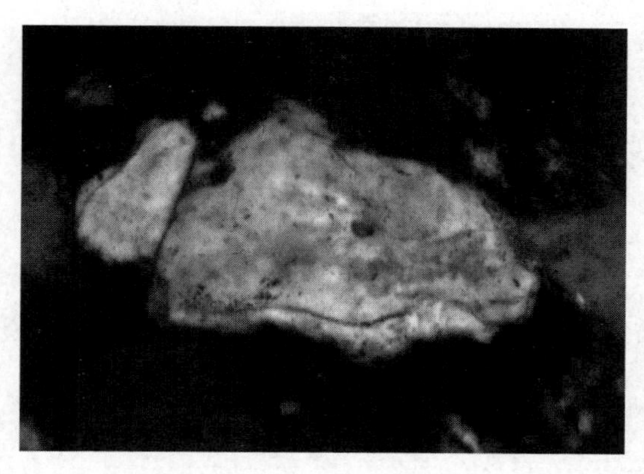

图 4–77　石英次生加大型（2–8 井，1700.2m × 320 正交光）

就以上 6 种模型而言，（1）、（2）种储层结构模型主要出现在阜二段；（3）、（4）、（5）、（6）种储层结构模型主要出现在阜一段，（3）、（4）种最常见。

4.5.3　储层流动单元研究

流动单元的定义：在一定区域内以岩性或物性隔挡层为界，内部具有相似岩石物理特征和流体渗流能力、空间上连续分布的储集体。

流动单元代表特定的沉积环境和流体流动特征。应用流动单元方法刻画油藏非均质性，进行油藏精细描述和表征，为建立准确的地质模型奠定了基础。在此基础上，结合油藏数值模拟，可以客观准确地确定剩余油的分布，为制定剩余油挖潜方案提供科学依据。

4.5.3.1　单参数法划分储层流动单元

× × 断块流动单元的研究，是在小层划分与对比工作的基础上，应用孔隙几何学，从反映岩石孔隙结构特征的参数入手，根据不同流动单元具有不同孔喉结构特征的原理进行。

根据 Kozeny-carman 方程，孔隙度和渗透率符合以下关系：

$$k=\frac{\Phi_{\mathrm{e}}^{3}}{(1-\Phi_{\mathrm{e}})^{2}}\cdot\frac{1}{F_{\mathrm{S}}\tau^{2}S_{\mathrm{gv}}^{2}} \tag{4–30}$$

式中，k 为渗透率（μm^2）；Φ_e 为孔隙度；$F_S\tau^2$ 为 Kozeny 常数；S_{gv} 为单位颗粒体积比表面。公式可变形为：

$$\sqrt{\frac{K}{\Phi_e}}=\frac{\Phi_e}{1-\Phi_e}\cdot\frac{1}{\sqrt{F_S\tau S_{gv}}} \tag{4-31}$$

流动指数 *FZI* 定义为：

$$FZI=\frac{1}{\sqrt{F_S\tau S_{gv}}} \tag{4-32}$$

储层品质指数 *RQI* 定义为：

$$RQI=\sqrt{\frac{K}{\Phi_e}} \tag{4-33}$$

孔隙体积与颗粒体积之比 Φ_z：

$$\Phi_z=\frac{\Phi_e}{1-\Phi_e} \tag{4-34}$$

综合以上各式可得

$$RQI=\Phi_z\cdot FZI \tag{4-35}$$

两边取对数得

$$\lg RQI=\lg\Phi_z+\lg FZI \tag{4-36}$$

式（4-36）表明在 *RQI* 和 Φ_z 的双对数坐标图上，具有相近 *FZI* 值的样品将落在一条斜率为 1 的直线上，具有不同 *FZI* 值的样品将落在一组平行直线上。而同一直线上的样品具有相似的孔喉特征，从而构成一类流动单元。而不同的流动单元，其 *FZI* 值是不同的，因此根据岩心资料计算出与孔喉相关的参数 *RQI* 和 *FZI* 之后，基于 *FZI* 值可划分出流动单元。

一种类型的流动单元应当对应着一个 *FZI* 值。在 *RQI* 和 Φ_z 的双对数坐标图上，样品都落在斜率为 1 的一条直线上，在直方图上表现为一条直线。但是由于岩心分析中存在随机测量误差，导致 *FZI* 围绕其真实均值有一个分布。如果存在多个流动单元，总的 *FZI* 分布函数就是单个流动单元分布函数的叠加。在直方图上表现为多峰曲线，在 *RQI* 和 Φ_z 的双对数坐标图上，表现为有一组平行直线。

基于以上认识，采用概率统计法来进行流动单元类型的划分。在正态概率图上，正态分布函数的图像为一条直线。不同的流动单元，由于具有不同的概率分布函数，故在正态概率图上表现为具有不同斜率的直线段。

本次划分储层流动单元的具体步骤如下：由岩心分析数据计算 *FZI*、

RQI 等参数；计算 *FZI* 的概率累计值，作图；具有不同斜率直线段的个数即为流动单元类型的数目，线段的端点所对应 *FZI* 值即为不同类型流动单元的分界点；划分取心井和非取心井的流动单元。

4.5.3.2 流动单元的划分

在全区小层划分与对比工作的基础上，取得各小层的分层数据。使用取心井孔隙度、渗透率分析数据，建立全区流动单元划分标准，划分取心井和非取心井的流动单元。

（1）取心井流动单元的划分。

依据上述方法，在 ×× 断块阜一段、阜二段取心层段孔隙度、渗透率分析数据的基础上，制作 *FZI* 概率图（图 4–78），将储层划分为Ⅰ类、Ⅱ类、Ⅲ类、Ⅳ类共 4 类流动单元，得出各类流动单元的 *FZI* 边界值。通过制作 *FZI* 概率图，求得 *RQI* 与 Φ_z 关系图（图 4–79）。

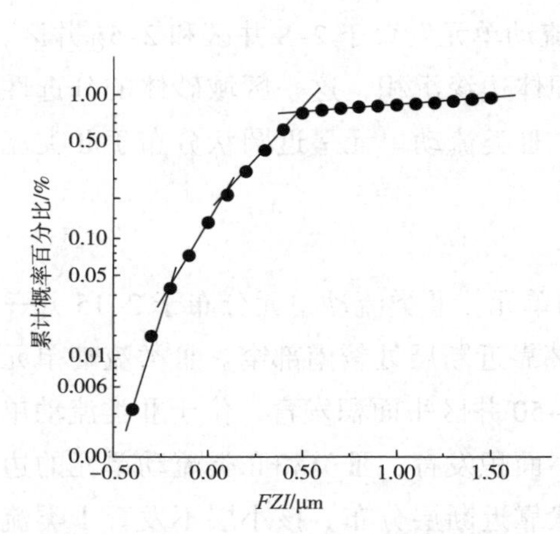

图 4–78 ×× 油田 ×× 断块取心井 $E_1f_2^3$—$E_1f_1^2$ 砂层组 *FZI* 概率图

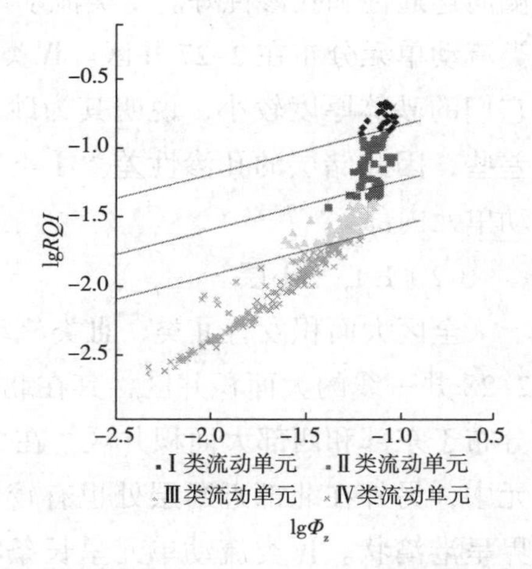

图 4–79 ×× 油田 ×× 断块取心井 $E_1f_2^3$—$E_1f_1^2$ 砂层组 *RQI* 与 ϕ_z 关系图

（2）全区流动单元的划分。

以取心井流动单元 *FZI* 边界值为标准，划分 ×× 断块非取心井的流动单元。分析各类流动单元的孔隙度、渗透率、原始含油饱和度分布特征（表 4–32）。

表 4-32　××油田××断块 $E_1f_2^3$—$E_1f_1^2$ 砂层组流动单元特征参数表

流动单元类型	FZI/μm	Φ/%			K/10^{-3}μm²			S_o/%		
		最大值	最小值	平均值	最大值	最小值	平均值	最大值	最小值	平均值
Ⅰ	>3.16	22.79	15.36	17.59	155.7	34.70	56.20	70.1	46.56	58.15
Ⅱ	1.26~3.16	21.31	13.31	15.58	62.59	4.68	23.14	62.34	29.62	49.84
Ⅲ	0.63~1.26	14.59	8.14	13.00	18.29	1.12	10.52	49.20	25.90	34.40
Ⅳ	<0.63	10.81	0.30	5.80	3.41	0.10	0.78	20.92	1.14	11.25

4.5.3.3　流动单元平面分布特征

通过划分各井中各小层的流动单元类型，完成各小层流动单元分布图。以下为 $E_1f_2^{3-1}$ 等 6 个小层流动单元平面分布特征。

（1）$E_1f_2^{3-1}$ 小层。

全区广泛发育Ⅱ类流动单元，其他类型流动单元呈孤立状分布。Ⅱ类流动单元发育的面积最大，与砂坝沉积全区分布有关；砂坝体颗粒较均一，侧向连通性和孔渗性好。Ⅰ类流动单元发育较少，只在 2–62 井区发育。Ⅲ类流动单元分布在 2–27 井区。Ⅳ类流动单元发育于 2–8 井区和 2–51 井区，它们的砂体厚度较小，说明其为砂坝体边缘沉积，这一区域砂体的分选性差些，因此储层的孔渗性差。Ⅰ类、Ⅲ类流动单元呈近圆状分布于Ⅱ类流动单元内部。

（2）$E_1f_2^{3-2}$ 小层。

全区大面积发育Ⅱ类、Ⅲ类流动单元。Ⅱ类流动单元分布于 2–15 井—2–28 井一线的大面积井区，其在北部靠近断层处较南部窄。Ⅲ类流动单元分布于东部和西部大面积井区，在 2–50 井区小面积发育，位于Ⅱ类流动单元中，另外在北部近断层处也有较小面积发育；Ⅲ类和Ⅱ类流动单元的边界呈港湾状。Ⅳ类流动单元呈长条状靠近断层分布。该小层不发育Ⅰ类流动单元。

（3）$E_1f_1^{1-1}$ 小层。

全区广泛发育Ⅱ类、Ⅲ类、Ⅳ类流动单元，Ⅳ类流动单元的面积较大。Ⅱ类流动单元主要分布于 2–41A 井—2–53 井一线靠近断层的大面积井区，内部偶尔发育其他类型的流动单元。Ⅳ类流动单元分布于Ⅱ类流动单元以南的大面积井区，这一区域主要为水下分流间湾发育区，储层的孔渗性较差；Ⅳ类流动单元内部镶嵌Ⅱ类和Ⅲ类流动单元。Ⅲ类流动单元零星分布于Ⅱ类、Ⅲ类流动单元内部，呈北东或北西向展布。Ⅰ类流动单元小面积发育，位于Ⅱ类流动单元中。

（4）$E_1f_1^{1-3}$ 小层。

主要发育Ⅱ类流动单元，占全区面积的 3/4，Ⅰ类流动单元也较发育，这是因为该小层大面积发育水下分流河道砂体，砂体的孔渗性较好，较少发育夹层，有利于流体流动。Ⅰ类流动单元分布于中部 2–23 井区、东部 2–13 井区、中部 2–10 井区和南部 2–17 井区，长轴呈北东—南西向；这些井区沉积的砂体较厚，最大厚度在 10m 以上，位于河道中心附近，砂体的连通性好。Ⅲ类流动单元发育于靠近断层的 2–52 井区和 2–41A 井区。该小层不发育Ⅳ类流动单元。

（5）$E_1f_1^{2-3}$ 小层。

主要发育Ⅱ类流动单元，覆盖全区的大部分井区，这与全区大面积发育水下分流河道有关。Ⅰ类流动单元呈土豆状分布于 2–17 井区。Ⅲ类流动单元呈长条状分布，长轴呈北东和北西向。Ⅳ类流动单元发育于 2–20 井区，镶嵌于Ⅲ类流动单元内部，这一井区发育水下分流间湾沉积。

（6）$E_1f_1^{2-5}$ 小层。

全区大面积发育Ⅱ类流动单元。Ⅲ类流动单元大面积发育于 2–36 井区，这一井区的砂体厚度较小，为河口坝侧缘沉积，砂体的分选程度较差，储层的孔渗性也较差；在 2–52 井区和 2–57 井区也有较小面积发育，其长轴主要呈北东—南西向。Ⅳ类流动单元分布于 2–11 井区，位于Ⅲ类流动单元内部，长轴呈东西向。Ⅰ类流动单元较小面积发育于 2–23 井区。通过分析各小层流动单元平面分布图和各井流动单元分布情况发现：Ⅱ类流动单元分布的总面积最大，在各个层位均有发育，发育的层位最多；Ⅰ类流动单元分布的总面积最小，发育的层位最少，只在 $E_1f_1^{1-3}$ 小层发育的面积较大；Ⅲ类流动单元在多个小层发育，发育的面积也较大；Ⅳ类流动单元分布的总面积较小，但在 $E_1f_2^{3-1}$、$E_1f_1^{1-1}$ 小层发育的面积较大。

4.5.3.4　流动单元与剩余油分布的关系

通过对比以上各小层流动单元分布情况和剩余油饱和度图，可以发现：剩余油富集区（剩余油饱和度大于 40%）主要分布于Ⅱ类流动单元中，这些井区发育砂体的厚度较大，砂体的分选程度较高，储层的连通性和孔渗性较好，剩余油饱和度较高；Ⅰ类流动单元的剩余油饱和度大于40%，但其发育的面积较小；Ⅲ类流动单元的剩余油饱和度多小于25%，有的为干层，其位于薄砂体分布区，砂体的分选性低，孔渗性差；Ⅳ类流动单元的储集性能和渗透性能很差，主要为干层，其多分布于水下分流间湾沉积区，或位于薄砂体分布区，砂体的分选性低，孔渗性差。因此剩余油主要集中于Ⅱ类流动单元中。

4.5.4 储层参数分布研究

储层参数在空间上的分布受多种因素控制，各种储层参数在层内、平面上和不同沉积微相内表现出不同的分布特征。

4.5.4.1 储层参数纵向分布特征

××断块阜一段、阜二段发育三角洲前缘和滨浅湖亚相沉积，各砂层组、小层的沉积微相类型不同，储层的孔隙度、渗透率、含油饱和度值存在差异（表4–33）。

表4–33 ××油田××断块阜一段、阜二段各小层储层参数特征

小层	孔隙度/%			渗透率/$10^{-3}\mu m^2$			含油饱和度/%		
	最大值	最小值	平均值	最大值	最小值	平均值	最大值	最小值	平均值
$E_1f_2^{3-1}$	21.24	9.1	15.74	155.7	0.4	39.45	67.03	9.1	49.65
$E_1f_2^{3-2}$	20.79	7.59	13.85	141.8	0.1	17.35	64.11	1.14	34.72
$E_1f_1^{1-1}$	20.94	3.68	12.42	120.5	0.1	18.85	63.53	0	29.26
$E_1f_1^{1-2}$	21.21	5.11	15.32	131.8	0.1	30.54	69.71	0	45.06
$E_1f_1^{1-3}$	19.64	9.04	15.41	119.1	1	36.6	70.42	0.09	49.61
$E_1f_1^{1-4}$	20.06	9.15	14.83	107.4	1.48	27.78	68.64	0.77	41.91
$E_1f_1^{2-1}$	19.12	2.52	10.18	76.7	0.1	8.54	61.6	0	17.66
$E_1f_1^{2-2}$	19.39	3.18	12.51	73.3	0.1	12.59	62.03	0	23.25
$E_1f_1^{2-3}$	20.26	8.2	13.39	105.2	0.3	16.4	63.09	0	27.69
$E_1f_1^{2-4}$	19.38	10.24	15.10	99.8	3.8	31.69	69.36	0	34.92
$E_1f_1^{2-5}$	18.20	9.59	13.79	55.1	1.95	15.97	63.38	0	28.07
$E_1f_1^{2-6}$	16.55	1.84	10.38	57.3	0.1	5.4	45.07	0	13.27

在$E_1f_2^3$砂层组中，$E_1f_2^{3-1}$小层的孔隙度、渗透率、含油饱和度值为全区最大，平均孔隙度为15.74%，平均渗透率为$39.45\times10^{-3}\mu m^2$，平均含油饱和度为49.65%。这是因为该小层为砂坝沉积，砂体的原生孔隙和次生孔

隙发育，颗粒分选程度高，连通性好。$E_1f_2^{3-2}$ 小层也为砂坝沉积，其孔隙度、渗透率、含油饱和度值也较大，但砂体的规模、发育程度较 $E_1f_2^{3-1}$ 小层差，所以其参数值较 $E_1f_2^{3-1}$ 小层小些。

在 $E_1f_1^1$ 砂层组中，$E_1f_1^{1-1}$ 小层的孔隙度、渗透率、含油饱和度值较小，平均孔隙度为 12.42%，平均渗透率为 $18.85\times10^{-3}\mu m^2$，平均含油饱和度为 29.26%。这与该小层发育较大面积的水下分流间湾沉积有关。$E_1f_1^{1-2}$、$E_1f_1^{1-3}$、$E_1f_1^{1-4}$ 小层大面积发育水下分流河道微相，较少发育或不发育水下分流间湾微相，因此其孔隙度、渗透率、含油饱和度值较大。

在 $E_1f_1^2$ 砂层组中，$E_1f_1^{2-1}$、$E_1f_1^{2-2}$ 小层的孔隙度、渗透率、含油饱和度值较小。$E_1f_1^{2-1}$ 小层的平均孔隙度为 10.18%，平均渗透率为 $8.54\times10^{-3}\mu m^2$，平均含油饱和度为 17.66%。因为这两个小层大面积发育水下分流间湾微相，所以其孔隙度、渗透率、含油饱和度值较小。$E_1f_1^{2-3}$、$E_1f_1^{2-4}$、$E_1f_1^{2-5}$ 小层的孔隙度、渗透率、含油饱和度值较大，它们主要发育水下分流河道、河口坝砂体。$E_1f_1^{2-6}$ 小层的孔隙度、渗透率、含油饱和度值很小。该小层为前缘席状砂沉积，其泥质含量高等因素导致其孔渗性和含油性较差。

总体上，$E_1f_2^3$ 砂层组的平均孔隙度为 15%，平均渗透率为 $30\times10^{-3}\mu m^2$，平均含油饱和度为 42%；$E_1f_1^1$ 砂层组的平均孔隙度为 14.5%，平均渗透率为 $28\times10^{-3}\mu m^2$，平均含油饱和度为 43%；而 $E_1f_1^2$ 砂层组的平均孔隙度为 13.5%，平均渗透率为 $16\times10^{-3}\mu m^2$，平均含油饱和度为 28%。这说明 $E_1f_2^3$、$E_1f_1^1$ 砂层组的孔渗性、含油性较 $E_1f_1^2$ 砂层组的好。这是因为 $E_1f_2^3$、$E_1f_1^1$ 砂层组砂体的孔隙更发育，砂体的连通性更好，有利于油气富集；而 $E_1f_1^2$ 砂层组内多个小层发育较大面积的水下分流间湾微相，砂体发育的规模和物性较差，不利于油气的富集。

各种沉积微相的孔隙度、渗透率、含油饱和度值也存在差异（表 4-34）。河口坝微相的孔隙度、渗透率最大，水下分流河道和砂坝的稍小些，但河口坝微相的含油饱和度却较砂坝小些。水下分流间湾发育少量粉砂岩和细砂，砂质常为黏土夹层或薄透镜状，孔隙发育较差，所以其孔渗性和含油性较差。前缘席状砂的孔隙度、渗透率、含油饱和度值均较小，为泥质含量高等因素所致。

表 4–34　××油田××断块阜一段、阜二段各沉积微相储层参数特征

沉积微相类型	孔隙度 /%	渗透率 /$10^{-3}\mu m^2$	含油饱和度 /%
砂坝	15.12	32.40	44.63
水下分流河道	15.28	30.23	42.91
水下分流间湾	3.51	1.4	12.51
河口坝	15.20	32.66	35.93
前缘席状砂	10.86	5.92	13.71

4.5.4.2　储层物性参数平面分布特征

利用多井测井解释与处理结果绘制了各小层孔隙度、渗透率平面分布图。以下为各小层的孔隙度、渗透率平面分布特征。

（1）$E_1f_2^3$ 砂层组孔隙度、渗透率分布特征。

① $E_1f_2^{3-1}$ 小层：$E_1f_2^{3-1}$ 小层的孔隙度、渗透率等值线大多呈北西—南东向展布。孔隙度值大多分布于 14%~16%。高值区分布于 2–11 井区和 2–62 井区，最大值为 21%；低值区分布于 2–8 井区—2–51 井区，最小值为 9%。渗透率值大多分布于（30~50）$\times10^{-3}\mu m^2$。高值区分布于 2–11 井区—2–59 井区、2–62 井区，最大值为 $155\times10^{-3}\mu m^2$；低值区分布于 2–8 井区，最小值为 $0.4\times10^{-3}\mu m^2$。该小层孔隙度、渗透率的平均值均为全区最大，反映了较好的储层物性。砂坝沉积覆盖全区，砂坝体的原生、次生孔隙发育，粒度均匀，渗透性很好。该小层孔隙度、渗透率的高值、低值区的位置对应较好，高值区砂体的厚度较大，颗粒的分选性较好；低值区砂体厚度较薄，砂体的分选性较其他井区差一些。

② $E_1f_2^{3-2}$ 小层：$E_1f_2^{3-2}$ 小层的孔隙度、渗透率等值线大多呈北西—南东向展布。孔隙度值大多分布于 12%~16%。高值区分布于 2–47 井区、2–18 井区、2–7 井区，最大值为 21%；低值区分布于 2–52 井区、2–53 井区，最小值为 8%。渗透率值大多分布于（10~20）$\times10^{-3}\mu m^2$。高值区分布于 2–47 井区、2–7 井区，最大值为 $141\times10^{-3}\mu m^2$；低值区分布于 2–8 井区—2–4A 井区、2–36 井区—2–53 井区，最小值为 $0.1\times10^{-3}\mu m^2$。$E_1f_2^{3-2}$ 小层孔隙度、渗透率的平均值均为全区较大值，这与该小层全区为砂坝沉积有关。

总体看来，$E_1f_2^3$ 砂层组的孔隙度、渗透率等值线呈北西—南东向展布，孔隙度、渗透率的高值区分布于以 2–11 为中心的井区周围，平均孔隙度为 18%，平均渗透率为 $70\times10^{-3}\mu m^2$。孔隙度、渗透率的低值区分布于西部 2–8

井区，平均孔隙度为10%，平均渗透率为$1\times10^{-3}\mu m^2$。

（2）$E_1f_1^{1}$砂层组孔隙度、渗透率分布特征。

① $E_1f_1^{1-1}$小层：$E_1f_1^{1-1}$小层的孔隙度、渗透率等值线呈北西和北东向展布。孔隙度值大多分布于10%~14%。高值区分布于2–62井区、2–32井区，最大值为21%；低值区分布于2–37井区、2–11井区，最小值为4%。渗透率值大多分布于（10~20）$\times10^{-3}\mu m^2$。高值区分布于2–62井区、2–32井区，最大值为$120\times10^{-3}\mu m^2$；低值区分布于2–8井区—2–19井区以南的大面积井区，最小值为$0.1\times10^{-3}\mu m^2$。孔隙度、渗透率的高值区分布于水下分流河道沉积区，低值区主要分布于水下分流间湾沉积区。

② $E_1f_1^{1-2}$小层：$E_1f_1^{1-2}$小层的孔隙度、渗透率等值线呈北西和北东向展布。孔隙度值大多分布于14%~18%。高值区分布于2–7井区—2–27井区、2–29井区，最大值为21%；低值区零星分布于2–53井区、2–54井区等井区，最小值为5%，这些低值区的面积很小。渗透率值大多分布于（20~40）$\times10^{-3}\mu m^2$。高值区分布于2–29井区、2–27井区—2–47井区，最大值为$131\times10^{-3}\mu m^2$；低值区分布于2–43井区、2–53井区—2–54井区以南的大面积井区，最小值为$0.1\times10^{-3}\mu m^2$。孔隙度、渗透率的高值区沉积的水下分流河道砂体较厚，低值区分布于水下分流间湾和其邻近区域。

③ $E_1f_1^{1-3}$小层：$E_1f_1^{1-3}$小层的孔隙度、渗透率等值线主要呈北西—南东向展布。孔隙度值大多分布于14%~18%。高值区分布于2–18井区—2–19井区、2–32井区，最大值为20%；低值区分布于2–41A井区，最小值为9%，低值区的面积很小。渗透率值大多分布于（30~50）$\times10^{-3}\mu m^2$。高值区分布于2–32井区、2–17井区，最大值为$119\times10^{-3}\mu m^2$；低值区分布于2–41A井区，最小值为$1\times10^{-3}\mu m^2$，这一区域为水下分流间湾沉积区。

④ $E_1f_1^{1-4}$小层：$E_1f_1^{1-4}$小层的孔隙度、渗透率等值线主要呈北西—南东向展布。孔隙度值大多分布于14%~16%。高值区分布于2–22井区，最大值为18%；低值区分布于2–54井区，最小值为9%，低值区的面积很小；高值区与低值区平均数值差异较小。渗透率值大多分布于（20~40）$\times10^{-3}\mu m^2$。高值区分布于2–1井区，最大值为$107\times10^{-3}\mu m^2$；低值区分布于2–53井区—2–54井区以南的较大面积井区，最小值为$1.5\times10^{-3}\mu m^2$，这一井区的砂体厚度较小，可能处于水下分流河道侧缘且邻近水下分流间湾微相处。

总体看来，$E_1f_1^{1}$砂层组的孔隙度、渗透率等值线呈北西或北东向展布，孔隙度、渗透率的高值区分布于2–1井区—2–27井区，平均孔隙度为17%，平均渗透率为$60\times10^{-3}\mu m^2$。孔隙度、渗透率的低值区分布于东部2–19井区，平均孔隙度为10%，平均渗透率为$8\times10^{-3}\mu m^2$。

（3）$E_1f_1^2$砂层组孔隙度、渗透率分布特征。

① $E_1f_1^{2-1}$小层：$E_1f_1^{2-1}$小层的孔隙度等值线主要呈北西—南东向展布。孔隙度值大多分布于6%~14%。高值区分布于2–12井区、2–40井区，最大值为19%；低值区分布各砂体尖灭区周围井区，最小值为2.5%。渗透率等值线展布的面积较小，值大多分布于（0~10）$\times10^{-3}\mu m^2$。高值区分布于2–35井区，最大值为$77\times10^{-3}\mu m^2$；低值区分布于各砂体尖灭区周围井区，最小值为$0.1\times10^{-3}\mu m^2$，该井区的砂体厚度较小。该小层水下分流间湾微相大面积发育，因此全区多数井的孔隙度、渗透率值均较小。

② $E_1f_1^{2-2}$小层：$E_1f_1^{2-2}$小层的孔隙度、渗透率等值线主要呈北西向或近东西向展布。孔隙度值大多分布于10%~16%。高值区分布于2–18井区、2–29井区—2–17井区，最大值为19%；低值区主要分布于2–24井区—2–53井区、2–1井区，最小值为5%。渗透率值大多分布于（0~6）$\times10^{-3}\mu m^2$和（12~30）$\times10^{-3}\mu m^2$。高值区分布于2–11井区，最大值为$73\times10^{-3}\mu m^2$；低值区主要分布于2–4A井区—2–53井区以南的大面积井区，最小值为$0.1\times10^{-3}\mu m^2$，该井区为水下分流间湾沉积区。

③ $E_1f_1^{2-3}$小层：$E_1f_1^{2-3}$小层的孔隙度、渗透率等值线主要呈北西—南东向展布。孔隙度值大多分布于12%~16%。高值区分布于2–18井区、2–29井区，最大值为20%；低值区分布于2–53井区、2–58井区，最小值为8%。渗透率值大多分布于（2~30）$\times10^{-3}\mu m^2$。高值区分布于2–17井区、2–18井区，最大值为$105\times10^{-3}\mu m^2$；低值区主要分布于2–4A井区—2–11井区—2–53井区，最小值为$0.5\times10^{-3}\mu m^2$。渗透率低值区砂体厚度较小，原因可能是砂体规模较小导致渗透率值较小。

④ $E_1f_1^{2-4}$小层：$E_1f_1^{2-4}$小层的孔隙度、渗透率等值线主要呈北西、北东向展布。孔隙度值大多分布于14%~16%。高值区分布于2–44井区等井区，最大值为19%；低值区分布于2–11井区、2–52井区，最小值为11%。渗透率值大多分布于（20~40）$\times10^{-3}\mu m^2$。高值区分布于2–7井区等井区，最大值为$86\times10^{-3}\mu m^2$；低值区主要分布于2–11井区、2–52井区，最小值为$4\times10^{-3}\mu m^2$。该小层发育水下分流河道、河口坝微相，砂体的规模和厚度较

大，导致全区的孔隙度、渗透率值较大，低值区的面积较小。

⑤ $E_1f_1^{2-5}$ 小层：$E_1f_1^{2-5}$ 小层的孔隙度、渗透率等值线主要呈北西—南东向展布。孔隙度值大多分布于 10%~16%。高值区分布于 2–7 井区、2–15 井区，最大值为 18%；低值区分布于 2–8 井区、2–59 井区，最小值为 10%。渗透率值大多分布于（10~20）× $10^{-3}μm^2$。高值区分布于 2–4A 井区、2–7 井区，最大值为 55 × $10^{-3}μm^2$；低值区分布于 2–8 井区、2–57 井区、2–24 井区—2–38 井区，最小值为 2 × $10^{-3}μm^2$。$E_1f_1^{2-5}$ 小层发育水下分流河道、河口坝和前缘席状砂微相，该小层全区孔隙度的数值差异不大，高值区、低值区的面积也较小；渗透率高值区发育的面积较小，低值区大面积分布于河口坝和前缘席状砂微相中。

⑥ $E_1f_1^{2-6}$ 小层：$E_1f_1^{2-6}$ 小层的孔隙度等值线主要呈北西—南东向展布。孔隙度值大多分布于 6%~12%。高值区零星分布于 2–7 井区、2–15 井区、2–48 井区、2–62 井区，最大值为 17%；低值区分布于 2–44 井区周围。渗透率等值线分布的面积较小。渗透率值大多分布于（0~10）× $10^{-3}μm^2$。高值区分布于 2–11 井区、2–62 井区，最大值为 57 × $10^{-3}μm^2$；低值区分布于 2–38 井区周围。$E_1f_1^{2-6}$ 小层全区发育前缘席状砂微相，储层的孔隙度、渗透率均较小。

总体看来，$E_1f_1^2$ 砂层组的孔隙度、渗透率等值线呈北西或北东向展布，孔隙度、渗透率的高值区分布于 2–62 井区、2–27 井区，平均孔隙度为 10%，平均渗透率为 20 × $10^{-3}μm^2$。孔隙度、渗透率的低值区分布于东部 2–53 井区，平均孔隙度为 6%，平均渗透率为 3 × $10^{-3}μm^2$。

4.5.4.3 小层平面图特征

利用各小层有效厚度分布图中的油水界面、有效厚度零线，制作小层平面图。在小层平面图中，将渗透率数据标注到井旁，以求更方便地掌握井点处的油层的物性、含油性特征。

（1）$E_1f_2^2$ 砂层组小层平面图特征。

① $E_1f_2^{2-1}$ 小层：$E_1f_2^{2-1}$ 小层为滨浅湖泥微相沉积，因此砂体很少发育。含油范围较小，只在 2–10 井区发育，呈近圆形，含油面积约为 0.057km²。含油体的渗透率为 3.8 × $10^{-3}μm^2$，有效厚度为 1.4m，反映该小层的物性一般，但由于含油面积较小，可开发性较小。

② $E_1f_2^{2-2}$ 小层：$E_1f_2^{2-2}$ 小层共发育 4 个含油区域，呈近椭圆形。含油总面积达 0.29km²，含油体的渗透率为（2~11）× 10^{-3}μm²，平均为 5 × 10^{-3}μm²；有效厚度为 0.8~2m，平均为 1.2m。在 $E_1f_2^{2-2}$ 小层内，鲕粒滩和生物滩均含油，鲕粒滩的含油面积占总含油面积的 3/4，取心井显示含油级别达到油斑。因此该小层物性较好，且含油面积较大，具有可开发性。

③ $E_1f_2^{2-3}$ 小层：$E_1f_2^{2-3}$ 小层不发育含油砂体，含油面积为 0。

④ $E_1f_2^{2-4}$ 小层：$E_1f_2^{2-4}$ 小层共发育 4 个含油区域，呈近椭圆形。含油总面积近 1.16km²，含油体的渗透率为（0.8~8.8）× 10^{-3}μm²，平均为 3.5 × 10^{-3}μm²；有效厚度为 0.6~4.2m，平均为 2m。在 $E_1f_2^{2-4}$ 小层内，只有生物滩含油，含油级别达到油斑，含油面积大于工区总面积的一半。该小层物性较好，且含油面积大，具有较好的可开发性。

总体看来，$E_1f_2^2$ 砂层组共 3 个小层含油，总含油面积为 1.5km²，平均渗透率为 4 × 10^{-3}μm²，平均有效厚度为 1.5m，具有可开发性。

（2）$E_1f_2^3$ 砂层组小层平面图特征。

① $E_1f_2^{3-1}$ 小层：$E_1f_2^{3-1}$ 小层含油总面积在所有小层中是最大的，只有 2–8 井不含油，总含油面积近 2.1km²。含油砂体的渗透率为（10~150）× 10^{-3}μm²，平均为 40 × 10^{-3}μm²；有效厚度为 2~5.6m，平均为 4m。该小层物性很好，含油面积大，油层较厚，是很好的含油层。

② $E_1f_2^{3-2}$ 小层：$E_1f_2^{3-2}$ 小层含油总面积较大，总含油面积近 1.7km²。含油砂体的渗透率为（1~140）× 10^{-3}μm²，平均为 18 × 10^{-3}μm²；有效厚度为 0.7~2.3m，平均为 1.4m。该小层含油面积较大，但物性一般，油层较薄，是一般的含油层。

总体看来，$E_1f_2^3$ 砂层组的 2 个小层均含油，总含油面积为 3.8km²，平均渗透率为 30 × 10^{-3}μm²，平均有效厚度为 3m，是较好的开发层系。

（3）$E_1f_1^1$ 砂层组小层平面图特征。

① $E_1f_1^{1-1}$ 小层：$E_1f_1^{1-1}$ 小层的含油面积集中分布，总含油面积近 0.8km²。含油砂体的渗透率为（2~120）× 10^{-3}μm²，平均为 22 × 10^{-3}μm²；有效厚度为 1~6.1m，平均为 3.5m。该小层物性较好，含油面积较大，油层较厚，是较好的含油层。

② $E_1f_1^{1-2}$ 小层：$E_1f_1^{1-2}$ 小层的含油面积较大，总含油面积近 1.5km²。含油砂体的渗透率为（3~130）× 10^{-3}μm²，平均为 35 × 10^{-3}μm²；有效厚度为

1~8.2m，平均为 4m。该小层物性很好，含油面积大，油层较厚，是很好的含油层。

③ $E_1f_1^{1-3}$ 小层：$E_1f_1^{1-3}$ 小层的含油面积较大，总含油面积近 1.6km²。含油砂体的渗透率为（3~120）×$10^{-3}\mu m^2$，平均为 40×$10^{-3}\mu m^2$；有效厚度为 2~11m，平均为 6m。该小层物性很好，含油面积大，油层很厚，是很好的含油层。

④ $E_1f_1^{1-4}$ 小层：$E_1f_1^{1-4}$ 小层的含油面积较大，总含油面积近 1.2km²。含油砂体的渗透率为（2~107）×$10^{-3}\mu m^2$，平均为 30×$10^{-3}\mu m^2$；有效厚度为 1~13m，平均为 6m。该小层物性很好，含油面积大，油层很厚，是很好的含油层。

总体看来，$E_1f_1^1$ 砂层组 4 个小层的总含油面积为 5.1km²，平均渗透率为 35×$10^{-3}\mu m^2$，平均有效厚度为 5m，是最好的开发层系。

（4）$E_1f_1^2$ 砂层组小层平面图特征。

① $E_1f_1^{2-1}$ 小层：$E_1f_1^{2-1}$ 小层的含油面积集中分布，总含油面积近 0.25km²。含油砂体的渗透率为（1~77）×$10^{-3}\mu m^2$，平均为 12×$10^{-3}\mu m^2$；有效厚度为 1~3.6m，平均为 1.5m。该小层物性较好，但含油面积较小，油层较薄，是较差的含油层。

② $E_1f_1^{2-2}$ 小层：$E_1f_1^{2-2}$ 小层的含油面积较大，总含油面积近 0.85km²。含油砂体的渗透率为（1~73）×$10^{-3}\mu m^2$，平均为 14×$10^{-3}\mu m^2$；有效厚度为 1~8m，平均为 4m。该小层物性较好，含油面积较大，油层较厚，是较好的含油层。

③ $E_1f_1^{2-3}$ 小层：$E_1f_1^{2-3}$ 小层的含油面积较大，总含油面积近 0.94km²。含油砂体的渗透率为（1~60）×$10^{-3}\mu m^2$，平均为 16×$10^{-3}\mu m^2$；有效厚度为 1~5m，平均为 3m。该小层物性较好，含油面积大，油层呈中等厚度，是较好的含油层。

④ $E_1f_1^{2-4}$ 小层：$E_1f_1^{2-4}$ 小层的含油面积较大，总含油面积近 0.84km²。含油砂体的渗透率为（4~100）×$10^{-3}\mu m^2$，平均为 32×$10^{-3}\mu m^2$；有效厚度为 1~7m，平均为 4.5m。该小层物性很好，含油面积较大，油层较厚，是较好的含油层。

⑤ $E_1f_1^{2-5}$ 小层：$E_1f_1^{2-5}$ 小层的含油面积较大，总含油面积近 0.66km²。含油砂体的渗透率为（2~55）×$10^{-3}\mu m^2$，平均为 16×$10^{-3}\mu m^2$；有效厚度为

2~7m，平均为 5m。该小层物性较好，含油面积较大，油层较厚，是较好的含油层。

⑥ $E_1f_1^{2-6}$ 小层：$E_1f_1^{2-6}$ 小层的含油面积较小，总含油面积近 0.22km^2。含油砂体的渗透率为（1~40）×10^{-3}μm^2，平均为 4×10^{-3}μm^2；有效厚度为 1~3m，平均为 2m。该小层物性一般，含油面积较小，油层较薄，是较差的含油层。

总体看来，$E_1f_1^2$ 砂层组 6 个小层的总含油面积为 3.5km^2，平均渗透率为 16×10^{-3}μm^2，平均有效厚度为 3m，是较好的开发层系。

4.5.4.4 影响储层参数分布的主要因素

（1）沉积微相。

在未经强烈构造运动和成岩后生作用改造的地区，原始的沉积作用和沉积微相影响储层参数的空间分布。不同的沉积方式、砂体规模决定了不同微相的纵向储层参数分布特征。即使在相同的微相中，不同规模砂体的储层参数平均水平明显不同。在阜一段、阜二段三角洲前缘亚相、滨浅湖亚相中，正韵律沉积，如水下分流河道微相，其储层底部的物性较顶部好；反韵律沉积，如河口坝微相，其储层底部的物性较顶部差；均匀—复合韵律沉积的顶底物性几乎没有差异或差异较小（图 4–80）。沉积微相和砂体厚度的变化与展布特征是影响储层参数平面分布的重要原因。在各小层中，砂体的厚度横向变化较快，有时向两侧迅速变薄、尖灭，形成差异明显的储层参数分布特征；砂体的纵向厚度变化较小，如在河道延伸方向上，流速、流量、负荷能力变化相对较小，造成砂层厚度、物质成分、杂基含量、沉积构造组合等方面差异相对较小，储层参数分布的特征相似。

（2）成岩作用。

成岩作用是控制岩石孔隙和孔隙结构特征的主要因素。阜一段、阜二段储层成岩作用类型丰富，压实、胶结、交代、石英的次生加大以及自生黏土矿物的充填等作用常使岩石颗粒排列更加紧密，储层的物性变差；而碎屑颗粒的溶蚀、溶解等又使储层的物性变好，孔渗性提高。成岩作用使储层参数分布在纵向上和平面上发生变化。在图 4–81 和图 4–82 中，溶蚀、溶解作用改善了储层的孔渗性。

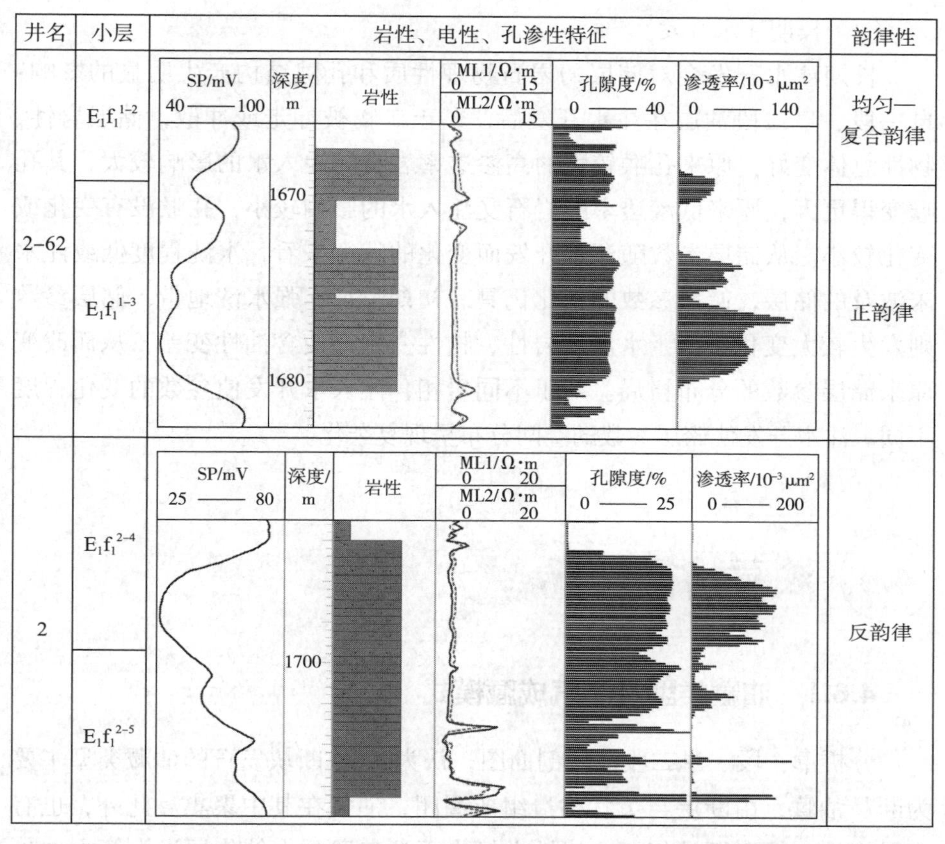

图 4-80 ××油田××断块储层韵律性与孔渗性关系图

图 4-81 长石颗粒内不规则溶孔
（2-8 井，1700.2m×320 正交光）

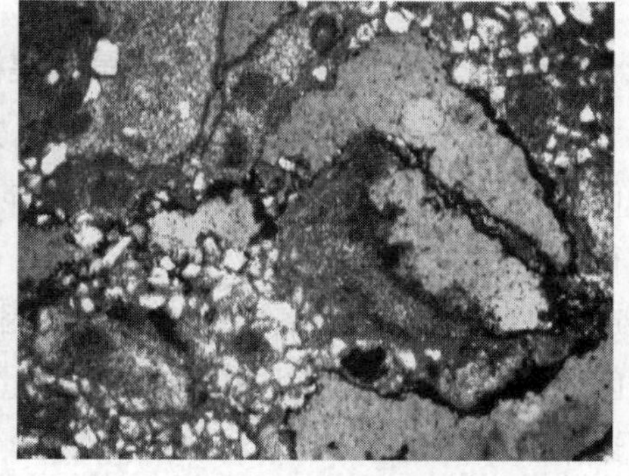

图 4-82 充填的碳酸盐矿物部分溶解
（2-18 井，1727.5m×100 单偏光）

（3）长期注水开发。

长期注水开发会对储层的岩石物理性质和孔隙结构产生明显的影响：阜一段、阜二段油层在注水开发后，黏土矿物被冲走或冲散，储层岩性、物性总体变好：原来孔喉较大的高渗透率岩石受注入水的影响较大，其孔喉变得更大；原来低渗透率的岩石受注入水的影响较小，孔喉没有变化或变化较小。从储层参数随注水开发而变化的特征来看，水洗程度低或注水未波及的储层，储层参数的变化仍具有初期特征；强水洗地带，储层参数则发生较大变化。由于水洗使岩性、物性变好，使含油性变差，从而改变原来储层参数的分布格局。对于不同岩相，注入水开发使参数的变化程度不同。注水开发使储层参数的空间分布呈现复杂化。

4.6 油藏特征分析

4.6.1 油藏类型及油气成藏模式

分析阜一段、阜二段油藏剖面图，认为 ×× 断块发育的油藏类型主要为断鼻油藏，由断层与鼻状构造组成圈闭，油气在其中聚集。此外，也有少量岩性上倾尖灭油气藏。岩性上倾尖灭油气藏是由储集层沿上倾方向尖灭或渗透性变差而造成圈闭条件，油气聚集其中而形成。

4.6.1.1 断鼻构造圈闭油气聚集模式

×× 断块的油气主要聚集在断鼻构造油气藏中，油气从生油层进入储集层，压实流体沿着背斜的翼部向顶部运动（图 4-83）。在圈闭中的水很可能通过上覆泥岩盖层渗出圈闭，这是由于背斜构造的张力或其他原因产生的微裂缝使水继续向上流动，因而烃类和一些无机盐类渗流下来在圈闭中聚集，并使圈闭中的流体含盐量逐步增加，这又有利于烃类的进一步聚集。

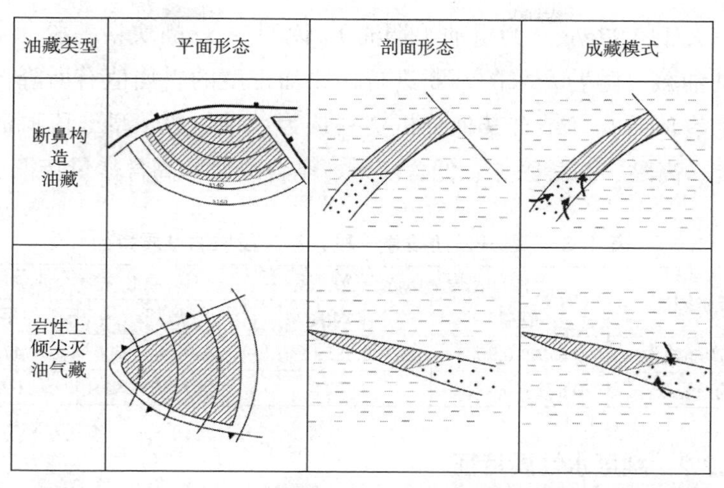

图 4–83　×× 油田 ×× 断块 $E_1f_2^3$—$E_1f_1^2$ 砂层组油气成藏模式图

4.6.1.2　岩性圈闭油气聚集模式

压实流体从周围的生油泥岩中进入被泥岩和物性较差砂体包围的扁豆状砂体，并从其下倾部分往上突部分进行二次运移，在砂体上倾的低势部位形成油气的聚集（图 4–85）；流体中的水可以通过泥岩的层理面和微裂缝继续向上流动，而油气则滞留下来在圈闭中聚集。油气可以填满整个砂体，也可以在高部位形成油气藏。

4.6.2　流体性质特征

×× 断块的开发共分为三个时期，1994 年 10 月—1995 年 12 月为试采、产能建设阶段；1996 年 1 月—1999 年 12 月为注水开发稳产阶段；2000 年 1 月—2005 年 12 月为开发调整稳产阶段。因注水开发稳产阶段资料较少，因此按试采、产能建设和开发调整稳产两个阶段进行分析。

4.6.2.1　原油性质特征

试采、产能建设阶段原油密度范围为 0.8772~0.9083g/cm³，平均值为 0.8859g/cm³；原油黏度范围是 14.44~108.81mPa·s，平均值为 47.8684mPa·s。开发调整稳产阶段原油密度范围为 0.8725~0.8910g/cm³，平均值为 0.8821g/cm³；原油黏度范围为 35.71~98.29mPa·s，平均值为 69.0752mPa·s（表 4–35）。根据原油类型标准，小于 0.87g/cm³ 为轻质油，0.87~0.92g/cm³

为稀油，大于 0.92g/cm³ 为重油（稠油），说明 ×× 断块阜一段、阜二段油藏为稀油油藏，随着开采的不断进行，原油密度的平均值有所降低，黏度的平均值有所提高。结合其他分析资料认为：阜一段、阜二段原油性质具中等密度、高黏、高凝固点、低含硫量、高含蜡量和高含盐量特征。

表 4–35　各开发阶段阜一段、阜二段原油性质特征

开发阶段	原油密度 /（g/cm³）		原油黏度 /mPa·s	
	范围	平均值	范围	平均值
试采、产能建设	0.8772~0.9083	0.8859	14.44~108.81	47.8684
开发调整稳产	0.8725~0.8910	0.8821	35.71~98.29	69.0752

4.6.2.2　地层水性质特征

阜一段、阜二段地层水类型以 $CaCl_2$ 型为主，同时还有 Na_2SO_4、$NaHCO_3$ 水型。试采、产能建设阶段，地层水矿化度范围为 38980~43578mg/L，平均值为 41148.05mg/L，地层水中氯离子含量范围为 22333~24283mg/L，平均值为 23356.68。开发调整稳产阶段，地层水矿化度为 19471~39206mg/L，平均值为 31051.28mg/L，氯离子含量为 10193~22908mg/L，平均值为 17132.42mg/L，说明地层水矿化度和氯离子含量随开发深入均有所降低（表 4–36）。

表 4–36　各开发阶段阜一段、阜二段地层水性质特征

开发阶段	地层水矿化度 /（mg/L）		氯离子含量 /（mg/L）	
	范围	平均值	范围	平均值
试采、产能建设	38980~43578	41148.05	22333~24283	23356.68
开发调整稳产	19471~39206	31051.28	10193~22908	17132.42

分析阜一段、阜二段地层水矿化度和氯离子含量降低的原因，主要是随着油田注水开发的进行，油层被不同程度地水淹，注入水与原始地层水相混合，从而改变了地层水矿化度和氯离子含量。具体来说，注水初期注入的淡水主要沿储集层大孔隙驱油，溶解储集层盐类并同高矿化度地层水发生离子交换反应，注入水被盐化，故在驱替前缘及附近地带内，混合地层水的矿化度常常接近于原地层水的矿化度。随着注入淡水量的增大，水淹程度增加，从而降低了地层水矿化度。

4.6.2.3 原油性质与组分关系

通过对原油密度和黏度的分析发现，在开发的试采、产能建设阶段和开发调整稳产阶段，原油密度和黏度之间存在正相关性，即随着原油密度的增加，黏度的总体趋势也呈上升状态，局部地区出现偏差。在开发调整稳产阶段，原油密度和黏度也基本呈正相关的关系（图 4–84 和图 4–85）。

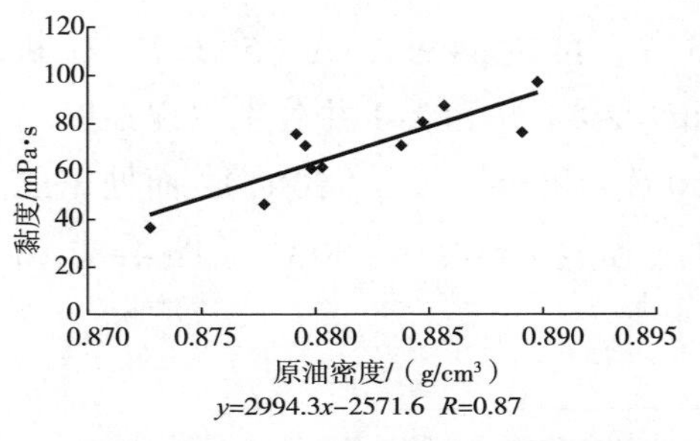

图 4–84 试采、产能建设阶段原油密度与黏度的关系

黏度/mPa·s

原油密度/（g/cm³）

$y=2630x-2278.8$ $R=0.76$

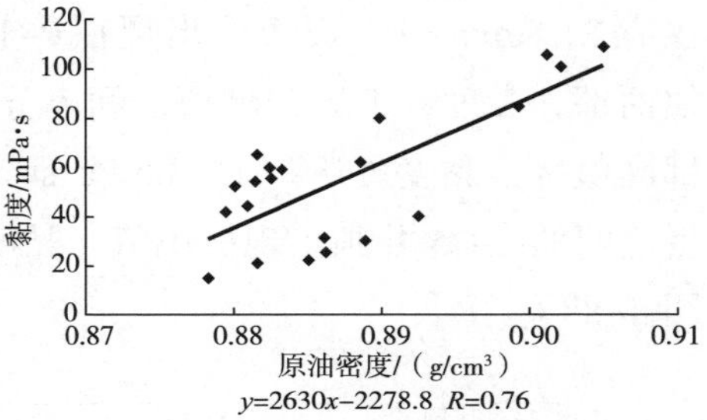

图 4–85 开发调整稳产阶段原油密度与黏度的关系

4.6.2.4 地层水矿化度与氯离子含量关系

× × 断块氯离子含量和地层水矿化度具有一定正相关性（图 4–86）。

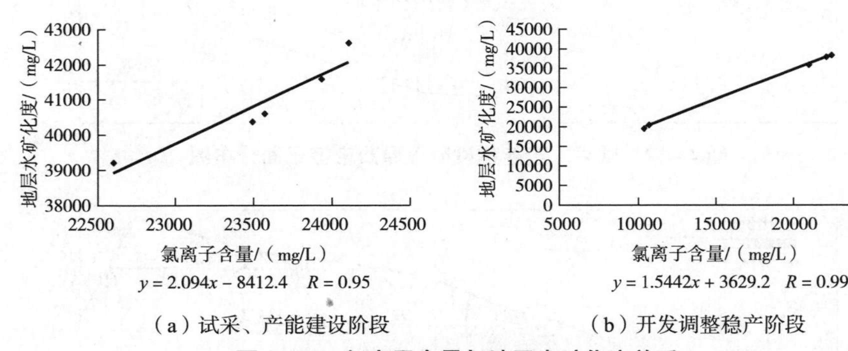

（a）试采、产能建设阶段　（b）开发调整稳产阶段

图 4–86 氯离子含量与地层水矿化度关系

4.6.3 流体分布特征

在 × × 断块开发的试采、产能建设阶段，原油密度有由北向南逐渐增加的趋势，西部局部地区原油密度有由西向东逐渐增加的趋势。该阶段原油密度有两个高值点，分别在 2–3 井和 2–21 井附近，最高值分别约为

0.9137g/cm³、0.905g/cm³。2–3 井区、2–38 井区、2–21 井区和 2–1 井区等处于原油密度高值区，2–23 井区、2–32 井区、2–24 井区和 2–19 井区等处于原油密度低值区。在开发阶段，原油黏度分布特征与密度有相似之处，总体都有由南向北增加的趋势，说明构造高部位原油密度和黏度较小，而构造低部位原油密度和黏度相对较高，但在局部地区有一定差异。在断块东部，黏度有由南向北、向东增加的趋势，黏度极小值出现在 2–11 井区，仅有 21.5mPa · s，极大值出现在 2–13 井，可达 84.9mPa·s（50℃）；在断块西部，黏度高值区与低值区间隔分布，2–21 井和 2–1 井分别出现黏度局部高值区，黏度可达到 108.8mPa·s（50℃）和 98mPa·s（50℃），而处于二者之间的 2–25 井则出现极小值，黏度仅为 24.2 mPa·s（50℃）（图 4–87 和图 4–88）。

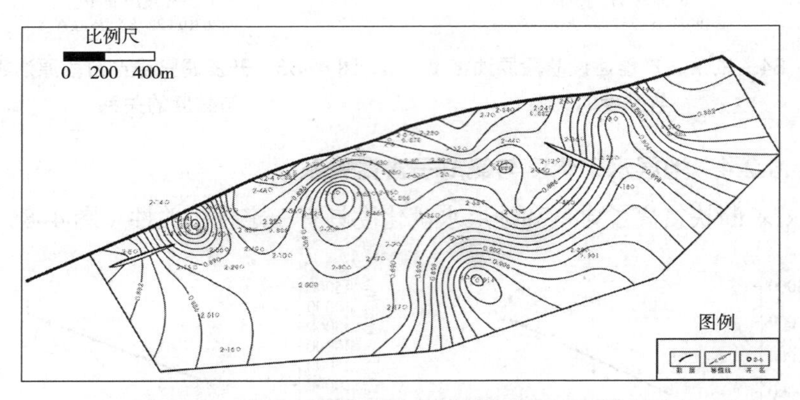

图 4–87　试采、产能建设阶段原油密度平面分布图

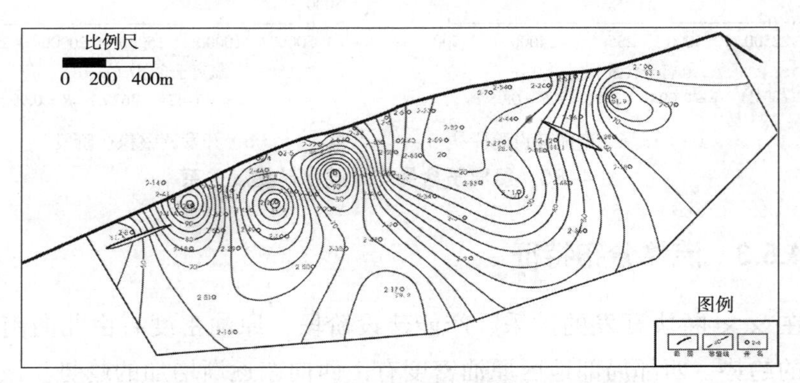

图 4–88　试采、产能建设阶段原油黏度平面分布图

在 ×× 断块开发调整稳产阶段，原油密度和黏度也有由北向南逐渐升高的趋势，同样说明了相对于构造低部位，构造高部位的原油密度和黏度较低。从图 4–89 可以看出，原油密度在 2–50 井区有一个高值点，其值大于 0.904g/cm³，低值点出现在 2–52 井区，仅为 0.878g/cm³。北部井区，包括 2–52 井区、2–43 井区和 2–55 井区等都处于低值区，而断块西南部，包括 2–50 井区、2–51 井区和 2–17 井区等则处于高值区，密度较大。原油黏度总体趋势也为由南向北逐渐增大，局部低值点出现在北部 2–42 井和 2–43 井，分别为 46.6mPa·s（50℃）和 43.1mPa·s（50℃），局部高值区出现 2–45 井区，黏度可达到 96.2mPa·s（50℃），与密度分布规律类似，北部 2–43 井区、2–40 井区和 2–55 井区等都处于低值区，而西南部 2–50 井区、2–16 井区和 2–17 井区等处于高值区，黏度值较大（图 4–90）。

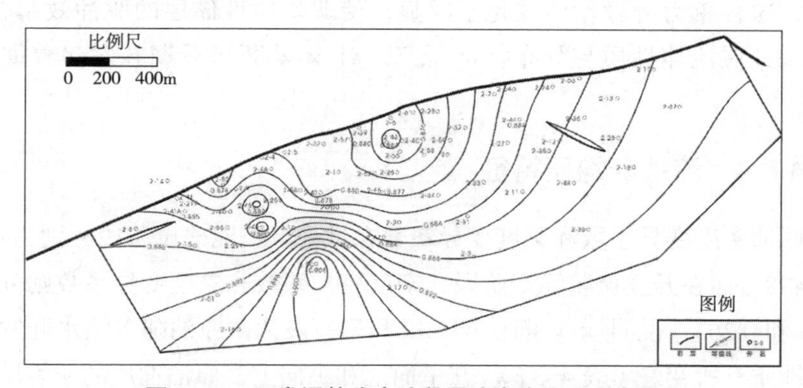

图 4–89　开发调整稳产阶段原油密度平面分布图

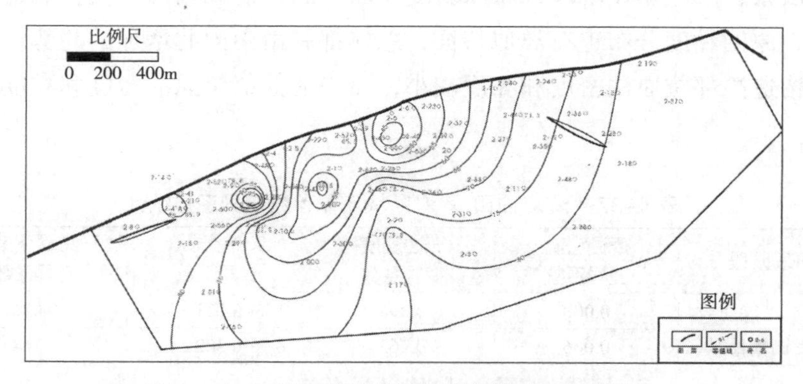

图 4–90　开发调整稳产阶段原油黏度平面分布图

在 ×× 断块注水开发过程中，油层随着水淹程度的提高，原油黏度有明显的变化。其原油黏度变化主要受以下因素影响：原油的成分、温度、溶解气、压力和注入水。×× 断块地下原油随着注水开发，轻质组分相对减少，重质组分相对增加，即原油中的沥青质—胶质、含蜡量相对升高；随着温度升高，原油黏度降低；同时，溶解气逐渐减少，导致原油黏度受水淹程度的提高而变大。×× 断块原油黏度正是受以上因素控制，出现黏度增加的现象。另外，注入水带入一部分氧气和细菌，原油被氧化和乳化，这些因素共同作用，使原油的密度也随着注水开发的进行而逐渐增大，这种变化也会影响驱油效果。在油水密度差较大的情况下，由于重力分异作用，正韵律沉积储层下部的驱油效率明显高于上部，反韵律沉积储层上下部的驱油效率均较高，总体上高于正韵律沉积储层。随着油水密度差的缩小，这种重力分异作用变化不明显，使非均质性储层的驱油效率较差。因此，开展流体性质与分布特征研究，对 ×× 断块后期开发起着重要的作用。

4.6.4 流体非均质特征

原油密度变异系数和黏度变异系数在试采、产能建设阶段分别为 0.008 和 0.498，而在开发调整稳产阶段，密度变异系数和黏度变异系数则分别为 0.006 和 0.263，说明 ×× 断块阜二段和阜一段油藏原油随着注水开发的进行，性质有所变好（表 4–37）。在平面上和纵向上，原油性质的非均质性较强。试采、产能建设阶段，原油密度在断块的西北和南部较大，北部地区较小，原油黏度分布也有类似特征，总体都有由南向北增加的趋势；纵向上，构造高部位原油密度和黏度较小，而构造低部位原油密度和黏度相对较低。

表 4–37 ×× 油田 ×× 断块流体参数变异系数统计

开发阶段	原油密度变异系数	原油黏度变异系数	氯离子浓度变异系数	总矿化度变异系数
试采、产能建设	0.008	0.498	0.021	0.026
开发调整稳产	0.006	0.263	0.302	0.264

在开发调整稳产阶段，原油密度和黏度也呈现由北向南逐渐升高的趋势，原油密度和黏度有自上而下逐渐减小的趋势；氯离子和总矿化度随开

发时间的延长，有减小的趋势，但是其非均质性却有增大的趋势，试采、产能建设阶段氯离子变异系数和总矿化度变异系数都很小，仅为 0.02 左右，而到开发调整稳产阶段，其变异系数分别为 0.302 和 0.264，说明注水开发对地层水性质影响很大，地层水矿化度非均质性变强。

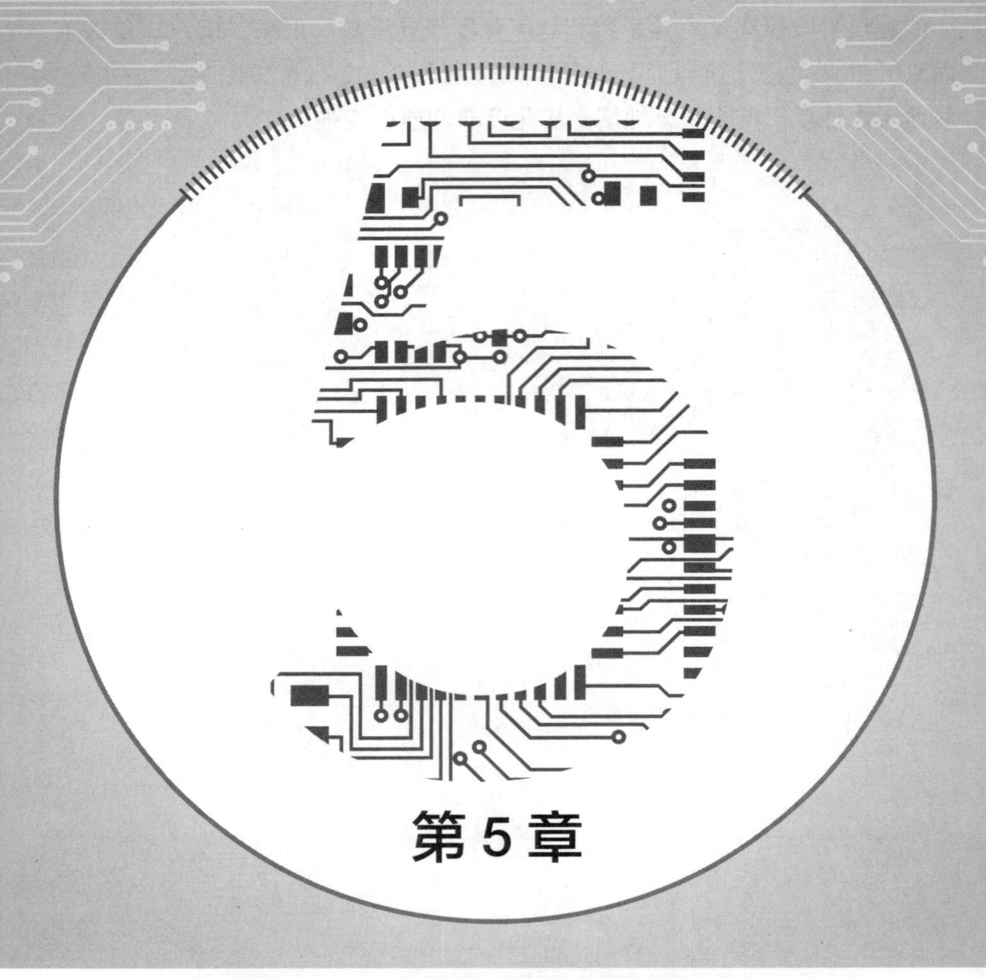

第5章

储层四维地质模型建立

储层四维地质模型是储层四维建模研究的主要内容，其成果可以应用于油田的生产和开发，为油田提高采收率提供技术支持。储层参数的变化规律及变化机理研究是建立储层参数四维地质模型的基础。针对 ×× 油田 ×× 断块的特定地质特征和开发状况，在分析储层参数变化规律及变化机理的基础上，应用深度学习和随机建模相结合的方法来建立储层四维地质模型，具体的流程如图 5–1 所示。储层参数这里仅指孔隙度、渗透率和含油饱和度。

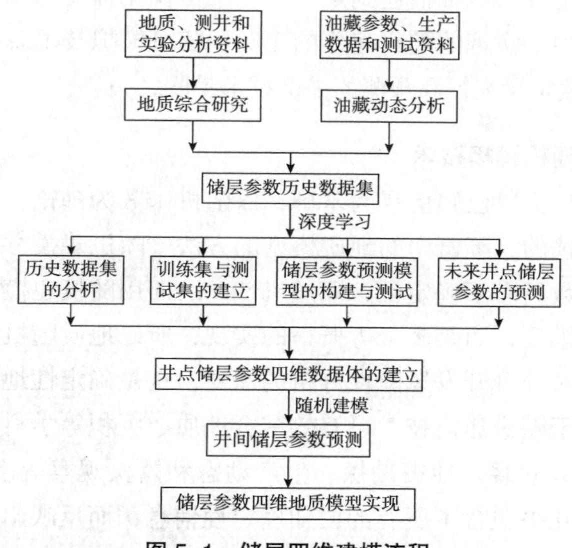

图 5–1　储层四维建模流程

5.1 储层三维地质模型的建立

5.1.1　地质建模技术

地质模型是油田地质研究成果的具体体现，是油田外部形态、内部特征、规模大小、储层特性、流体性质及分布特征等诸多信息的高度概括。在油田开发过程中应该针对具体情况建立适合该地区的地质模型，并通过地质模型来解决实际问题，以提高勘探和开发的预见性。实践证明，开发工作成败的关键在于对油气藏的认识，即建立的地质模型是否符合地下的真实情况。因此，建立精确的地质模型是油藏描述的重点内容。

从 20 世纪 60 年代兴起的地质统计学，经过 40 多年的发展已形成以变差函数、克里金技术和随机模拟技术为三大支柱的完整理论体系。其中随机模拟技术因其在分析和表征地质现象的非均质性和空间分布的不确定性方面表现出巨大优势，逐渐被引入石油地质和石油工程的研究中。目前，随着地质科研的新技术、新理论及计算机技术的不断发展，使地质模型的建立实现了由定性、二维描述到定量、三维可视化描述的飞跃，由单一的确定性建模到多个实现的随机建模的飞跃。随机模拟技术现已成为对我国陆相复杂油气藏定量表征和预测的关键技术手段之一。

5.1.1.1 随机建模技术

随机建模是指以已知信息为基础，以随机函数为理论，应用随机模拟方法，产生可选的、等概率的地质模型的方法。随机建模方法承认控制点以外的地质参数具有不确定性，即随机性。因而用随机建模方法得到的不是一个地质层模型，而是多个等概率的实现，所以地质随机模型可满足油田开发决策者对油藏开发风险性分析的需要，这是确定性地质建模方法无法比拟的。由于随机建模技术可有效结合地质、沉积等学科的现有知识和岩心分析、测井解释、地震勘探、生产动态和露头观察等多来源的信息，地质随机模型几乎包含了所有的已知确定性信息，而反映出的不确定性信息则是对未知信息的等概率预测。随机建模各个实现之间的差别则是地质不确定性的直接反映。如果所有实现都相同或相差很小，则说明模型中不确定性小；反之，不确定性则较大。

另外，随机模拟可以对储层的非均质性进行高密度的定量表征，甚至可以“跨越”地震分辨率，提供井间储层参数的米级或十米级的变化。在实际应用中，随机模拟结果可作为油藏数值模拟输入，得到一系列动态预测结果，据此可对油藏的开发动态进行不确定性的综合分析，从而提高动态预测的可靠性。

5.1.1.2 随机模拟方法及实用性

随机模拟技术自应用于石油领域以来，已有基于不同目的的多种模拟方法问世，包括不同的随机模型和模拟算法。随机模拟方法已有 20 余种，主要有以下 5 种分类：①按数据分布特征分为：高斯模拟和非高斯模拟；②按变量类型分为：离散变量的模拟和连续变量的模拟；③按模拟的数据条件分为：条件模拟和非条件模拟；④按模拟的实现过程分为：基于目标的模拟和基于象元的模拟；⑤按使用变量的个数分为：单变量模拟和多变量协同或联合模拟。

近年来，随机建模的学者们对随机模拟方法在不同地质模型的适用性方面进行了研究，综合他们的研究成果得到表 5–1。总之，随机模型的适用性研究是一个实践性较强的工作。随着随机模拟技术的推广应用，随机模型的适用性会得到更深入、更充分的认识。

表 5–1　随机模型的地质适用性

随机模型	适用性	实例	缺点
布尔模型	具有背景相的目标（物体或相）模拟	冲积体系的河道和决口扇，三角洲分支河道和河口坝，浊积扇的浊积水道，滨浅海障壁砂坝，潮汐水道，储层中隔夹层，裂缝等	需较多的先验地质知识，协同其他信息的能力不强
截断高斯域	适合于相带呈排列分布的沉积相模拟	三角洲呈同心分布的湖相、滨湖相（上滨、中滨、下滨）	相边界不甚光滑
指示模拟	可用于模拟复杂的各向异性的地质现象	指示模拟可用于多向分布的沉积相模拟，也可以用于断层和裂缝的模拟	不适合具有明显流向性的沉积相，不能恢复沉积体的几何形态
马尔可夫随机域	镶嵌分布的相和单一类型的相	岩性剖面的模拟； 砂体内钙质胶结层的分布	条件概率确定困难； 难于恢复几何形态； 难于应用软数据模拟，收敛较慢
二点和多点直方图	镶嵌状分布的沉积相（或岩性）	裂缝模拟，储层层理构造模拟及其他复杂结构目标	需要原型模型（训练图像）

5.1.1.3　建模方法的选用

× × 断块经过十几年的开发，现已经进入中高含水期阶段。由于储层非均质性、原油物性的差异，使得 × × 断块纵向、平面上储量动用不均衡，剩余油的分布复杂，建立高精度地质模型的难度进一步增大。

随机建模技术中的序贯高斯模拟适合于模拟复杂的各向异性的地质现象，但应用独立的序贯高斯模拟方法在建立地质模型时没有充分考虑沉积微相对储层参数分布的控制作用，而只是将井点参数加在一起，这样得到的结果无法真正体现储层的非均质性，影响了建模的精度。因而在建立××断块的储层物性模型时，选用沉积微相控制下的序贯高斯模拟方法。主要步骤为三步：构造建模、沉积微相建模、储层物性参数建模。

5.1.1.4 地质建模软件 Petrel

目前，国内外已有不少应用成熟的随机建模软件，包括：中石油勘探开发科学研究院开发所的 GMSS、法国斯伦贝谢公司的 Petrel、Geoframe 中的 P3D 模块、Landmark 公司的 Stratmodel、T-surf 公司的 GOCAD、Roxor 公司的 RMS 软件等。这些软件均有各自的特点，在国内外各油公司针对不同的地质条件和研究目的的建模研究中被广泛采用。本书采用的是法国斯伦贝谢公司的 Petrel 软件。

Petrel 于 1996 年被开发出来，为一个独立的应用软件，包含：三维可视化、三维图形显示、三维和二维地震解释、井相关、为地质和油藏模拟设计三维网格、三维深度转换、三维油藏建模、三维井轨迹设计、粗化、体积计算、绘图、后处理等模块。Petrel 具有工作流程的可重复性，可以自动地记忆工程师创建地质模型的整个操作流程，更新和修改模型。在建立油藏地质模型的过程中，Petrel 就充分考虑了网格的空间形态、网格结构特征对数值模拟计算速度的影响。应用 Petrel 建立的地质模型在数模中具有最好的计算性能。总之，Petrel 为油藏描述提供完整的一体化解决方案，其特有的技术可服务于勘探开发各个领域。

5.1.2 建模数据准备与网格设计

5.1.2.1 数据准备

根据建模软件 Petrel 的要求，并结合学××断块阜一段、阜二段油藏的地质特点，本次建模主要依据以下数据。

（1）钻井数据：包括通过钻井取得的原始数据和成果数据，如井位坐标数据、井轨迹数据、补心海拔数据和钻遇层位数据；

（2）小层及砂体数据：包括小层精细对比划分的小层和砂体顶、底界数据；

（3）测井数据：包括测井取得的原始测井曲线数据、测井解释的泥质含量数据、孔隙度、渗透率、含油饱和度等成果数据。

5.1.2.2　网格设计

网格设计过程中，既要考虑节省计算机的资源，又要精确控制地质体的形态，合理的网格设计特别重要。根据 ×× 断块的实际地质情况（地层厚度、每个相类型的厚度、井网密度等），将平面网格间距设为 20m×20m（图 5–2）。

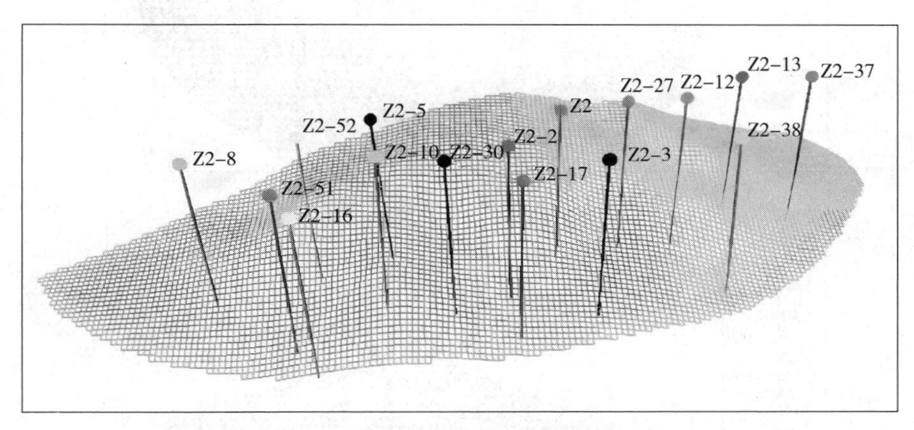

图 5–2　×× 油田 ×× 断块网格划分图

5.1.3　油藏地质模型

5.1.3.1　构造地层模型

断层模型反映了断层的三维空间分布，×× 断块发育的 ×× 断层为 ×× 断块油藏边界的主控断层。鉴于工区内井都位于 ×× 断层以南，且 ×× 断层对工区内储层参数的变化没有影响，故将 ×× 断层作为工区的边界来进行建模。利用 ×× 断块 60 多口井的测井、钻井资料，在小层和单砂体精细划分对比的基础上，建立构造地层模型（图 5–3）；并且在原有构造面趋势控制下，应用克里金插值方法，绘制各砂层组的顶面构造图（图 5–4 和图 5–5）。建立的构造模型既忠实于井点数据，又反映出趋势面所体现的构造形态。

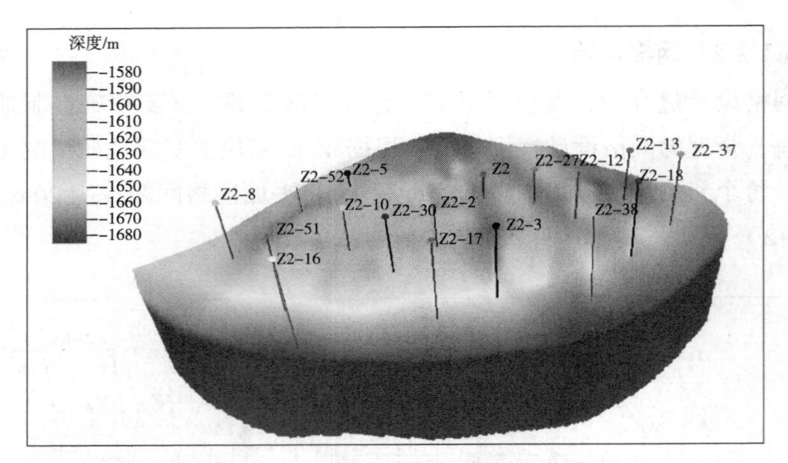

图 5-3　× × 油田 × × 断块构造结构图

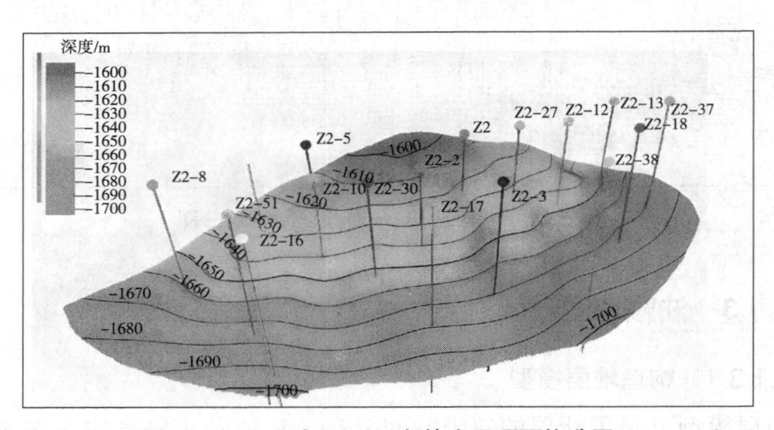

图 5-4　× × 油田 × × 断块小层顶面构造图 1

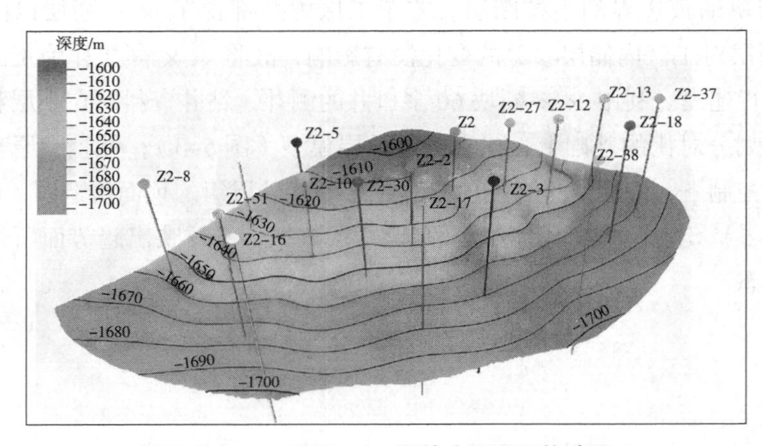

图 5-5　× × 油田 × × 断块小层顶面构造图 2

5.1.3.2 沉积微相模型

沉积微相建模的目的是获取储层内部不同相类型的三维分布，为储层参数模型的建立奠定基础。针对 ×× 断块的油藏地质认识程度和开发现状，沉积微相建模采用趋势面约束相建模的方法来实现。应用趋势面进行相建模的优势在于它所模拟的沉积微相模型在平面上可以与手工勾绘的砂岩厚度图或沉积相图有很好的吻合性，纵向上又符合各种相的纵向概率分布规律，是一种较为理想的相建模方法。

×× 断块趋势面约束相建模的实现方法：首先应用 Surfer 软件对已制作的沉积微相平面图进行数字化，生成一系列的数据文件；其次将这些数据文件导入 Petrel 软件，生成一系列的平面沉积微相图；最后生成的各小层的平面沉积微相图上加上构造形态，就形成了各小层的三维沉积模型。×× 断块典型小层的三维沉积微相模型见图 5-6 至图 5-8。

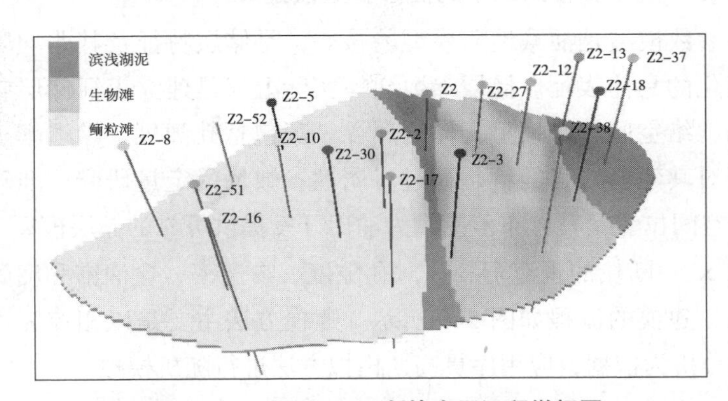

图 5-6 ×× 油田 ×× 断块小层沉积微相图 1

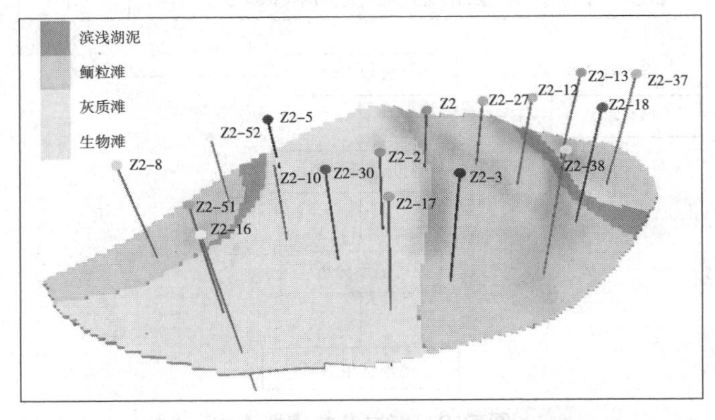

图 5-7 ×× 油田 ×× 断块小层沉积微相图 2

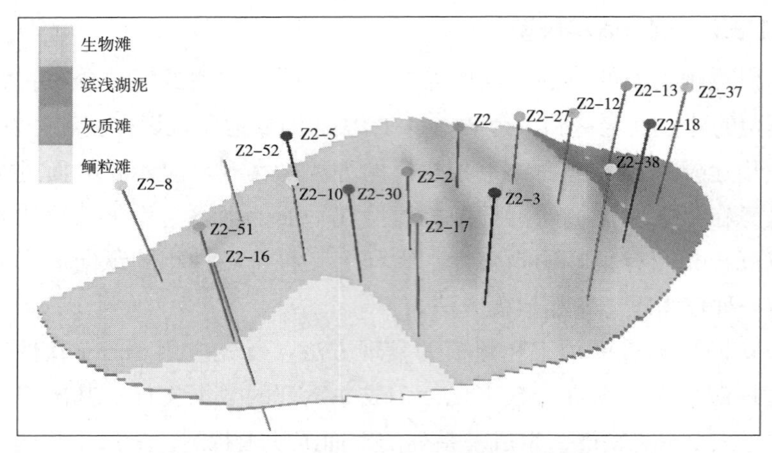

图 5–8　× × 油田 × × 断块小层沉积微相图 3

5.1.3.3　沉积微相约束下的储层参数模型

储层参数模型是油藏地质模型的核心，是储层特征及其非均质性在三维空间变化的具体表征。储层参数建模实际上就是建立表征储层属性的储层参数的三维空间分布模型。储层属性一般包括孔隙度、渗透率、含油饱和度等，对其建模的目的就是通过对属性参数场的定量研究，准确界定有利储层的空间位置及其分布范围，为油田开发提供可靠的储层模型。

利用 × × 断块的现有资料，对孔隙度、渗透率、含油饱和度等参数进行了模拟，建模的流程如图 5–9 所示。建模方法主要是以相控为条件，以变差函数分析为依据，应用序贯高斯模拟方法进行随机模拟。

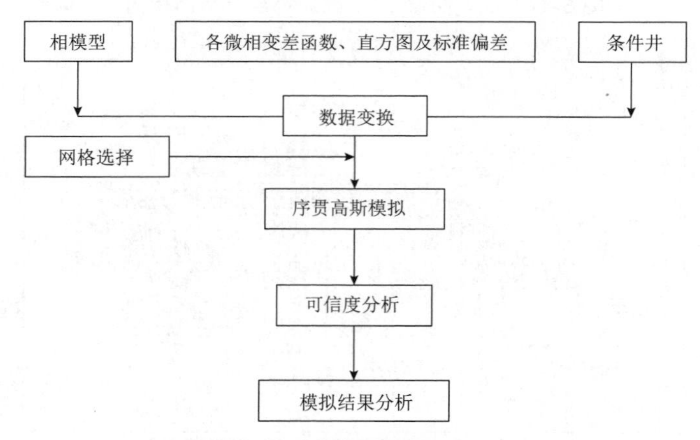

图 5–9　储层参数模拟流程

建立储层参数模型很重要的两步是数据的正态变换和变差函数分析。数据的正态变换是随机建模思想在Petrel软件中的具体体现，因为序贯高斯模拟算法的第一步便是将所有条件数据（硬数据和已模拟实现的数据）进行正态变换，从非正态分布变换为正态分布，作为先验的条件概率分布。变差函数是地质统计学的基本工具，它既能描述区域变量的空间结构性，也能描述其随机性，是进行随机模拟的基础。

（1）孔隙度模型（初始状态）。

××小层孔隙度的频率分布直方图见图5-10，变差函数分析参数见表5-2，孔隙度三维地质模型图见图5-11。在××小层的孔隙度三维地质模型图上，红色与绿色代表高值，蓝色代表低值，孔隙度高值与低值的分布较为均匀，没有高值或低值特别集中的区域。

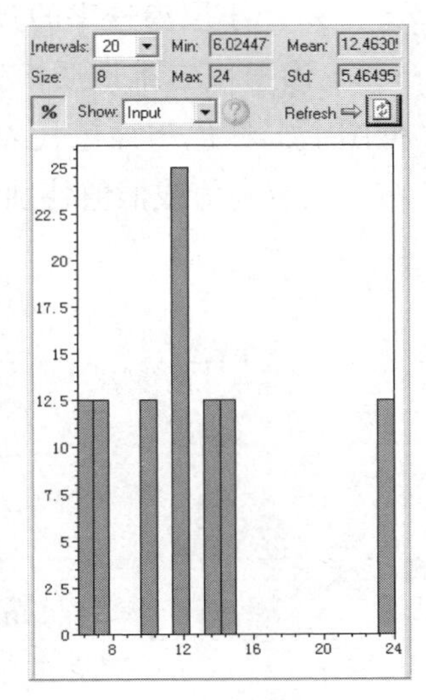

图5-10 ××油田××断块××小层孔隙度的频率分布直方图

表5-2 ××油田××断块××小层孔隙度模拟变差函数分析参数

小层	沉积微相	变差函数类型	基台值	块金常数	长变程/m	短变程/m	垂变程/m	方位/（°）
××1	砂坝	球状	1	0	401	301	30	170
××2	砂坝	球状	1	0	418	331	30	200
××3	水下分流河道	球状	1	0	409	311	30	170
	水下分流间湾	球状	1	0	407	311	30	170

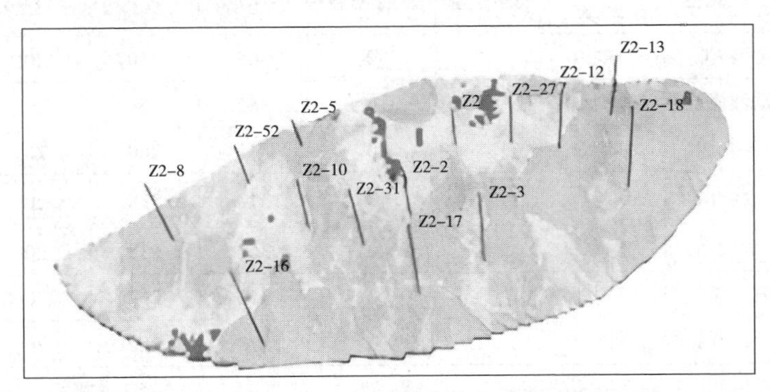

图5-11 ××油田××断块××小层孔隙度三维地质模型图（初开发状态）

（2）渗透率模型（初始状态）。

××小层渗透率的频率分布直方图见图 5–12，变差函数分析参数见表 5–3，渗透率三维地质模型图见图 5–13。在 ××小层的渗透率三维地质模型图上，红色与绿色代表高值，蓝色代表低值，渗透率高值与低值相间分布，没有高值或低值特别集中的区域。

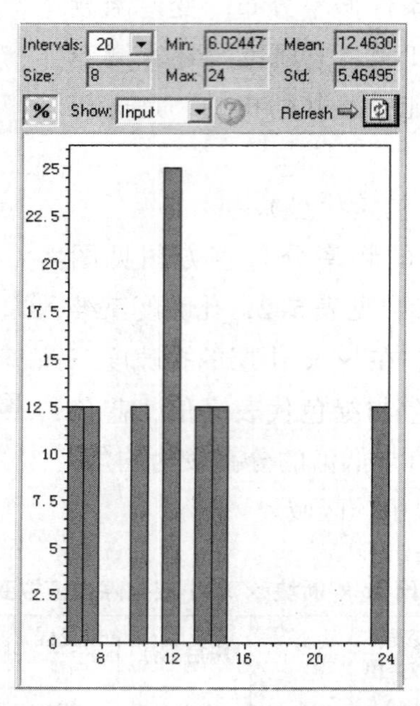

图 5–12　××油田 ××断块 ××小层渗透率的频率分布直方图

表 5–3　××油田 ××断块 ××小层渗透率模拟变差函数分析参数

小层	沉积微相	变差函数类型	基台值	块金常数	长变程 / m	短变程 / m	垂变程 / m	方位 / (°)
××1	鲕粒滩	球状	1	0	365	250	20	176
	滨浅湖泥	球状	1	0	362	256	20	177
	生物滩	球状	1	0	361	260	20	180
××2	生物滩	球状	1	0	370	238	20	177
	鲕粒滩	球状	1	0	366	258	20	182
	滨浅湖泥	球状	1	0	352	267	20	173
	灰质滩	球状	1	0	378	256	20	170

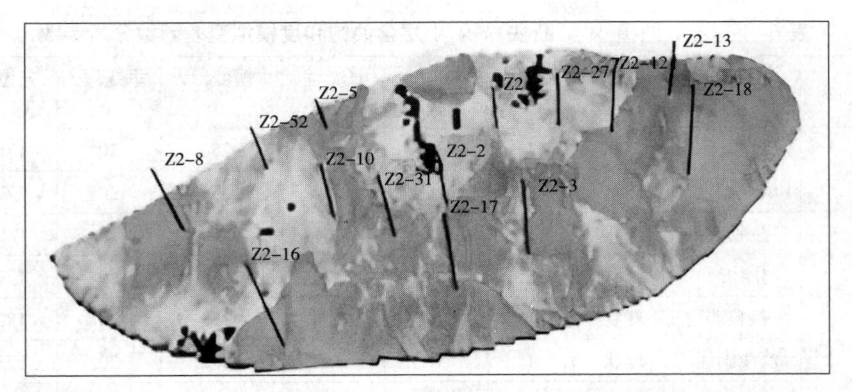

图 5-13　× × 油田 × × 断块 × × 小层渗透率三维地质模型图（初始开发状态）

（3）含油饱和度模型（初始状态）。

× × 小层含油饱和度的频率分布直方图见图 5-14，变差函数分析参数见表 5-4，含油饱和度三维地质模型图见图 5-15。在 × × 小层的含油饱和度三维地质模型图上，中部区域的含油饱和度较高，其他区域的含油饱和度相对较低。

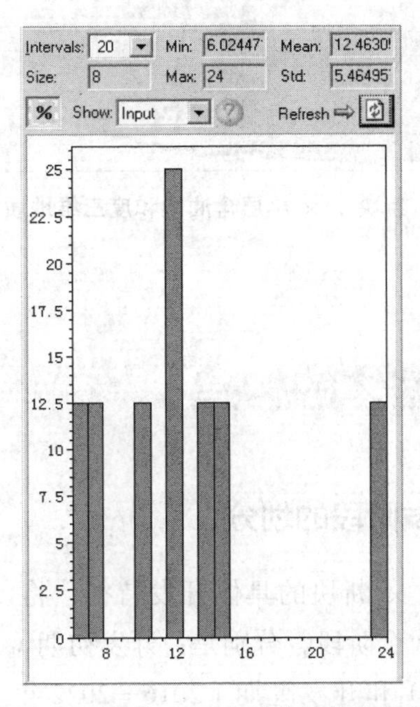

图 5-14　× × 油田 × × 断块 × × 小层含油饱和度的频率分布直方图

表 5-4　×× 油田 ×× 断块 ×× 小层含油饱和度模拟变差函数分析参数

小层	沉积微相	变差函数类型	基台值	块金常数	长变程 / m	短变程 / m	垂变程 / m	方位 / (°)
××1	鲕粒滩	球状	1	0	365	250	20	176
	滨浅湖泥	球状	1	0	362	256	20	177
	生物滩	球状	1	0	361	260	20	180
××2	生物滩	球状	1	0	370	238	20	177
	鲕粒滩	球状	1	0	366	258	20	182
	滨浅湖泥	球状	1	0	352	267	20	173
	灰质滩	球状	1	0	378	256	20	170
××3	前缘席状砂	球状	1	0	399	289	20	171

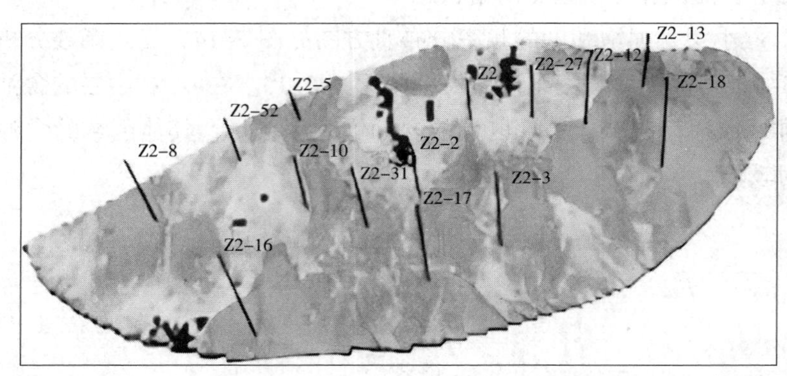

图 5-15　×× 油田 ×× 断块 ×× 小层含油饱和度三维地质模型图（初始开发状态）

5.2 四维数据体的构建

5.2.1　不同开发阶段的划分

根据 ×× 油田 ×× 断块的具体开发特征，将 ×× 油田 ×× 断块的已有开发时间划分为 3 个阶段，分别是：开发初期（1994—2000 年），开发中期（2001—2015 年）和开发晚期（2016—2022 年）。结合这 3 个开发阶段，加上储层参数的初始状态和未来 6 年后的变化状态，构成了 ×× 油田

× × 断块储层参数的不同开发阶段：初始阶段、开发初期、开发中期、开发晚期和未来 6 年后。

5.2.2 孔隙度与渗透率四维数据体的构建

油田注水开发过程中，在某些局部区域，孔隙度和渗透率的变化较大，但它们的总体变化均较小。因此，基于取心井数据，分相带构建了不同开发阶段的孔隙度和渗透率的测井解释模型，通过该测井解释模型，求得了不同开发阶段的不同井点的孔隙度和渗透率值（限于篇幅，本书对如何构建不同开发阶段孔隙度和渗透率的测井解释模型不作详细阐述）。

5.2.3 含油饱和度四维数据体的构建

5.2.3.1 含水率四维数据体的构建

以 × × 油田 × × 断块 × × 油井某小层为例，研究含水率四维数据体的构建。× × 油井的历史含水率数据如表 5–5 所示，利用 Attention-LSTM 来建立 × × 油井含水率的动态预测模型。将当前月的含水率作为 Attention-LSTM 动态预测模型的输出；将当月之前的 5 个月的含水率及其他动态数据作为输入；将 × × 油井的含水率及其他动态数据按照 7 : 3 的比例划分成训练集和测试集，利用训练集完成 × × 油井 Attention-LSTM 动态预测模型的训练，利用测试集完成它的测试，测试合格后即获得 × × 油井的 Attention-LSTM 动态预测模型。利用 Attention-LSTM 动态预测模型实现对 × × 油田 × × 断块油井 × × 小层未来含水率的预测，同时将此方法应用于 × × 油田 × × 断块其他油井含水率的预测中，分别构建 × × 油田 × × 断块 × × 小层含水率的初始阶段数据体、开发初期的数据体、开发中期的数据体、开发晚期的数据体和未来 6 年后的数据体。

表 5–5 × × 油田 × × 断块 × × 油井动态数据

井名	时间	油层厚度 / m	泵深 / m	泵径 / m	泵效 / %	月产油量 / t	月产水量 / t	动液面 / m	含水率 / %
× × 1	1995 年 9 月	22.8	1397.1	38	64	316.6	58	638	15.5
× × 2	1995 年 10 月	22.8	1397.1	38	60	305.8	76	989	19.9
…	…	…	…	…	…	…	…	…	…
× × M	2018 年 4 月	15.8	1496.2	38	61	37.7	498	1458	93
× × N	2018 年 5 月	15.8	1496.2	38	56	36.7	468.2	1492	92.7

5.2.3.2 含水率与含油饱和度的定量关系拟合

依据 ×× 油田 ×× 断块各小层每月的含水率来计算其含油饱和度，具体计算公式为：

$$S_o=\left(1-\frac{1}{m}\ln\frac{\rho_o\mu_w B_w}{\rho_w\mu_o B_o}n\right)-\frac{1}{m}\frac{f_w}{1-f_w} \tag{5-1}$$

式中，S_o 为油层含油饱和度；m、n 为与储层结构和流体性质有关的参数，为常数；f_w 为单口井在该油层每月的含水率，%；ρ_o、ρ_w 为油水密度，t/m^3；μ_o、μ_w 为油水黏度，mPa·s；B_o、B_w 为油、水体积系数。

利用式（5–1）可实现开发小层含水率与含油饱和度的定量拟合，也可获得 ×× 油田 ×× 断块某小层不同开发阶段的含油饱和度的定量值。

5.2.3.3 含油饱和度四维数据体的获得

在获得 ×× 油田 ×× 断块 ×× 小层含水率的四维数据体之后，利用式（5–1）即可获得该小层含油饱和度的四维数据体。

储层四维地质模型的建立

5.3.1 不同开发阶段储层三维地质模型的构建

5.3.1.1 孔隙度和渗透率

选取与建立孔隙度、渗透率三维地质模型时相同的变差函数类型、基台值、块金常数、随机种子、长短变程和垂向变程，在沉积微相控制下，利用序贯高斯模拟方法模拟实现不同阶段的孔隙度和渗透率的三维地质模型，进而形成孔隙度和渗透率的四维地质模型。

5.3.1.2 含油饱和度

利用 Attention-based LSTM 建立的井点含油饱和度的动态预测模型，实现对未知的不同开发阶段中的井点含油饱和度的动态预测，获得不同开发阶段的不同井点的含油饱和度值；选取与建立含油饱和度三维地质模型时相同的变差函数类型、基台值、块金常数、随机种子、长短变程和垂向变程，在沉积微相控制下，利用序贯高斯模拟方法模拟实现不同阶段的含油饱和度的三维地质模型。

5.3.2 储层四维地质模型的形成

孔隙度、渗透率和含油饱和度的四维地质模型如图 5-16 至图 5-18 所示。

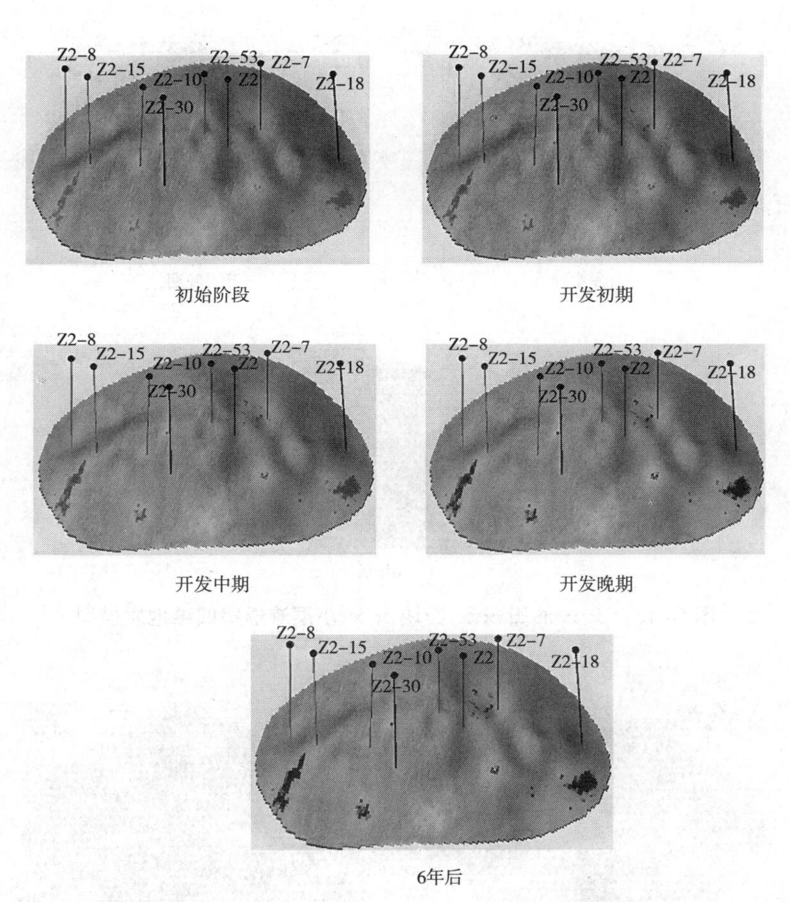

图 5-16　×× 油田 ×× 断块 ×× 小层孔隙度四维地质模型

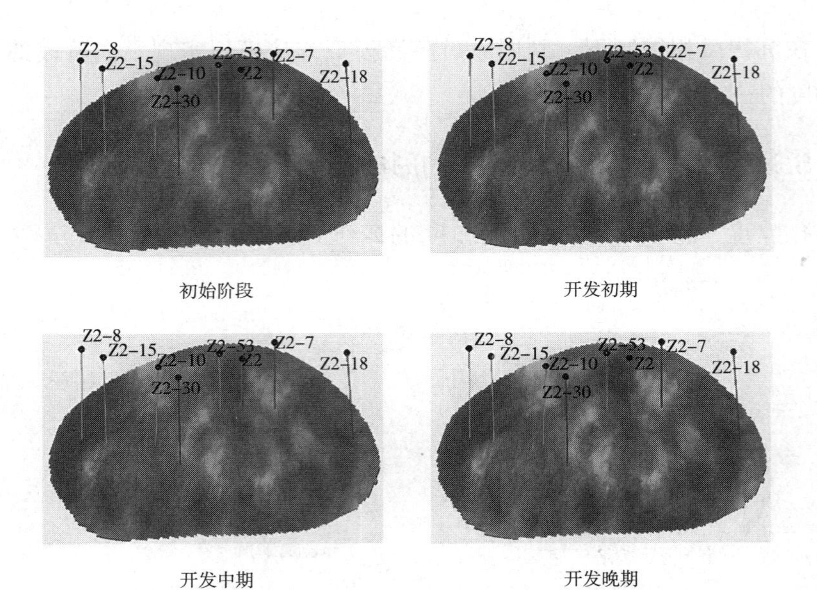

初始阶段　　开发初期

开发中期　　开发晚期

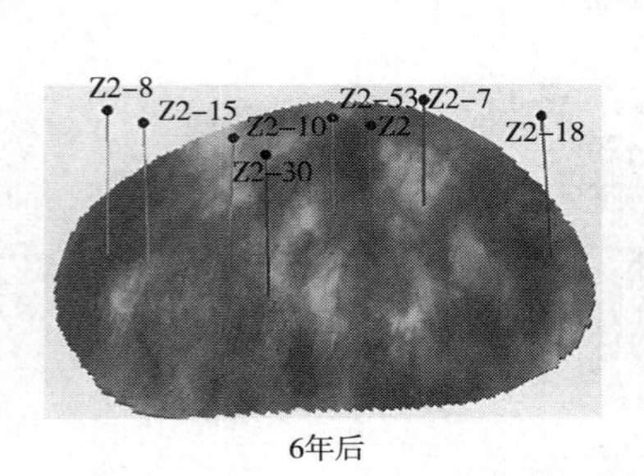

6年后

图 5-17　×× 油田 ×× 断块 ×× 小层渗透率四维地质模型

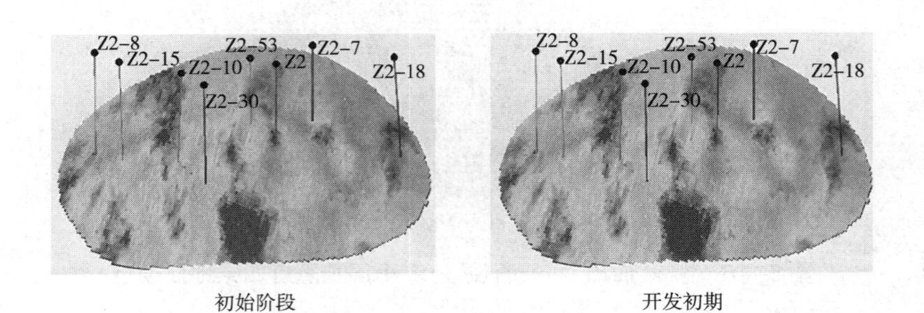

初始阶段　　开发初期

图 5-18　×× 油田 ×× 断块 ×× 小层含油饱和度四维地质模型

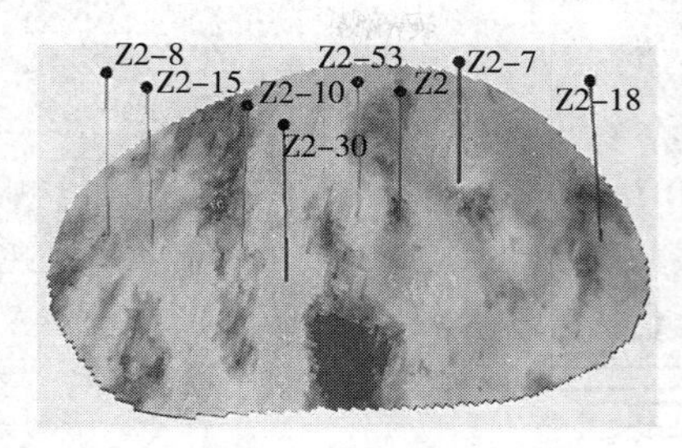

开发中期

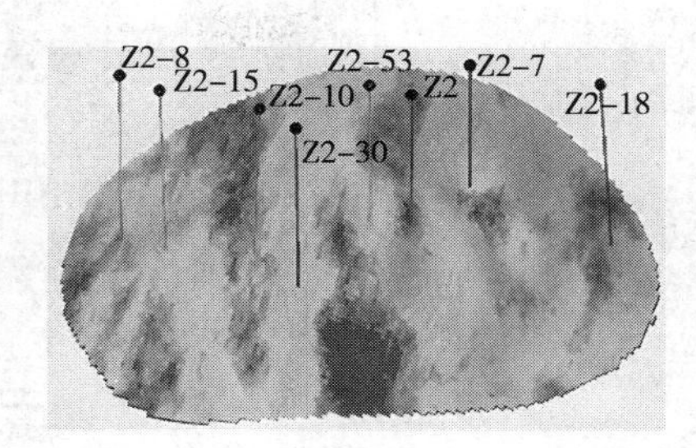

开发晚期

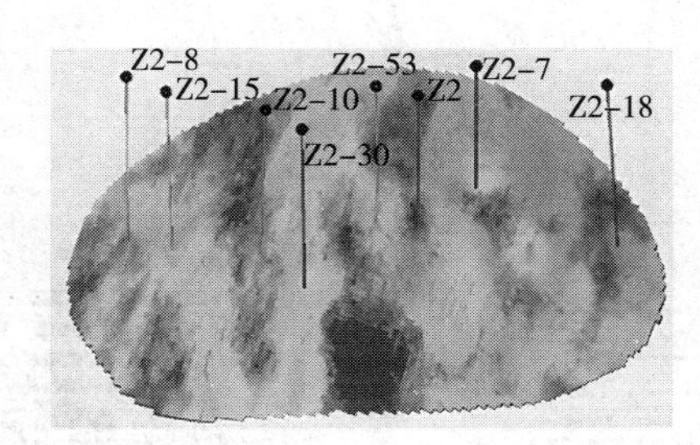

6年后

图 5-18　× × 油田 × × 断块 × × 小层含油饱和度四维地质模型（续）

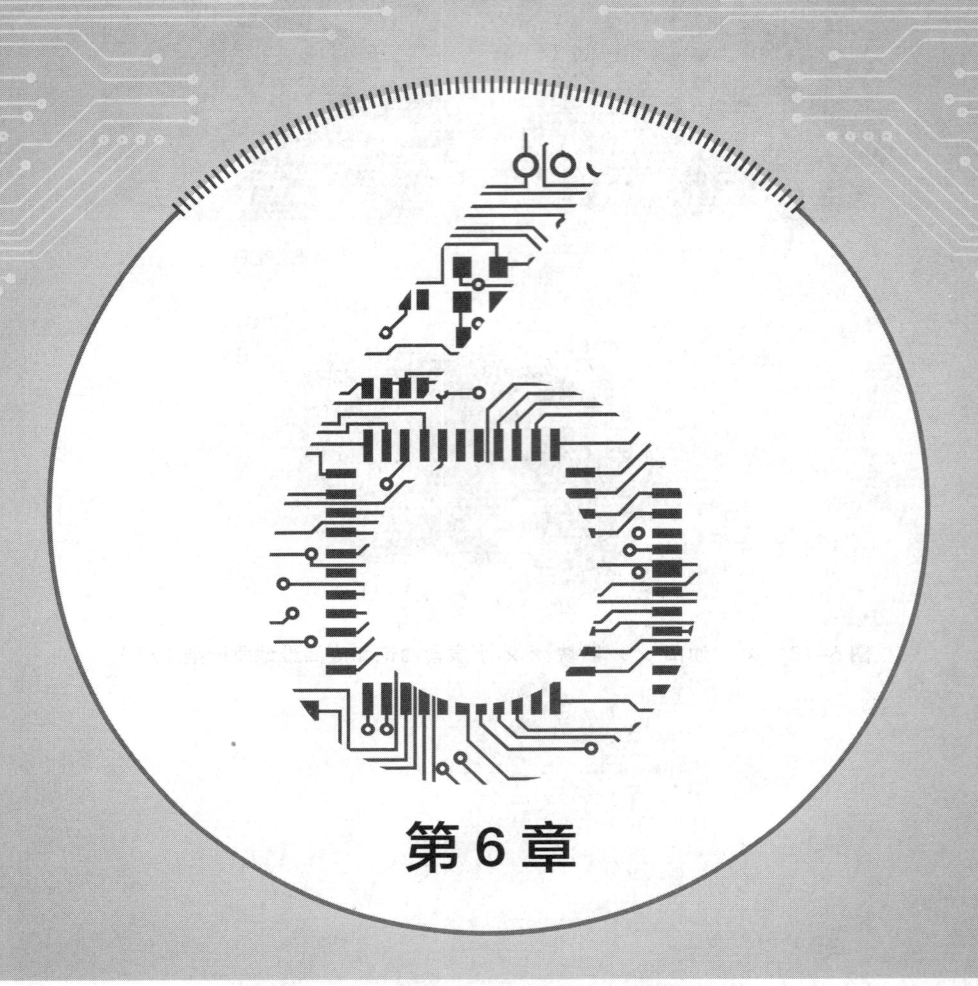

第 6 章

剩余油分布预测

××油田××断块阜一段、阜二段主要发育滨浅湖亚相中的滩坝微相、三角洲前缘亚相中的水下分流河道、河口坝和席状砂微相，因此综合地质研究和储层四维建模的成果从平面、层内和层间3个方面来研究剩余油的宏观分布特征、分布模式和控制因素。

6.1 剩余油宏观分布特征

在××油田××断块阜一段、阜二段的4个砂层组中，剩余油的宏观分布特征如下：整个$E_1f_2^2$砂层组剩余油分布面积很小，剩余油仅限于个别井区；剩余油饱和度偏低，一般在40%~45%；从含油面积和剩余油饱和度数值来看，该砂层组潜力为四个砂层组中最差的。整个$E_1f_2^3$砂层组剩余油的分布面积较大，剩余油集中分布在靠近断层的中北部区域；剩余油饱和度较高，分布在45%~60%，为剩余油较为富集的砂层组。整个$E_1f_1^1$砂层组剩余油的分布面积较大，剩余油呈片状、带状分布在靠近断层的北部区域；该砂层组剩余油饱和度也较高，为将来开发潜力较大的砂层组。整个$E_1f_1^2$砂层组剩余油的分布面积较小；剩余油呈条带状、土豆状分布；该砂层组剩余油饱和度也较低，在40%~45%，为开发潜力较差的砂层组。

6.2 剩余油宏观分布模式

6.2.1 平面分布模式

影响××油田××断块储层剩余油平面分布的主要地质因素有沉积微相、断层、微型构造等，动态因素有注采井网完善程度等，根据已有分析，考虑影响因素，建立了××油田××断块阜一段、阜二段剩余油平面分布模式，即边缘相带、微型构造高部位、封闭性断层附近和注采井网不完善的地方。

6.2.1.1　边缘相带剩余油富集

××油田××断块阜一段主要发育水下分流河道、河口坝和席状砂沉积，水下分流河道沉积最为发育。以水下分流河道为研究重点，绘制边缘相带剩余油分布模式图（图 6–1）。

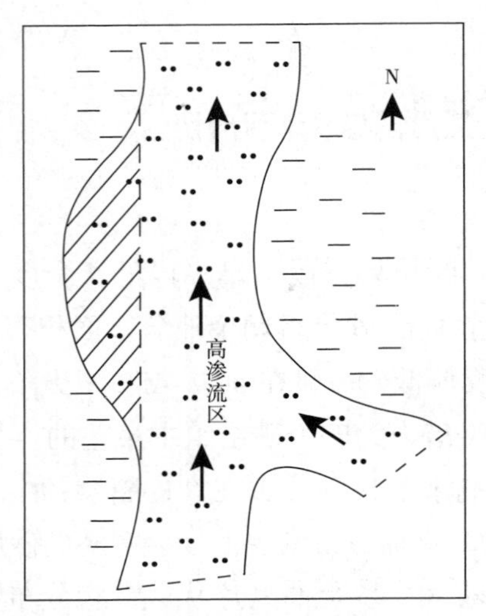

图 6–1　边缘相带剩余油分布模式图

6.2.1.2　微型构造高部位剩余油富集

××油田××断块微型构造主要分为正向和斜面两大类型，其微型构造高部位的剩余油饱和度比同一层的平均剩余油饱和度高。据此绘制了其微型构造高部位剩余油分布模式图（图 6–2）。

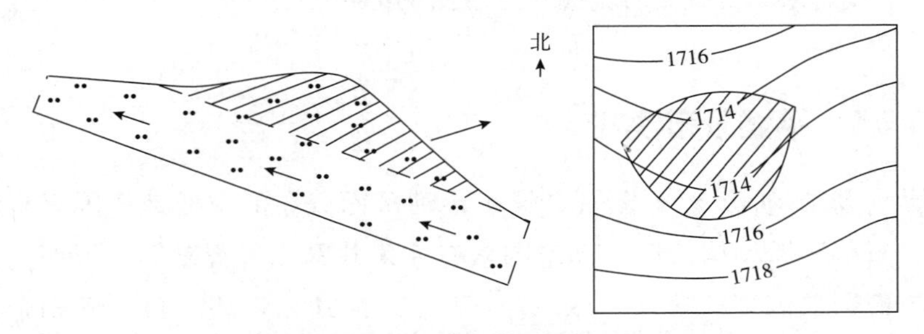

图 6–2　微型构造高部位剩余油分布模式图

6.2.1.3 封闭性断层附近剩余油富集

断层附近的生产井一般单向受效，靠近断层部位的水驱效果较差，加之其位于构造高部位，形成有利的剩余油富集区。据此绘制了封闭性断层附近剩余油分布模式图（图 6–3）。

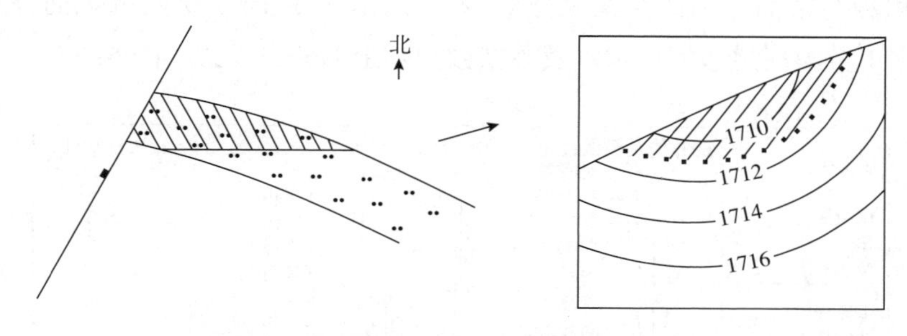

图 6–3 封闭性断层附近剩余油分布模式图

6.2.1.4 注采井网不完善的地方剩余油富集

注采关系不完善和井网对油层控制较差部位、生产井排两侧附近剩余油饱和度普遍较高。根据对 ×× 油田 ×× 断块的统计，有采无注或有注无采的地方以及井网没有控制的地方剩余油富集。剩余油平面富集区可以通过加密井网、局部加密、改变注采关系或改变液流方向等措施进行挖潜。据此绘制了注采井网不完善地方的剩余油分布模式图（图 6–4）。

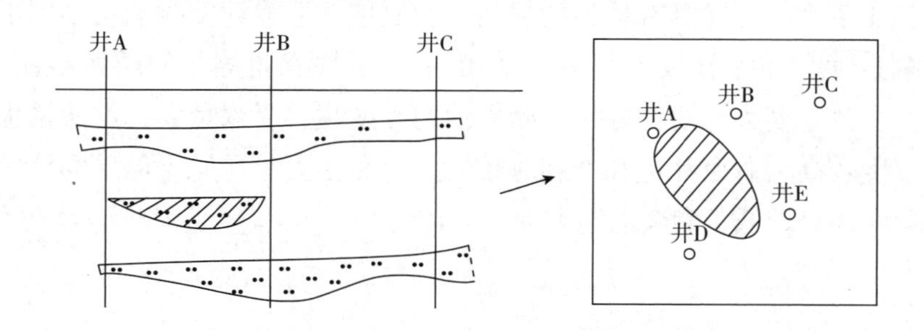

图 6–4 注采井网不完善地方的剩余油分布模式图

6.2.2 层内剩余油分布模式

层内剩余油分布主要受层内非均质性及夹层分布的影响。非均质性越强，注入水越容易沿高渗段窜进，形成大孔道。层内低渗段可成为剩余油饱和度高值区和剩余油富集的部位。×× 油田 ×× 断块阜一段、阜二段发育多种沉积微相，不同沉积类型砂体的沉积韵律不同，不同沉积构造、岩相组合的物性差异较大，沉积的短期间断还会在层内沉积夹层。这些原因形成了层内较强的非均质性，造成了不同微相层内剩余油分布不同，依据沉积相和剩余油分布研究结果建立 ×× 油田 ×× 断块层内剩余油分布模式：水下分流河道、河口坝以及砂坝微相剩余油分布模式（图 6–5）。

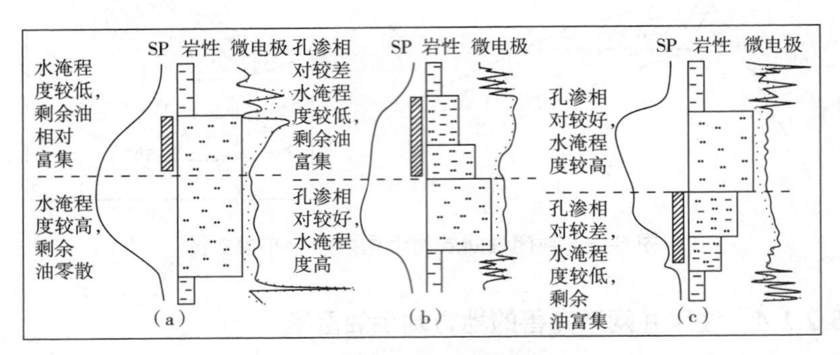

图 6–5　层内剩余油分布模式图

6.2.3　层间剩余油在非主力层富集模式

×× 油田 ×× 断块发育典型的滨浅湖亚相沉积和三角洲前缘亚相沉积，储层多为砂泥交互多层沉积，由于隔层和层间的物性差异，在垂向上主力小层和非主力小层间具有较强的层间非均质性，造成开发时油层动用不均，层间剩余油分布差异较大。×× 油田 ×× 断块三角洲相储层的某些主力小层，有效厚度大，物性好，原始含油饱和度高，吸水量大，产液量也大，采出程度较高，剩余油饱和度相对较低；而非主力小层原始储层物性较差，动用程度相对较低，剩余油饱和度相对较高。

6.3　剩余油形成与分布控制因素分析

6.3.1　地质因素

地质因素是控制剩余油分布的关键因素之一，其宏观因素包括储层厚度、物性和非均质性等；微观因素包括孔隙结构非均质性、黏土类型、产状及含量、碎屑和胶结物成分等。这些因素又可以从构造和沉积两个方面进行解释。

（1）构造因素：①断层对地下流体的控制作用是显而易见的，无论是原始分布的原油，还是开采后期的剩余油在封闭断层附近分布都极为丰富，××断层总体上是封闭性断层，对注入水的推进起着封堵作用，位于断层构造高部位存在着较多的剩余油，如2–61井、2–7井等处于断层附近的井区，剩余油相对富集。②微构造因素，××油田××断块阜一段、阜二段剩余油比较富集，油井生产良好的微型构造有两种：正向微型构造和斜面微型构造。正向微构造区油井生产好，生产油水比高，如2–61井附近，发育正向微构造；在2–29井、2–20井、2–26井附近发育斜面微型构造，剩余油在这些井位附近相对富集。

（2）沉积因素：沉积是控制油气富集程度的根本原因，也是控制剩余油分布的关键因素。从各小层沉积微相、原始地质储量、剩余油饱和度平面展布可以得出以下几点认识：①剩余油分布与各层沉积微相分布密切相关，阜二段剩余油主要富集在砂坝微相中。阜一段剩余油主要分布在水下分流河道、河口坝中。这些有利相带中储层物性较好，原始地质储量高，累计采出率高，其剩余油储量也高，且很多未动用剩余油分布在这些有利的沉积相带。②侧缘相带相对中心相带来说，孔渗较差，井吸水能力较中心相带要低，注入水首先沿着中心相带串流，造成中心相带水淹程度高，驱油效率高；而侧缘相带水淹程度低，驱油效率低，从而形成剩余油。此外，受分流河道沉积及压实作用限制，水下分流河道砂体多具有上倾尖灭特征，它们易在注水压力作用下形成分散剩余油。③沉积韵律的不同，层内水淹程度差异不同，不同韵律层具有不同的剩余油分布特征。剩余油的分布与沉积韵律存在负相关关系，即正韵律层剩余油主要分布于渗透率较低的部位，尤其是中上部低渗区，是××断块剩余油分布的主要特征，水下分流河道即为典型的此类分布特征；反韵律、均质韵律层注入水向上推进比较均匀，水驱效果明显，××断块河口坝此类特征表现比较明显，而复合韵律，层内剩余油的分布呈现多段富集的状况。④沉积是造成储层非均质性的主要原因，储层非均质性必然造成原始含油状况的非均质性。平面强非均质带，注入水难以推进；层内非均质带，水淹程度低，层间非均质造成注水井各层的吸水能力的悬殊差异以及各小层的产液能力的较大差异，往往形成剩余油。

6.3.2 开发工程因素

开发工程对剩余油形成的影响是一个系统而关键的因素，例如井网布置、井网密度、钻井工艺、射孔完善程度、固井质量、洗井液类型、油层改造水平、堵水工艺、注水水质及水温、生产压差导致的采油速度等，开发过程中一个环节不当，就会对剩余油的最终分布产生巨大影响。在油田注水开发中后期，剩余油的分布往往不是由某一单因素决定的，而是多种因素综合作用的结果。研究认为，×× 油田 ×× 断块剩余油形成的最主要影响因素是：断层封闭型、沉积微相和储层非均质性。

第 7 章

总结与展望

7.1 总结

油田在注水开发过程中，随着流体性质的变化及其作用，储层物性、非均质性和孔隙结构等均发生了变化。这些变化导致了不同时刻储层参数空间分布的不同。由于剩余油分布对储层参数的空间展布具有较强的敏感性，因此为适应注水开发中后期和三次采油对剩余油开采的需求，应建立能准确反映储层参数变化的高精度的四维地质模型。储层四维地质模型是在储层参数三维地质模型的基础上，加载时间因子形成不同时刻属性的演化模型。本书在总结前人已有研究的基础上，通过建立不同开发阶段孔隙度和渗透率的二次测井解释模型，实现它们的四维地质模型的构建；结合深度学习中的 Attention-LSTM 方法，建立含油饱和度的四维地质模型。孔隙度、渗透率和含油饱和度四维地质模型的建立，为中高含水油田开发方案的调整和进一步的三次采油提供了一定的技术参考，促进了先进计算机技术在石油工业中的应用，丰富和发展了开发地质学的理论、方法和技术。

油田地下的地质情况非常复杂，本书仅依靠取心井数据，构建了孔隙度和渗透率不同开发阶段的二次测井解释模型，建立了它们的四维地质模型；因此本书研究带有一定的片面性，所构建的孔隙度和渗透率的四维地质模型并不能全面反映它们的时空变化规律。利用数据驱动方法，构建了井点处含油饱和度的四维数据体，在此基础上建立了它的四维地质模型。但数据驱动方法仅是从数据分析和数据挖掘的角度出发，来对含油饱和度的动态变化规律进行研究，并没有和该地区的具体地质特征相结合，因此，建立的含油饱和度的四维地质模型也存在一定的不足。

7.2 展望

在未来的研究中，如果采用测井解释方法来构建储层参数的四维地质模型，就应该采用处于不同位置、不同开发阶段的取心井来建立二次测井解释模型，准确获取井点处不同开发阶段储层参数的四维数据体，进而构建储层参数的四维地质模型。如果采用数据驱动方法来构建储层参数的四维地质模型，就应该结合研究区具体地质特征对所建立的不同开发阶段储层参数的预测模型进行检验与校正，使它们能够准确反映井点处储层参数的动态变化规律。

参考文献

［1］Alsaeedi A A, AlHarethi F A, Latypov E, et al. Integrated digital production platform with the reservoir dynamic models for a giant gas condensate reservoir in real time [R]. SPE 203406–MS, 2020.

［2］Altman N S. An introduction to kernel and nearest-neighbor nonparametric regression [J]. The American Statistician, 1992, 46(3): 175–185.

［3］Caers J. Geostatistical history matching under training-image based geological model constraints [R]. SPE 77429, 2002.

［4］Catherine B, Johnson D, Litvak M, et al. Building reservoir models based on 4D seismic & well data in Gulf of Mexico Oil Fields [R]. SPE 84370, 2003.

［5］Coomans D, Massart D L. Alternative k-nearest neighbour rules in supervised pattern recognition: Part 1. k-Nearest neighbour classification by using alternative voting rules [J]. Analytica Chimica Acta, 1982(136): 15–27.

［6］Creswell A, White T, Dumoulin V, et al. Generative adversarial networks: Anoverview [J]. IEEE Signal Processing Magazine, 2018, 35(1): 53–65.

［7］Cullheim S, Kellerth J O, Conradi S. Evidence for direct synaptic interconnections between cat spinal α-motoneurons via the recurrent axon collaterals: A morphological study using intracellular injection of horseradish peroxidase [J]. Brain Research, 1977, 132(1): 1–10.

［8］Elman J L. Finding structure in time [J]. Cognitive Science, 1990, 14(2): 179–211.

［9］Forgy E W. Cluster analysis of multivariate data: Efficiency versus interpretability of classifications [J]. Biometrics, 1965(21): 768–769.

［10］Frasconi P, Gori M, Sperduti A. A general framework for adaptive processing of data structures [J]. IEEE Transactions on Neural Networks, 1998, 9(5): 768–786.

[11] Hartigan J A, Wong M A. Algorithm AS 136: A K-means clustering algorithm [J]. Journal of the royal statistical society. Series C (Applied Statistics), 1979, 28(1): 100–108.

[12] Hinton G E, Salakhutdinov R R. Reducing the dimensionality of data with neural networks [J]. Science, 2006, 313(5786): 504–507.

[13] Hochreiter S, Schmidhuber J. Long short-term memory [J]. Neural Computation, 1997, 9(8): 1735–1780.

[14] Khatami A, Khosravi A, Nguyen T, et al. Medical image analysis using wavelet transform and deep belief networks [J]. Expert Systems with Applications, 2017(86): 190–198.

[15] Larochelle H, Mandel M, Pascanu R, et al. Learning algorithms for the classification restricted Boltzmann machine [J]. The Journal of Machine Learning Research, 2012(13): 643–669.

[16] Little W A. The existence of persistent states in the brain [J]. Mathematical Biosciences, 1974, 19(1–2): 101–120.

[17] Lloyd S. Least squares quantization in PCM [J]. IEEE transactions on information theory, 1982, 28(2): 129–137.

[18] Neal R M. Connectionist learning of belief networks [J]. Artificial intelligence, 1992, 56(1): 71–113.

[19] Olagundoye O, Chizea C, Akhajeme E, et al. Seismic reservoir characterization, resistivity modeling, and dynamic reservoir model simulations: Application for the drilling of a high angle infill well in the mature AKPO Condensate Field in the Niger Delta Basin [R]. SPE 211962–MS, 2022.

[20] Oliveira R M, Bampi D, Sansonowski R C, et al. Marlim Field: Incorporating 4D seismic in the geological model and application in reservoir management decisions [R]. SPE 108062, 2007.

[21] Pannett S, Slager S, Stone G, et al. Constraining a complex gas-water dynamic model using 4D Seismic [R]. SPE 89793, 2004.

[22] Piryonesi S M, El-Diraby T E. Role of data analytics in infrastructure asset management: Overcoming data size and quality problems [J]. Journal of Transportation Engineering, Part B: Pavements, 2020, 146(2): 04020022.

[23] Rumelhart D E, Hinton G E, Williams R J. Learning representations by back-propagating errors [J]. Nature, 1986, 323(6088): 533–536.

[24] Schmidhuber J. Deep learning in neural networks: An overview [J]. Neural Networks, 2015(61): 85–117.

[25] Schuster M, Paliwal K K. Bidirectional recurrent neural networks [J]. IEEE Transactions on Signal Processing, 1997, 45(11): 2673–2681.

[26] Seldal M, Reime A, Arnesen D. Improving reservoir simulation models using 4D data at the Snorre Field [R]. SPE 121977, 2009.

[27] Tian J, Liu J, Elsworth D, et al. URTeC: 250, a dynamic fractal permeability model for heterogeneous coalbed reservoir considering multiphysics and flow regimes [R]. URTEC-2019–250–MS, 2019.

[28] Toinet S. 4D feasibility and calibration using 3D seismic modeling of reservoir models [R]. SPE 88783, 2004.

[29] Veiga S D, Ravalec M L. Rebuilding existing geological models [R]. SPE 130976, 2010.

[30] Villegas R, MacBeth C, Paydayesh M. Permeability updating of the simulation model using 4D seismic data [R]. SPE 125632, 2009.

[31] Werbos P J. Backpropagation through time: What it does and how to do it [J]. Proceedings of the IEEE, 1990, 78(10): 1550–1560.

[32] Wigström H. A neuron model with learning capability and its relation to mechanisms of association [J]. Kybernetik, 1973, 12(4): 204–215.

[33] Williams R J, Zipser D. A learning algorithm for continually running fully recurrent neural networks [J]. Neural Computation, 1989, 1(2): 270–280.

[34] Windhorst U. Auxiliary spinal networks for signal focussing in the segmental stretch reflex system [J]. Biological Cybernetics, 1979, 34(3): 125–135.

[35] Windhorst U. On the role of recurrent inhibitory feedback in motor control [J]. Progress in Neurobiology, 1996, 49(6): 517–587.

[36] Xu R, Wunsch D. Survey of clustering algorithms [J]. IEEE Transactions on Neural Networks, 2005, 16(3): 645–678.

[37] Zheng N. The new era of artificial intelligence [J]. Chinese Journal of

Intelligent Science and Technology, 2019, 1(1): 1–3.

[38] А С Кашик，С Б Денисов，冯有奎 . 四维地质学［ J ］. 新疆石油地质，2005（ 3 ）：339–342.

［ 39 ］白永良，刘展，魏合龙，等 . 基于 Open Inventor 油藏四维展示方法研究［ J ］. 西安石油大学学报（ 自然科学版 ），2012，27（ 1 ）：94–98.

［ 40 ］曹赛玉 . 几种决策概率模型在现实生活中的应用［ J ］. 理论月刊，2006（ 5 ）：91–93.

［ 41 ］曾溅辉，王洪玉 . 层间非均质砂层石油运移和聚集模拟实验研究［ J ］. 石油大学学报（ 自然科学版 ），2000（ 4 ）：108–111，132.

［ 42 ］陈程，孙义梅 . 厚油层内部夹层分布模式及对开发效果的影响［ J ］. 大庆石油地质与开发，2003（ 2 ）：24–27，68.

［ 43 ］陈程，张建良，钟思瑛，等 . 江苏码头庄油田储层流动单元与水淹状况分析［ J ］. 现代地质，2003（ 3 ）：331–336.

［ 44 ］陈海虹 . 机器学习原理及应用［ M ］. 成都：电子科技大学出版社，2017.

［ 45 ］陈亮，王震，王刚 . 深度学习框架下 LSTM 网络在短期电力负荷预测中的应用［ J ］. 电力信息与通信技术，2017（ 5 ）：8–11.

［ 46 ］陈先昌 . 基于卷积神经网络的深度学习算法与应用研究［ D ］. 杭州：浙江工商大学，2014.

［ 47 ］陈志香 . 高集油田高 7 区阜宁组储层非均质性及剩余油分布［ J ］. 海洋石油，2003（ 2 ）：51–54.

［ 48 ］戴启德，纪友亮 . 油气储层地质学［ M ］. 东营：石油大学出版社，1996.

［ 49 ］邓辞 . 高邮凹陷北斜坡阜宁组储层物性下限标准研究［ J ］. 石油天然气学报（ 江汉石油学院学报 ），2006（ 4 ）：234–235，238.

［ 50 ］邓瑞健 . 储层平面非均质性对水驱油效果影响的实验研究［ J ］. 大庆石油地质与开发，2002（ 4 ）：16–19，83.

［ 51 ］邓玉珍，徐守余 . 三角洲储层渗流参数动态模型研究［ J ］. 石油学报，2003，24（ 2 ）：61–64.

［ 52 ］窦松江 . 北大港河流相砂岩油藏精细描述及剩余油分布研究［ D ］. 北京：中国地质大学（ 北京 ），2005.

［53］樊中海，姜建伟，鲁国甫，等．双河油田油层微构造特征对剩余油分布的影响［J］．河南石油，1997（5）：9–13，59.

［54］方少仙，侯方浩．石油天然气储层地质学［M］．东营：石油大学出版社，1998.

［55］冯建伟，杨少春，杨兆林．胜坨油田二区东三段微型构造与剩余油分布［J］．断块油气田，2005（1）：11–13，89.

［56］冯增昭．沉积岩石学［M］．北京：石油工业出版社，1993.

［57］付国强，张国栋，吴义杰，等．河流相砂岩油藏综合地质评价建模［J］．石油学报，2000，21（5）：21–26.

［58］傅强，纪友亮，刘玉瑞，等．苏北盆地高邮凹陷古近系阜宁组储层动力学特征［J］．天然气工业，2007（7）：31–34，132–133.

［59］盖凌云．随机建模方法的技术研究及软件应用［J］．现代电子技术，2007（9）：172–174，178.

［60］韩力群．人工神经网络理论、设计及应用［M］．北京：化学工业出版社，2002.

［61］何清，李宁，罗文娟，等．大数据下的机器学习算法综述［J］．模式识别与人工智能，2014，27（4）：327–336.

［62］何琰，余红，吴念胜．微构造对余油分布的影响［J］．西南石油学院学报，2000（1）：24–26，35.

［63］侯建国，高建，张志龙，等．五号桩油田桩74断块特低渗砂岩油藏微构造模式及其开发特征［J］．石油大学学报（自然科学版），2005（3）：1–5.

［64］胡望水，程超，黄玉欣，等．火烧山油田相控剩余油分布四维地质模型研究［J］．石油天然气学报，2011，33（5）：1–6.

［65］胡向阳，熊琦华，吴胜和．储层建模方法研究进展［J］．石油大学学报（自然科学版），2001，25（1）：107–112.

［66］黄志洁，张一伟，熊琦华，等．油藏相控剩余油分布四维模型的建立方法［J］．石油学报，2008，29（4）：562–566.

［67］姜瑞忠．储层特征参数变化对油藏开发效果的影响［J］．油气田地面工程，2005（4）：32–33.

［68］姜在兴．沉积学［M］．1版．北京：石油工业出版社，2003.

［69］雷明．机器学习原理算法与应用［M］．北京：清华大学出版社，2019.

［70］李航．统计学习方法［M］．北京：清华大学出版社，2012.

［71］李红南，王德军．油藏动态模型和剩余油仿真模型［J］．石油学报，2006，27（5）：83–87.

［72］李健．三角洲低渗透储层流动单元四维模型及剩余油预测［M］．北京：石油工业出版社，2004.

［73］李军，熊利平，赵为永，等．基于确定性和随机模型的薄储层岩性预测［J］．石油与天然气地质，2009，30（2）：240–244.

［74］李丕龙，姜在兴，马在平．东营凹陷储集体与油气分布［M］．北京：石油工业出版社，2000.

［75］李晓锋，彭仕宓，王海江，等．融合地震和测井信息的三角洲沉积微相随机建模研究：以扶余油田二夹五区块为例［J］．西安石油大学学报（自然科学版），2008，23（5）：37–39.

［76］李兴国．陆相储层沉积微相与微构造［M］．北京：石油工业出版社，2000.

［77］李兴国．应用微型构造和储层沉积微相研究油层剩余油分布［J］．油气采收率技术，1994（1）：68–80，86.

［78］廖光明．范庄油田阜宁组沉积体系及砂体建筑结构分析［J］．西南石油学院学报，2006（2）：4–7，5.

［79］林博，戴俊生，冀国盛，等．胜坨油田坨 7 块沙二段 9 夹层随机建模研究［J］．西南石油大学学报（自然科学版），2008，30（4）：11–14.

［80］林承焰，侯连华，董春梅，等．辽河西部凹陷沙三段浊积岩储层中钙质夹层研究［J］．沉积学报，1996（3）：74–82.

［81］林昕，朱小栋．基于 Attention 机制的 LSTM 股价预测模型［J］．重庆工商大学学报（自然科学版），2022，39（2）：75–82.

［82］林志芳，俞启泰，彭鹏商，等．高含水期油田开发的方法系统［J］．新疆石油地质，1997（4）：7，363–369.

［83］蔺伟斌，杨世瀚．基于时间递归序列模型的短文本语义简化［J］．物联网技术，2019，9（5）：57–62.

［84］刘建民，李阳，颜捷先．河流成因储层剩余油分布规律及控制因

素探讨［J］. 油气采收率技术，2000（1）：50–53，70.

［85］刘克奇，田海芹，狄明信. 卫城81断块沙四段第二砂层组“权重”储层评价［J］. 西南石油学院学报，2004（3）：5–8，85.

［86］刘永强，续毅，贺永辉，等. 基于双向长短期记忆神经网络的风电预测方法［J］. 天津理工大学学报，2020，36（5）：49–54，59.

［87］柳成志，张雁，单敬福. 砂岩储层隔夹层的形成机理及分布特征：以萨中地区PⅠ2小层曲流河河道砂岩为例［J］. 天然气工业，2006（7）：15–17，146–147.

［88］陆先亮，束青林，曾祥平，等. 孤岛油田精细地质研究［M］. 北京：石油工业出版社，2005.

［89］罗恒. 基于协同过滤视角的受限玻尔兹曼机研究［D］. 上海：上海交通大学，2011.

［90］吕晓光，张永庆，陈兵，等. 深度开发油田确定性与随机建模结合的相控建模［J］. 石油学报，2004，25（5）：60–64.

［91］么忠文，李忠权. 大庆杏树岗油田杏六中区储层四维地质建模［J］. 断块油气田，2013，20（6）：744–747.

［92］穆剑东，董平川，赵常生. 多条件约束储层随机建模技术研究［J］. 大庆石油地质与开发，2008，27（4）：17–20.

［93］欧阳健，等. 测井地质分析与油气层定量评价［M］. 北京：石油工业出版社，1999.

［94］彭仕宓，尹志军，李海燕. 建立储层四维地质模型的新尝试［J］. 地质论评，2004，50（6）：662–665.

［95］平海涛，秦瑞宝，李雄炎，等. 七参数生产动态测井在注水油田动态监测中的应用［J］. 中国海上油气，2021，33（4）：103–111.

［96］邱锡鹏. 神经网络与深度学习［M］. 北京：机械工业出版社，2019.

［97］裘亦楠，薛叔浩，应凤祥. 中国陆相油气储集层［M］. 北京：石油工业出版社，1997.

［98］裘亦楠，薛叔浩. 油气储层评价技术［M］. 北京：石油工业出版社，1997.

［99］裘怿楠，贾爱林. 储层地质模型10年［J］. 石油学报，2000（4）：

101–104，125.

［100］束青林，张本华，徐守余．孤岛油田河道砂储集层油藏动态模型及剩余油研究［J］. 石油学报，2005，26（3）：64–67.

［101］宋海渤，黄旭日．油气储层建模方法综述［J］. 天然气勘探与开发，2008，31（3）：53–57.

［102］宋万超，孙焕泉，孙国，等．油藏开发流体动力地质作用——以胜坨油田二区为例［J］. 石油学报，2002（3）：4–5，52–55.

［103］孙国．利用人工神经网络系统建立储层四维地质模型［J］. 油气地质与采收率，2004，11（3）：4–6.

［104］孙锡年，刘渝，满燕．东营凹陷西部沙四段滩坝砂岩油气成藏条件［J］. 国外油田工程，2003（7）：24–25.

［105］谭廷栋．水驱油田剩余油的测井技术［J］. 中国海上油气·地质，1995（6）：61–67.

［106］唐大海，罗启厚．东营凹陷中央隆起带西段沙三中亚段第Ⅰ、Ⅱ砂层组沉积微相研究［J］. 天然气勘探与开发，2000（1）：43–51.

［107］汪立君，陈新军．储层非均质性对剩余油分布的影响［J］. 地质科技情报，2003（2）：71–73.

［108］汪荣贵，杨娟，薛丽霞．机器学习及其应用［M］. 北京：机械工业出版社，2019.

［109］王波，聂其海，陈进娥，等．四维多波地震在油藏动态监测中的应用［J］. 石油地球物理勘探，2021，56（2）：340–345.

［110］王丹，刘兵．SG 油田四维地震技术可行性研究与数据采集［J］. 石油地球物理勘探，2010，45（5）：637–641.

［111］王庚阳，刘明新，宋振宇，等．利用常规测井确定油田开发期储层剩余油分布［J］. 石油学报，1992（4）：60–66，164–165.

［112］王继东，冉冉，宋智林．基于改进深度受限玻尔兹曼机算法的光伏发电短期功率概率预测［J］. 电力自动化设备，2018，38（5）：43–49.

［113］王世艳，邓玉珍，张海娜．陆相储集层微型构造研究［J］. 石油勘探与开发，2000（6）：79–80.

［114］王元庆，杜庆龙，刘志胜，等．三角洲前缘相储层沉积特征及剩余油分布研究［J］. 大庆石油地质与开发，2002（5）：27–29，67–68.

［115］吴青，付彦琳．支持向量机特征选择方法综述［J］．西安邮电大学学报，2020，25（5）：16–21.

［116］吴胜和，李宇鹏．储层地质建模的现状与展望［J］．海相油气地质，2007，12（3）：53–59.

［117］吴胜和，熊琦华．油气储层地质学［M］．北京：石油工业出版社，1998.

［118］吴向阳．苏北盆地高邮凹陷北斜坡西部油气运移研究［J］．石油实验地质，2005（3）：281–287.

［119］吴向阳．苏北盆地高邮凹陷北斜坡西部油气运移研究［J］．石油实验地质，2005（3）：281–287.

［120］伍忠东，王飞．基于 PCA-GA-DBNs 的人脸识别算法研究［J］．西北师范大学学报（自然科学版），2016，52（3）：43–48，56.

［121］武楗棠，张政威，姜淑霞，等．微观非均质性对微观规模剩余油分布的影响［J］．断块油气田，2005（3）：10–12，89.

［122］肖鸿雁，王萍，杜启振，等．储层微型构造与剩余油分布关系研究［J］．断块油气田，2003（4）：8–11，89.

［123］谢俊，张金亮．剩余油描述与预测［M］．北京：石油工业出版社，2003.

［124］谢俊．剩余油饱和度平面分布方法研究及应用［J］．西安石油学院学报（自然科学版），1998（4）：5，46–48.

［125］徐安娜，穆龙新，裘亦楠．我国不同沉积类型储集层中的储量和可动剩余油分布规律［J］．石油勘探与开发，1998，25（5）：41–44.

［126］徐守余，王艳红．利用神经网络建立储层宏观参数动态模型——以胜坨油田二区为例［J］．油气地质与采收率，2005，12（6）：10–12.

［127］徐守余．油藏描述方法原理［M］．北京：石油工业出版社，2005.

［128］严科，杨少春，任怀强．基于油藏开发动态的储层四维模型的建立［J］．中国石油大学学报（自然科学版），2010，34（1）：12–17.

［129］杨丽，吴雨茜，王俊丽，等．循环神经网络研究综述［J］．计算机应用，2018，38（S2）：1–6，26.

［130］杨少春，潘少伟，杨柏，等．储层四维建模方法研究［J］．天然

气地球科学，2009，20（3）：420–424.

［131］杨少春，杨兆林，胡红波．熵权非均质综合指数算法及其应用［J］．石油大学学报（自然科学版），2004（1）：18–21，138.

［132］杨少春．储层非均质性定量研究的新方法［J］．石油大学学报（自然科学版），2000（1）：53–56.

［133］伊强，周京津，郭志远，等．惠民凹陷沙河街组滨浅湖碎屑滩坝沉积特征［J］．西部探矿工程，2006（S1）：213–214.

［134］尹寿鹏．储层渗透率非均质性参数研究［J］．国外油气勘探，1998，10（6）：694–701.

［135］于洪文．大庆油田北部地区剩余油研究［J］．石油学报，1993，20（1）：33–38.

［136］余杰，陈钢花．测井资料高分辨率层序地层分析［J］．测井技术，2007（1）：21–24.

［137］俞启泰．关于剩余油研究的探讨［J］．石油勘探与开发，1997，24（2）：46–50.

［138］张枫，李治平，凌宗发，等．黄骅坳陷唐家河油田四维地质建模研究［J］．天然气地球科学，2007，18（6）：897–902.

［139］张吉，张烈辉，胡书勇．陆相碎屑岩储层隔夹层成因、特征及其识别［J］．大庆石油地质与开发，2003（4）：1–3，75.

［140］张继春，彭仕宓，穆立华，等．流动单元四维动态演化仿真模型研究［J］．石油学报，2005，26（1）：69–73.

［141］张金亮，刘宝珺，毛凤鸣，等．苏北盆地高邮凹陷北斜坡阜宁组成岩作用及储层特征［J］．石油学报，2003（2）：43–49.

［142］张举华．机器学习与人工智能［M］．北京：科学出版社，2020.

［143］张琴，朱筱敏，钟大康，等．储层“主因素定量”评价方法的应用——以东营凹陷下第三系碎屑岩为例［J］．天然气工业，2006（10）：21–23，170.

［144］张树林，温到明，夏斌，等．崖城13–1气田储层三维静态模型建立［J］．油气地质与采收率，2005，12（3）：9–11.

［145］张兴平，衣英杰，夏冰．利用多种参数定量评价储层层间非均质性——以尚店油田为例［J］．油气地质与采收率，2004（1）：56–57，85.

[146] 张一伟，刘洛夫，欧阳健，等 . 油气藏多学科综合研究 [M]. 北京：石油工业出版社，1995.

[147] 张一伟，熊琦华，纪发华 . 地质统计学在油藏描述中的应用 [M]. 东营：石油大学出版社，1992.

[148] 张一伟，熊琦华 . 陆相油藏描述 [M]. 北京：石油工业出版社，1997.

[149] 章凤奇，陈清华，陈汉林 . 储集层微型构造作图新方法 [J]. 石油勘探与开发，2005（5）：91–93，100.

[150] 赵澄林，朱平，陈方鸿 . 高邮凹陷高分辨率层序地层学及储层研究 [M]. 北京：石油工业出版社，2001.

[151] 赵澄林，朱筱敏 . 沉积岩石学 [M]. 北京：石油工业出版社，2001.

[152] 赵春森，翟云芳，张大为 . 油藏非均质性的定量描述方法 [J]. 石油学报，1999（5）：39–42.

[153] 赵彦超，汪立君，彭冬玲 . 油层微构造在剩余油研究中的应用 [J]. 新疆石油学院学报，2002（3）：41–44.

[154] 赵永强，朱建辉，李海华，等 . 台兴油田下第三系阜宁组下亚段储层沉积微相研究 [J]. 江苏地质，2006（1）：50–53.

[155] 赵永胜 . 剩余油分布研究中的几个问题 [J]. 大庆石油地质与开发，1996（4）：72–74，86.

[156] 郑捷 . 机器学习算法原理与编程实践 [M]. 北京：电子工业出版社，2015.

[157] 钟思瑛，邵先杰，廖光明，等 . 苏北盆地 3 种退积型三角洲沉积体系及砂体储集性能对比 [J]. 石油勘探与开发，2005（2）：26–30.

[158] 周志华 . 机器学习 [M]. 北京：清华大学出版社，2016.

[159] 朱东亚，胡文瑄，曹学伟，等 . 临南油田隔层类型划分及其分布规律研究 [J]. 地球科学，2004（2）：211–218，223.

[160] 朱九成，郎兆新，黄延章 . 指进、剩余油形成与分布的物理模拟 [J]. 新疆石油地质，1998（2）：62–66，90.